LEHR- UND HANDBÜCHER

DER INGENIEURWISSENSCHAFTEN

9

DIE MESSWANDLER

IHRE THEORIE UND PRAXIS

VON

DR. J. GOLDSTEIN, DIPL.-ING.

BERATENDER INGENIEUR, ZÜRICH

ZWEITE, VERBESSERTE UND ERWEITERTE AUFLAGE

MIT 210 ABBILDUNGEN

Springer Basel AG

ISBN 978-3-0348-4095-8 ISBN 978-3-0348-4170-2 (eBook)
DOI 10.1007/978-3-0348-4170-2

Ursprünglich erschienen bei Verlag Birkhäuser AG Basel 1952.
Softcover reprint of the hardcover 2rd edition 1952

INHALTSVERZEICHNIS

VORWORT ZUR ERSTEN AUFLAGE

Die deutsche Fachliteratur über Meßwandler ist sehr dürftig. Die Lehrbücher über Transformatoren behandeln die Meßwandler überhaupt nicht oder tun dies ganz stiefmütterlich. Insbesondere gilt letzteres für Stromwandler. Der Grund dafür liegt nicht in der geringen Bedeutung, die den Meßwandlern in der Elektrizitätswirtschaft zukommt, sondern in der Eigenart der hier auftretenden Fragen, die etwas abseits der sonst im Transformatorenbau zu behandelnden Fragen liegen. Die Lehrbücher über Meßtechnik befassen sich schon mehr mit den Meßwandlern. Mit wenigen Ausnahmen werden aber hier die Eigenschaften der Wandler als fertige Tatsachen hingenommen. Die Fäden, die von hier zum Entwurf und Berechnung des Wandlers führen, werden in den meßtechnischen Abhandlungen nicht aufgedeckt. Es liegen einige Spezialarbeiten vor, die der Leser ohne Mühe im Verzeichnis der Arbeiten über Meßwandler finden wird, die einen Versuch darstellen, eine wissenschaftliche Grundlage für die Eigenschaften der Wandler zu entwickeln. Soweit der Verfasser in seiner langjährigen Praxis auf diesem Gebiet beobachten konnte, haben die in den Spezialarbeiten angegebenen Methoden für die Berechnung der Wandler in Kreisen der Meßwandlerfachleute wenig Anklang gefunden. Dies ist wohl auf die wenig zugängliche Darstellung, die Spezialarbeiten in der Regel haben, zurückzuführen. Eine ältere Arbeit vom Jahre 1909, „Untersuchungen an Meßtransformatoren" von Dr.-Ing. Georg Keinath, soll als wertvoller Beitrag auf diesem Gebiet hier besonders erwähnt werden.

Ich habe versucht, die Theorie der Meßwandler auf eine geringe Anzahl physikalischer Tatsachen zu stützen. Es werden die heute im Transformatorenbau üblichen Betrachtungsmethoden sinngemäß auf den Wandlerbau übertragen. Das Buch ist nicht bloß für Fachkreise, die mit dem Entwurf und der Berechnung der Wandler sich befassen, bestimmt. Vielmehr soll es ein Nachschlagebuch sein für Betriebsleiter, Meßtechniker und Laboratoriumsingenieure, die in der Praxis mit Wandlern zu tun haben. Aus diesem Grunde sind auch die praktischen Fragen im Hinblick auf die Anwendungsgebiete der Wandler eingehend erörtert. Soweit die Wandlerfrage in das Gebiet der Meßtechnik hineinspielt, werden die wichtigsten hierzu gehörenden Punkte behandelt. Die Leistungsmessung über Wandler bzw. die Zählung elektrischer Energie ist für jedes Elektrizitätswerk von größter Wichtigkeit.

Das Interesse für Wandler hat auch von einer anderen Seite her zugenommen. Der Übergang zu immer höheren Leistungen und Spannungen, wie auch der Zusammenschluß der Netze, hat die Frage der Sicherheit des Strombezuges in den Vordergrund gerückt. Die neueren Schutzsysteme, wie Distanzschutz, Erdschlußschutz, hochempfindlicher Differentialschutz, sind wattmetrischer Art, und die entsprechenden Relais werden über Strom- und Spannungswandler angeschlossen. Es werden die Eigenschaften der Wandler von diesem Standpunkt untersucht und die Anforderungen an die Wandler formuliert.

Den Bedürfnissen der Elektrizitätswerke folgend, haben die meisten Firmen neue Bauarten von Stromwandlern entwickelt. Ich habe die Untersuchung angestellt, inwiefern diese neuen Formen auf das magnetische Verhalten der Wandler zurückwirken und welche Momente besonders zu beachten sind, damit diesen Stromwandlern die Eigenschaften der Präzision der alten Topfwandler erhalten bleiben.

Was die Untersuchungs- und Prüfungsmethoden der Wandler betrifft, so habe ich die Methoden, die dem heutigen Stand der Meßtechnik auf diesem Gebiet entsprechen, kurz auseinandergesetzt.

Wenn es mir gelungen ist, das ganze Material über Meßwandler zusammengefaßt und den Berufskollegen ein Mittel zur Lösung der in der Praxis an sie herantretenden Fragen über Meßwandler in die Hand gegeben zu haben, so wird das Ziel dieser Arbeit erreicht sein. Daß fast ausschließlich AEG-Material zur Darstellung gelangt ist, ist infolge meiner Stellung begreiflich. Die Leser werden darin keine Bevorzugung erblicken können, da ich stets bemüht war, die Objektivität zu wahren.

Den Herren Direktor Dr. STERN und Chefelektriker BIERMANNS, die mir die langjährige Erfahrung der Transformatorenfabrik der AEG auf diesem Gebiete zugute kommen ließen, möchte ich auch an dieser Stelle meinen herzlichen Dank aussprechen.

Ich verdanke ferner den Firmen Siemens & Halske und Koch & Sterzel die freundliche Überlassung von Druckstöcken.

Berlin, Januar 1928.

J. GOLDSTEIN

VORWORT ZUR ZWEITEN AUFLAGE

Mehr als 20 Jahre sind nach dem Erscheinen der ersten Auflage vergangen. Der Verfasser hat während seiner langjährigen Praxis auf dem Meßwandlergebiet feststellen können, daß die erste Auflage ihren im Vorwort beschriebenen Zweck erfüllt hat.

Kurz nach dem Erscheinen des Buches im Verlage Julius Springer, Berlin, ist eine Übersetzung ins Russische vom Staatsverlag (Gostechisdat) in Moskau in einer Auflage von 5100 Exemplaren herausgegeben worden. Bei einem Besuch der großen russischen Transformatorenwerke im Auftrage der AEG in den Jahren 1930—31 wurde ich gefragt, ob der Verfasser des in russischer Sprache erschienenen Buches über Meßwandler mit mir verwandt sei. Nach einer Einsichtnahme in das mir vorgelegte Buch mußte ich zur Antwort geben, daß der Verfasser mir sehr nahesteht und daß ich es selbst bin. Ich hatte die Genugtuung zu erfahren, daß ein großer Leserkreis von meinem Buch Gebrauch machen kann.

Die deutschsprachige Literatur hat sich seit 1928 auf diesem Gebiete nicht stark vermehrt, und immer mehr dokumentierte sich das Bedürfnis nach einer neuen Auflage. Daß die zweite Auflage erst jetzt erscheint, ist auf den Krieg und die Ungunst der abgelaufenen Epoche zurückzuführen.

In der neuen Auflage wurden viele Kapitel geändert und dem neuesten Stand der Technik auf diesem Gebiete angepaßt. Erfahrungen weiterer 20 Jahre (1928–1948) meiner Praxis auf dem Meßwandlergebiet wurden zur Kontrolle der Darstellungen der ersten Auflage herangezogen. Einige Kapitel mußten neu bearbeitet werden. Die neue Auflage wurde durch die Behandlung der vormagnetisierten Stromwandler ergänzt. Die meßtechnischen Probleme wurden durch die Erfahrungen der letzten Zeit richtiggestellt. Die Darstellung der Transformatoren-Diagramme in der alten Auflage ist heute nicht mehr als stichhaltig anzusehen, und die meisten modernen Lehrbücher der Elektrotechnik haben eine physikalisch richtige Darstellung gewählt. Ich habe dieser Erkenntnis Rechnung getragen und in der neuen Auflage die Stromwandlerdiagramme berichtigt.

Die theoretischen Unterlagen sind durch eine Darstellung der Ergebnisse einiger wichtiger amerikanischen Arbeiten ergänzt worden. Es war dem Verfasser eine Genugtuung festzustellen, daß im wesentlichen eine Übereinstimmung in den Auffassungen besteht. Es muß aber zugegeben werden, daß die Forscher auf diesem Gebiete in den USA auch andere Lösungen als wir in Europa ausfindig gemacht haben.

Ein großer Teil der zur Veranschaulichung gewählten Wandlerausführungen sind aus naheliegenden Gründen Erzeugnisse der schweizerischen Elektroindustrie. Den Firmen, die mich mit Unterlagen unterstützt haben, möchte ich hier meinen Dank aussprechen. Insbesondere gilt mein Dank der Firma Moser-Glaser & Co., A.G., die mir die Ausführung vieler Versuche ermöglicht hat. Während einer 15jährigen beratenden Tätigkeit bei dieser Firma war ich in der Lage, die Behandlung der aktuellen Probleme auf dem Meßwandlergebiet zu fördern.

Mit meinem früheren langjährigen Mitarbeiter bei der AEG, Herrn Dr. G. M. Stein, jetzt bei der Westinghouse Electr. Co. in Sharon (Pa.), habe ich die Forschungsarbeit auf dem Gebiet der vormagnetisierten Stromwandler während der Zeit 1933–1940 fortgesetzt und der im Text angedeutete Abschnitt kann als Produkt unserer Zusammenarbeit betrachtet werden. Ich spreche ihm auch an dieser Stelle für seine Mitarbeit meinen Dank aus. Der Kontakt mit Herrn Dr. Willheim, der wiederholt wegen Abklärung verschiedener Fragen, die Meßwandlerprobleme tangieren, stattgefunden hat, darf nicht unerwähnt bleiben. Ich bin ihm für die Unterstützung, die er meiner Arbeit angedeihen ließ, zu Dank verpflichtet.

Im Literaturverzeichnis finden die Leser neben den von mir im Text erwähnten Quellen auch weitere Arbeiten auf dem Meßwandlergebiet thematisch geordnet.

Meinem Sohn Dr. sc. techn. A. Goldstein danke ich an dieser Stelle für die Bereinigung des Textes und das Lesen der Korrekturen.

Ich danke auch dem Verlag Birkhäuser A.G., Basel, für die technische Ausstattung der Abbildungen und die sorgfältige Ausführung des Buches.

Zürich, April 1951.

J. Goldstein

A. Stromwandler

I. Theoretische Unterlagen

1. Wirkungsweise

Unter der Voraussetzung der bekannten Wirkungsweise eines Transformators kann für das Verständnis der weiteren Ausführungen speziell vom Stromwandler noch folgendes gesagt werden. Der Stromwandler arbeitet in einem Gebiet, welches in unmittelbarer Nachbarschaft desjenigen Betriebszustandes liegt, der als Zustand des sekundär kurzgeschlossenen Transformators gekennzeichnet wird. Die Leistung, die der Stromwandler nach außen hin abgeben soll, ist durch den Voltampereverbrauch der angeschlossenen Apparate bedingt. Bei einer bestimmten Stromstärke, die zweckmäßig der normalen sekundären Stromstärke von 5 A gleichzusetzen ist, soll eine sekundäre Klemmenspannung, die der geometrischen Summe der Spannungsabfälle der angeschlossenen Apparate gleich ist, aufrechterhalten werden. Damit ist über das Verhalten des Stromwandlers schon viel gesagt. Der Kern des in Abb. 1 dargestellten Stromwandlers muß in dem Maße magnetisiert werden, daß eine EMK zur Deckung der inneren Spannungsabfälle und der Klemmenspannung U_2 sich ausbilden kann. Die inneren Spannungsabfälle bestehen aus der Streuspannung und dem Ohmschen Spannungsabfall der Sekundärwicklung. Die entsprechenden Spannungsabfälle, die durch die Primärwicklung (Oberspannungsseite) verursacht werden, werden vom Netz gedeckt. Die Magnetisierung des Kernes verursacht einen Leerlaufstrom i_0, dessen Existenz in die sonst für die beiden Wicklungen geltende Amperewindungsgleichung

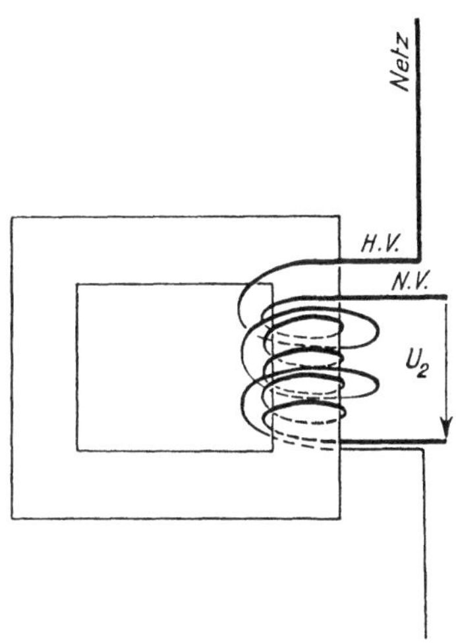

Abb. 1. Abgekürzte Bezeichnungen für Oberspannungswicklung = H.V. Unterspannungswicklung = N.V.

$$i_1 w_1 + i_2 w_2 = 0 \tag{1}$$

ein Korrekturglied hineinbringt. Es gilt nämlich bei Berücksichtigung des Leerlaufstromes nicht die obige Beziehung, sondern nunmehr die Gleichung:

$$i_1 w_1 + i_2 w_2 = i_0 w_1 . \tag{1a}$$

In diesen Gleichungen bedeuten:

i_1, i_2 Momentanwerte der primären bzw. der sekundären Stromstärken;

w_1, w_2 die primäre bzw. die sekundäre Windungszahl.

Das Gesagte dürfte die Aufstellung des Diagramms, zu dem wir nun übergehen wollen, verständlich machen.

2. Das Diagramm

Das Diagramm ist nur eine graphische Darstellung der geschilderten physikalischen Tatsachen. Wir gewinnen darin die Verhältnisse der Effektivwerte, die für Wechselstromvorgänge unumgänglich sind. Das Diagramm in der Abb. 2 wurde unter der Voraussetzung $w_1 = w_2$ gezeichnet. Man wählt zum Ausgangspunkt den sekundären Strom J_2 und zeichnet das sogenannte Amperewindungsdreieck. Dem Magnetisierungsstrom entspricht eine bestimmte induzierte EMK, die wir mit E_0 bezeichnen und die dem Magnetisierungsstrom J_μ (Komponente von J_0) um 90° nacheilt. Es sei $\overrightarrow{OD} = E_0$. Dann ist die zur Deckung dieser EMK notwendige Spannung $-E_0 = \overrightarrow{OD_1}$.

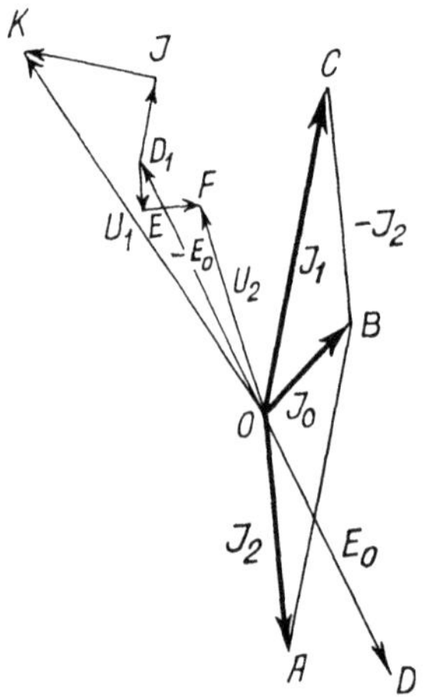

Abb. 2.
Diagramm des Stromwandlers.

An den Vektor OD_1 sind nun die Spannungsabfälle in den Wicklungen vektoriell anzusetzen. Für die Sekundärwicklung ergibt sich als Klemmenspannung die Größe U_2.

Im Diagramm bedeuten die einzelnen Vektoren folgende Spannungsabfälle:

$$\overrightarrow{D_1E} = J_2 r_2,$$

$$\overrightarrow{EF} = J_2 \omega \lambda_2;$$

r_2 ist der ohmsche Widerstand,

λ_2 ist die Streuinduktivität der sekundären Wicklung;

Zu OD_1 kommen noch die primären Spannungsabfälle hinzu:

$$\overrightarrow{D_1J} = J_1 r_1 \quad \text{der ohmsche Spannungsabfall,}$$

$$\overrightarrow{JK} = J_1 \omega \lambda_1 \quad \text{die Streuspannung.}$$

Die geometrische Summe dieser Spannungen ergibt die primäre Klemmenspannung $\overrightarrow{OK} = U_1$.

Die im Diagramm stark ausgezogenen Vektoren bilden das für die Arbeitsweise des Stromwandlers grundlegende Amperewindungsdiagramm. Da wir die Annahme $w_1 = w_2$ gemacht haben, sind in der Zeichnung nicht die Amperewindungen, sondern nur die Ströme eingezeichnet. Die primären und sekundären Amperewindungen setzen sich geometrisch zu den Leerlaufamperewindungen zusammen. Im stark ausgezeichneten Stromdiagramm erscheint der Leerlaufstrom $\overrightarrow{OB} = J_0$ als Resultierende des primären $\overrightarrow{OC} = J_1$ und des sekundären Stromes $\overrightarrow{OA} = J_2$. Mit dem umgeklappten Sekundärstrom $\overrightarrow{BC} = -J_2$ erhält man das sog. „*Stromdreieck*" OBC. Die Größe des Leerlaufstromes J_0 ist durch die EMK E_0 bedingt bzw. durch den magnetischen Fluß, der zur Erzeugung dieser EMK notwendig ist.

Von einer Zerlegung des Leerlaufstromes J_0 in seine Watt- und wattlose Komponente ist an dieser Stelle, um unnötige Komplizierung zu vermeiden, abgesehen worden. Bezüglich der Darstellung der Vektoren im Diagramm muß gesagt werden, daß die Stromvektoren der Übersicht wegen nicht maßstäblich gezeichnet sind. Der Leerlaufstrom ist in Wirklichkeit wesentlich kleiner. Die Spannungsvektoren sind annähernd maßstäblich gezeichnet, jedoch sind die Verhältnisse bei den verschiedenen Stromwandlertypen stark verschieden. Insbesondere kann der Vektor JK, die primäre Streuspannung, wesentlich größer sein. Dieser Spannungsabfall ist aber in $-E_0$ nicht enthalten und hat infolgedessen auf den Leerlaufstrom keinen Einfluß.

3. Die Anforderungen an Stromwandler

Bevor wir zum Kern des Stromwandlerproblems übergehen, wollen wir noch kurz auf die Anforderungen, die wir heute an die Stromwandler stellen, zurückkommen. Allgemeine Gesichtspunkte des Transformatorenbaues, wie Kurzschlußsicherheit, Isolationsfestigkeit, Sprungwellensicherheit, gelangen hier nur in dem Maße in einem weiteren Abschnitt zur Besprechung, als dies vom Betriebsstandpunkt aus von Interesse ist. Bezüglich des magnetischen Verhaltens müssen die Stromwandler hinsichtlich der im Sekundärkreis angeschlossenen Apparate verschieden bewertet werden. Wir unterscheiden zwei große Anwendungsgebiete: a) Zähler und Meßinstrumente, b) Relais.

Beim Anschluß von Zählern, registrierenden und gewöhnlichen Wattmetern, Blindleistungsanzeigern wird vom Stromwandler verlangt, den primären Strom richtig und winkeltreu in den Kreis der angeschlossenen Apparate zu übersetzen. Die Fehler der Zähler und der Meßinstrumente hängen vom Übersetzungsfehler und dem Fehlwinkel (der Supplementwinkel zu 180°) ab. Die Fehler wirken sich bei verschiedenen Stromstärken und bei verschiedener Phasenverschiebung im Netz verschieden aus. Es wird die besondere Aufgabe eines der nächsten Kapitel sein, den ganzen Komplex der hier zusammenhängenden Fragen zu erörtern.

Beim Anschluß von Relais wird man, solange es sich um Stromrelais handelt, eine richtige Übersetzung wünschen, die auch bei Stromstärken oberhalb der Nennstromstärke keine wesentliche Abweichung aufweist. Wo die Relais mit Sekundärstrom geeicht werden, ist dies ein Punkt, der beachtet werden muß. Wesentlich höher sind die Anforderungen an die Stromwandler beim Anschluß wattmetrischer Relais, insbesondere bei für Impedanzschutz in Frage kommenden Selektivrelais. Hier müssen die Übersetzungsfehler und Fehlwinkel bei hohen Stromstärken, die ein Vielfaches der Nennstromstärken sind, in bestimmten Grenzen bleiben, damit die Wirkung des selektiven Überstromschutzes gesichert bleibt.

Handelt es sich um gewöhnlichen Überstromschutz, so sind übertrieben gute Überstromcharakteristiken oft schädlich. Man ist vielmehr mit einer Begrenzung des Sekundärstromes durch eine rechtzeitig eintretende Sättigung des Kernmaterials des Stromwandlers zufrieden. Man schützt damit die sekundär angeschlossenen Apparate vor einer Überlastung.

Von Stromwandlern, an die hochempfindliche wattmetrische Erdschlußrelais angeschlossen werden, muß neben einer richtigen Übersetzung auch eine richtige Phasenübertragung verlangt werden. Wir begnügen uns hier mit dem Hinweis auf die Wichtigkeit dieser Fragen, während eine ausführlichere Behandlung für später vorbehalten bleibt.

Die Stromwandler werden entsprechend ihrer Genauigkeit in Klassen eingeteilt. Bezeichnen wir mit $\ddot{u}$ das Nennübersetzungsverhältnis der Ströme

$$\frac{J_1}{J_{2s}} = \ddot{u}\,,$$

so wird der Stromfehler f in % durch folgende Gleichung definiert:

$$\underset{\text{in }\%}{f} = \frac{J_2\ddot{u} - J_1}{J_1}\,100\,. \qquad (2)$$

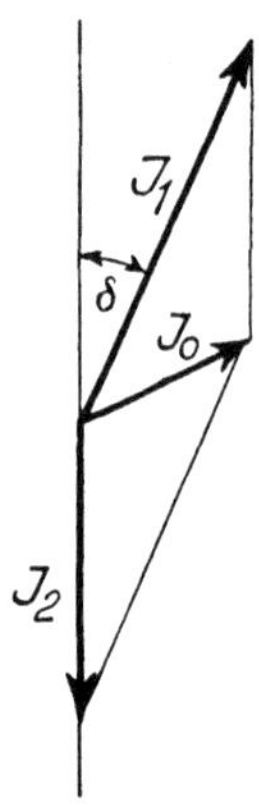

Abb. 3.

Ist der Sekundärstrom J_2 kleiner als der Sollwert J_{2s}, so ist f negativ.

Ist J_2 größer als der Sollwert, so ist f positiv.

Der Fehlwinkel ist durch den Winkel δ in der Abb. 3 definiert. Eilt der umgeklappte sekundäre Stromvektor dem primären vor, so ist der Fehlwinkel positiv, eilt er ihm nach, so ist der Fehlwinkel negativ. Der Fehlwinkel wird in Minuten gemessen. Die Vorschriften für die zulässigen Fehlergrößen sind in den verschiedenen Ländern anderslautend. Die schweizerischen Beglaubigungsvorschriften sehen für beglaubigungsfähige Stromwandler nur die Klasse 0,5 vor, deren Fehlergrenzen sich mit denjenigen der Fehlergrenzen der Klasse 0,5 nach den VDE.-Vorschriften 0512 (REW/1932) decken. In der Praxis werden auch in der Schweiz Stromwandler anderer Klassengenauigkeit als 0,5 ausgeführt. Der Vollständigkeit halber sind die Fehler der Klassen nach den VDE.-Vorschriften in folgenden Tabellen zusammengestellt.

Stromfehler in Prozent

Klasse	bei 1,2 J_N	J_N	0,2 J_N	0,1 J_N
0,2	± 0,2	± 0,2	± 0,35	± 0,5
0,5	± 0,5	± 0,5	± 0,75	± 1,0
1,0	± 1,0	± 1,0	± 1,5	± 2,0
3,0	(0,5 J_N bis J_N)	± 3,0	—	—
10,0	(0,5 J_N bis J_N)	± 10	—	—

Fehlwinkel in Minuten

0,2	± 10	± 10	± 15	± 20
0,5	± 30	± 30	± 45	± 60
1,0	± 60	± 60	± 80	± 120

Für die Klassen 3 und 10 sind die Fehlwinkel nicht limitiert. Nach der schweizerischen Beglaubigungsverordnung (Vollziehungsverordnung vom Jahre 1933) darf die Bürde bei einem Wandler mit 5 A Sekundärstrom nicht kleiner sein als 0,4 Ω. Nur für Einleiter-Stromwandler ist als minimale Bürde 0,2 Ω zugelassen. Der Leistungsfaktor ($\cos \beta_2$) ist im Bürdenkreis mit 0,8 induktiv festgelegt, und mit diesem Stromkreis werden die Fehlerkurven ermittelt. Zum Vergleich mit den hier im Lande gebräuchlichen Normen seien in den folgenden Tabellen die Klassen und die zulässigen Fehler nach den britischen Normen (British Standard Specification for Instrument Transformers, July 1936) aufgeführt.

Stromfehler in Prozent

Klasse	1,2 J_N bis 0,6 J_N	0 6 J_N bis 0,2 J_N	0,2 J_N bis 0,1 J_N
AL	± 0,15	± 0,15	± 0,15
BL	± 0,3	± 0,4	± 0,5
A	± 0,5	± 0,5	± 1,0
B	± 1,0	± 1,0	± 1,5
C	± 1,0	± 1,0	± 2,0
D	± 5,0	± 5,0	—

Fehlwinkel in Minuten

AL	± 3	± 4	± 6
BL	± 10	± 5	± 20
A	± 35	± 35	± 50
B	± 60	± 60	± 90
C	± 120	± 120	± 180

Die Klassen AL und BL sind für Laboratoriumsmessungen vorgesehen. Es dürfte damit die hier schon gebräuchliche Klasse 0,1 verglichen werden.

4. Die Gleichungen für Stromfehler und Fehlwinkel

Wir gelangen zum Kern des Stromwandlerproblems, wenn wir die Gleichungen für den Stromfehler und Fehlwinkel herleiten. Zu diesem Zweck zeichnen wir aus dem Diagramm (Abb. 2) nur die in Frage kommenden Vektoren und erhalten in Abb. 4 das vereinfachte Diagramm. Wir begehen einen praktisch vernachlässigbaren Fehler, indem wir setzen:

$$-E_0 \cong U_2 .$$

Wir führen folgende Winkelbezeichnung ein:

$$\sphericalangle (J_2, -E_0) = \beta,$$
$$\sphericalangle (J_0, -E_0) = \beta_0 .$$

Es bedeuten:

R_2 der ohmsche Widerstand des Bürdenkreises,

L_2 die Induktivität des Bürdenkreises.

Dann wird:

$$\operatorname{tg}\beta = \frac{\omega L_2 + \omega \lambda_2}{R_2 + r_2}. \tag{3}$$

Im $\triangle AOB$ ist der Winkel bei A der Fehlwinkel des Stromwandlers, den wir in Zukunft immer mit δ bezeichnen. Ferner ist im $\triangle ODB$ der Winkel

$$\sphericalangle DOB = \beta_0 - \beta.$$

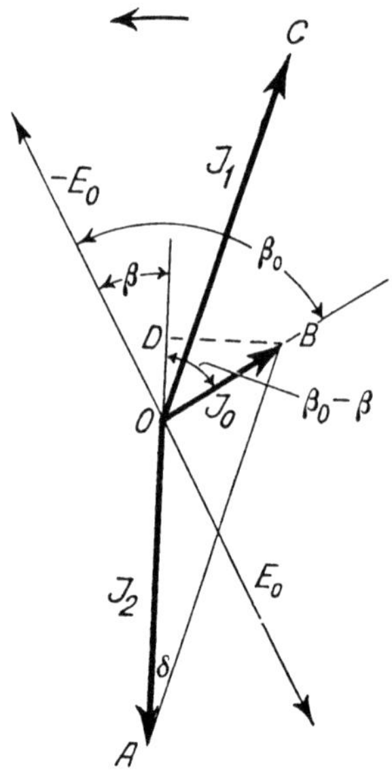

Abb. 4.

Für $w_1 = w_2$ ergibt sich:

$$f_{\text{in }\%} = \frac{J_2 - J_1}{J_1} 100 = \frac{OA - AB}{J_1} 100 \cong$$

$$\cong \frac{OA - AD}{J_1} 100 = -\frac{J_0 \cos(\beta_0 - \beta)}{J_1} 100,$$

$$f_{\text{in }\%} = -\frac{J_0 \cos(\beta_0 - \beta)}{J_1} 100. \tag{4}$$

Ferner ergibt sich aus der Abb. 4

$$\operatorname{tg}\delta = \frac{BD}{AD} \cong \frac{J_0 \sin(\beta_0 - \beta)}{AB} = \frac{J_0 \sin(\beta_0 - \beta)}{J_1},$$

oder: δ in Minuten

$$\delta_{\text{in Minuten}} = \frac{1}{0{,}00029} \cdot \frac{J_0 \sin(\beta_0 - \beta)}{J_1},$$

und somit

$$\delta_{\text{in Minuten}} = \frac{3450\, J_0 \sin(\beta_0 - \beta)}{J_1}. \tag{5}$$

Bei der Auswertung der Fehlergrößen nach den Formeln (4) und (5) muß darauf Bedacht genommen werden, daß J_0 und J_1 auf die gleiche Windungszahl w_1 bezogen werden müssen. Man kann J_0 auch auf die sekundäre Windungszahl w_2 beziehen, dann muß man aber J_1 durch den Sollwert von J_2 ersetzen. J_0 muß mit Hilfe einer Wechselstrom-Magnetisierungskurve ermittelt werden, die sowohl die Watt- als auch die wattlose Komponente des Leerlaufstromes berücksichtigt. Obwohl die Formeln (4) und (5) mit einigen Vernachlässigungen hergeleitet worden sind, reichen sie für den praktischen Gebrauch aus. Der Winkel β ist aus der Gleichung (3) zu ermitteln. In vielen Fällen kann dieser Winkel durch den Phasenwinkel im Bürdenkreis ersetzt werden. Der Winkel β_0 ist der Winkel zwischen den Vektoren J_0 und $-E_0$. Dieser Winkel ist dem sog. Eisenverlustwinkel gleich, den man wattmetrisch oder mit Hilfe einer Wechselstrombrücke an einer Eisen-Ringprobe ermitteln kann. Er ist, analog wie die Größe J_0, eine Funktion der Induktion B.

Im Anschluß an die Methode der Vorausberechnung der Fehlergrößen nach den Gleichungen (4) und (5) soll hier über eine für die Praxis noch bequemere Darstellung der Vorausberechnung der Fehlergrößen berichtet werden, die sich aus den Formeln (4) und (5) ableiten läßt. Wir bezeichnen mit

B_{max} die maximale Induktion des Kernes in Gauß

H_{eff} den Effektivwert der Feldstärke in AW/cm (AWcm^{-1}).

Wir definieren als Permeabilität bei Wechselfluß

$$\mu = \frac{B_{max}}{H_{eff}}. \tag{6}$$

Wird H in Oersted ausgedrückt, so muß man die Permeabilität des leeren Raumes $\mu_0 = 1{,}25$ einführen, mit welcher Größe die Permeabilität μ durch die Relation $\mu = \mu_0 \mu_r$ verknüpft ist, wobei μ_r die relative Permeabilität bedeutet. Eine Einheitlichkeit ist bis heute in der Definition der Permeabilität nicht erreicht worden. In den ASTM-Vorschriften A 34—46 (USA) wird μ als Verhältnis B/H definiert, wobei B in Gauß bzw. Kilogauß, H in Oersted ausgedrückt werden. Dieser Wert (D. C. Permeability) entspricht der Gleichstrom-Permeabilität. Wir geben der Definition der Wechselstrom-Permeabilität nach (6) für Meßwandlerzwecke den Vorzug. Man muß sich bei der Verwendung von Magnetisierungs- und Permeabilitätskurven genau Rechenschaft abgeben. Mit der Definitionsgleichung (6) wird, wie wir sehen werden, die Fehlerberechnung einfacher.

Nun ist nach dem Grundgesetz des magnetischen Kreises

$$\oint H\,dl = \Sigma\, i w. \tag{7}$$

Diese Gleichung besagt, daß das Linienintegral über die magnetische Feldstärke längs einer geschlossenen Linie der Summe der von dieser Linie eingeschlossenen Amperewindungen gleich ist.

In Anwendung auf den Kern des Stromwandlers ergibt sich aus (7) für den mittleren Kraftlinienweg l

$$H\,l = J_0\, w_1,$$

wobei für H und J_0 die Effektivwerte einzusetzen sind. Die Dimension für H ist AW cm^{-1}. Wird die Windungszahl multiplikativ im Leiterstrom berücksichtigt, so ist die Dimension A/cm. Im Giorgi-System ist sie A/m. Somit wird

$$J_0 = \frac{H\,l}{w_1}.$$

Führt man jetzt eine für die Auslegung eines Stromwandlers sehr charakteristische Größe ein, nämlich die effektive AW-Zahl pro cm mittleren Kraftlinienweges und bezeichnet man diese Größe mit a, so gilt folgende Beziehung:

$$a = \frac{J_1\, w_1}{l}$$

und hieraus

$$J_1 = \frac{al}{w_1}.$$

Aus den obigen Gleichungen ergibt sich

$$\frac{J_0}{J_1} = \frac{\frac{Hl}{w_1}}{\frac{al}{w_1}} = \frac{H}{a}.$$

Unter Anwendung von Gleichung (6)

$$H_{eff} = \frac{B_{max}}{\mu}$$

erhält man dann:

$$\frac{J_0}{J_1} = \frac{B_{max}}{a} \cdot \frac{1}{\mu}.$$

Diesen Ausdruck setzen wir in die Fehlergleichungen (4) und (5) ein und erhalten:

$$\left.\begin{aligned} \underset{\text{in } \%}{f} &= \frac{B}{a} \cdot \frac{1}{\mu} \cos(\beta_0 - \beta) \cdot 100, \\ \underset{\text{in Minuten}}{\delta} &= 3450 \, \frac{B}{a} \cdot \frac{1}{\mu} \sin(\beta_0 - \beta). \end{aligned}\right\} \tag{8}$$

Da die beiden Fehlergleichungen zur Ermittlung von Fehlerkurven dienen sollen, ist B als variabler Wert gedacht. Selbstverständlich ist jeweilen der Maximalwert der Induktion für B einzusetzen.

5. Umkehrung der Fehlergleichungen

Man kann aus den Hauptgleichungen

$$f = \frac{-J_0 \cos(\beta_0 - \beta)}{J_1},$$

$$\operatorname{tg} \delta = \frac{J_0 \sin(\beta_0 - \beta)}{J_1}$$

die inversen Gleichungen, die J_0 und β_0 in Abhängigkeit vom Fehlwinkel und Stromfehler darstellen, ableiten. Die Division der zweiten Gleichung durch die erste ergibt:

$$\operatorname{tg}(\beta_0 - \beta) = \frac{\operatorname{tg} \delta}{-f}. \tag{9}$$

Durch Quadrieren und Addieren erhält man aus beiden Gleichungen:

$$J_0 = J_1 \sqrt{f^2 + \operatorname{tg}^2 \delta}. \tag{9a}$$

Für die praktische Rechnung ist

$$\operatorname{tg} \delta = \delta' \cdot 0{,}00029$$

zu setzen.

Es sei schon hier vorweggenommen, daß mit Hilfe von Brückenmeßmethoden die Bestimmung des Fehlwinkels und des Stromfehlers mit großer Präzision vorgenommen werden kann. Es ist für die gegenseitige Kontrolle von Rechnung und Messung wichtig, daß die beiden Größen J_0 und β_0, durch die das magnetische Verhalten des Stromwandlers bedingt ist, aus dem Fehlwinkel und dem Stromfehler gewonnen werden können.

Es ist lehrreich, daß die Gleichungen (8):

$$\underset{\text{in }\%}{f} = \frac{B}{a} \cdot \frac{1}{\mu} \cos(\beta_0 - \beta) \cdot 100,$$

$$\underset{\text{in Minuten}}{\delta} = 3450 \frac{B}{a} \cdot \frac{1}{\mu} \sin(\beta_0 - \beta)$$

durch eine Umkehrung zu einer Funktion $\mu = F(f, \delta)$ führen. Multipliziert man die obere der beiden Gleichungen mit 34,5, so ergibt sich:

$$34{,}5\, f = 3450 \frac{B}{a} \cdot \frac{1}{\mu} \cos(\beta_0 - \beta),$$

$$\delta = 3450 \frac{B}{a} \cdot \frac{1}{\mu} \sin(\beta_0 - \beta).$$

Wir quadrieren und addieren beide Gleichungen. Es ergibt sich:

$$(34{,}5\, f)^2 + \delta^2 = \frac{B^2}{a^2} \cdot \frac{1}{\mu^2} (3450)^2.$$

Die Auflösung nach μ ergibt:

$$\mu = \frac{B}{a} \cdot \frac{3450}{\sqrt{(34{,}5\, f)^2 + \delta^2}}. \tag{10}$$

In dieser Gleichung ist f in %, δ in Minuten einzusetzen. Es ist klar, daß der Vorgang, der zur Gleichung (10) geführt hat, nur unter der Voraussetzung richtig ist, wenn am Stromfehler f keine Korrektur durch Windungsabgleichung vorgenommen wurde. Trifft dies nicht zu, so muß man den Wert f um die Korrektur durch die Windungsabgleichung, die ja bekannt ist, vergrößern. Mit anderen Worten: man muß für die Benützung der Formel (10) den Wert f auf den theoretischen Wert bringen, den man bei einem Stromwandler mit dem theoretischen Übersetzungsverhältnis der Stromstärken erhalten würde. Man kann somit aus den meßtechnisch erhaltenen Fehlerkurven den Kurvenverlauf $\mu = f(B)$ ermitteln. Dieses Verfahren wurde vom Verfasser in der Praxis oft benutzt, und dadurch wurde das Kernmaterial einer wertvollen Kontrolle unterzogen.

6. Der Eisenkern

Die Gleichungen (4) und (5) für Übersetzungsfehler und Fehlwinkel enthalten den Leerlaufstrom I_0. Die Größe des Leerlaufstromes ist hiernach von größter Wichtigkeit für die Güte des Stromwandlers. Der Leerlaufstrom I_0 ist die geometrische Summe des Magnetisierungsstromes I_m, der wattlosen Komponente des Leerlaufstromes, und des Verluststromes I_w, der Wattkomponente von I_0. Es bestehen die Beziehungen:

$$I_0 = \sqrt{I_m^2 + I_w^2}$$

$$\operatorname{tg} \beta_0 = \frac{I_m}{I_w}.$$

Der Wattstrom bildet einen Teil des Leerlaufstromes, der bei Vollast des Wandlers einen Wert von etwa 30% beträgt.

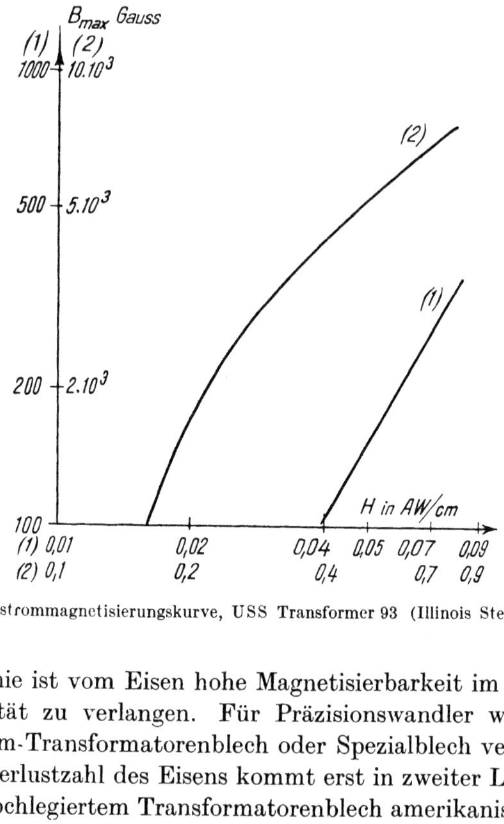

Abb. 5. Gleichstrommagnetisierungskurve, USS Transformer 93 (Illinois Steel Corporation).

In erster Linie ist vom Eisen hohe Magnetisierbarkeit im Gebiete der Anfangspermeabilität zu verlangen. Für Präzisionswandler wird heute hochlegiertes 0,35 mm-Transformatorenblech oder Spezialblech verwendet.

Die geringe Verlustzahl des Eisens kommt erst in zweiter Linie in Betracht. Die heute bei hochlegiertem Transformatorenblech amerikanischer Provenienz erreichbaren Werte für die Magnetisierung sind in den Kurven der Abb. 5 dargestellt. Es sind dies Gleichstrommagnetisierungskurven, die im Laboratorium nach der Kommutierungsmethode aufgenommen worden sind. Bei Verwendung eines Instrumentes mit Fadenaufhängung bietet die Aufnahme dieser Kurven keine Schwierigkeiten. Gleichstrommessungen sind, auch wenn hohe Empfindlichkeit verlangt wird, immer noch einfacher als hochempfindliche Wechselstrommessungen. Hat man doch bei Gleichstrom im permanenten Magneten eine geschenkte Kraftquelle, während man bei Wechselstrom auf den Meßstrom angewiesen ist, auch wenn man bei den ferrodynamischen Meßinstrumenten durch Eisenkerne dem Meßstrom kräftig nachhilft. Die Kurven in Abb. 5 sind im logarithmischen Maßstab dargestellt.

Man kommt in den Unterlagen für die Berechnung der Stromwandler ohne Resultate empfindlicher Wechselstrommessungen nicht aus, und es wird im Abschnitt über Meßwandleruntersuchungen und wichtige Meßgeräte noch Näheres darüber zu sagen sein, während wir hier uns den Resultaten dieser Messungen zuwenden können.

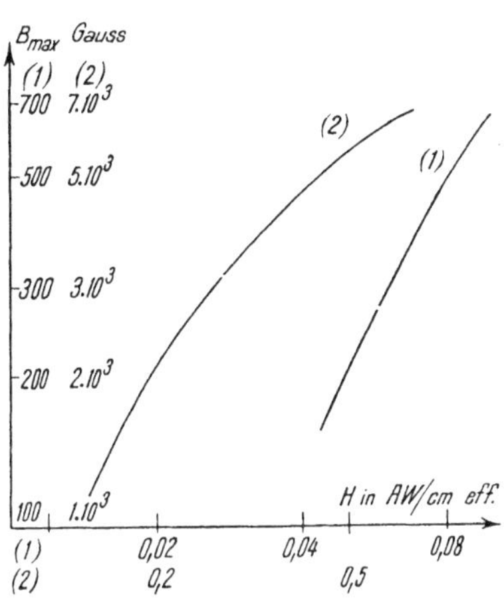

Abb. 6. Wechselstrommagnetisierungskurve (50 ~), USS Transformer 93.

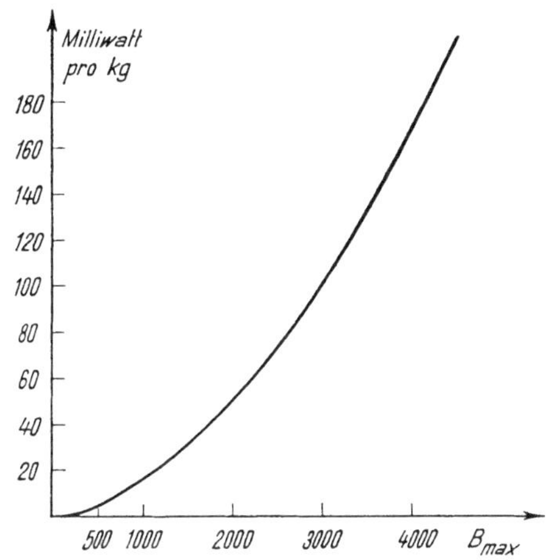

Abb. 7. Verlustkurve bei 50 ~, 0,93-Watt-Blech.

In Abb. 6 sind Wechselstrommagnetisierungskurven bei 50 ~, die an einer homogen bewickelten Ringprobe aufgenommen wurden, dargestellt. Der Strom wurde mit einem Wechselstrom-Gleichrichterinstrument, die Spannung mit einem Röhrenvoltmeter gemessen. Da mit Hilfe des Röhrenvoltmeters die Spannung praktisch ohne Stromverbrauch gemessen werden kann, wird das Röhrenvoltmeter immer häufiger für solche Messungen verwendet. Die Abhängigkeit der Meßwerte von der Kurvenform und der Frequenz ist bei diesen Messungen ein heikler Punkt. Man muß danach trachten, möglichst ausgiebige Stromquellen zu verwenden und die Spannungsregulierung transformatorisch mit Hilfe von Anzapfungen zu bewerkstelligen.

In Abb. 7 ist die im Laboratorium des Amtes für Maß und Gewicht in Bern an einer Epstein-Probe von USS Transformatorenblech 93 ermittelte Verlustkurve bei 50 ~ dargestellt.

Die Verluste bestimmen die Wattkomponente des Leerlaufstromes.

Um die Zusammenhänge, die zwischen der Genauigkeit des Wandlers und dem Eisengewicht bzw. dem Eisenquerschnitt bestehen, besser zu erfassen, knüpfen wir an die Gleichungen an, die sich aus dem Diagramm der Abb. 2 ergeben.

Zur Deckung der Spannungsabfälle muß im Stromwandler eine EMK E_0 bestehen, die sich geometrisch aus folgenden Größen zusammensetzt. Es ist:

$$\overrightarrow{D_1 E} = J_2 r_2, \quad \overrightarrow{EF} = J_2 \omega \lambda_2$$

und

$$U_2 = J_2 \sqrt{R_2^2 + \omega^2 L_2^2}.$$

Hiernach wird E_0 (Absolutbetrag):

$$|E_0| = J_2 \sqrt{(r_2 + R_2)^2 + (\omega \lambda_2 + \omega L_2)^2}. \tag{11}$$

Für den gegebenen Stromwandler sind der Widerstand r_2 und die Streuinduk-

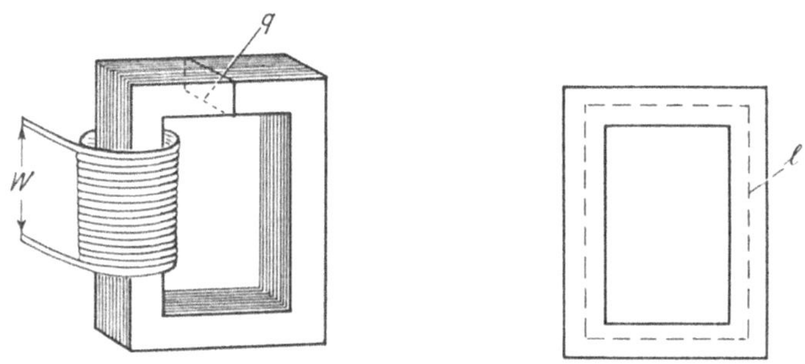

Abb. 8.

tivität λ_2 der Sekundärentwicklung feste Größen; je höher der Widerstand R_2 und die Induktivität L_2 des Belastungskreises, um so größer E_0, die EMK, die durch Magnetisierung des Kernes aufgebracht werden muß. Zwischen E_0 und der Induktion im Eisen B_{max} besteht die bekannte Beziehung:

$$E_0 = 4{,}44\, f\, w\, q\, B_{max}\, 10^{-8}, \tag{12}$$

wobei f die Frequenz,
w die Erregerwindungszahl,
q den effektiven Eisenquerschnitt in cm^2
B_{max} die maximale Induktion in Gauß

bedeuten. Wird B_{max} nicht in Gauß, sondern in Voltsekunden pro m^2 (Giorgi-Einheiten) ausgedrückt, so lautet die Gleichung (12)

$$E_0 = 4{,}44\, f w q\, B_{max}\, 10^{-4}\,. \tag{12a}$$

In Abb. 8 ist ein aus fugenlosen Blechen zusammengesetzter Kern dargestellt, dessen eine Säule mit w Windungen, die einen sinusförmigen Wechselstrom vom Effektivwert J_m führen, bewickelt ist.

Für den magnetischen Kreis gilt die Beziehung:

$$J_m \sqrt{2}\, w = H_{max}\, l,$$

wo H die Feldstärke in AW/cm und l den mittleren Kraftlinienweg in cm bedeuten.

Wir multiplizieren die Gleichung (12) mit obiger Gleichung und erhalten:

$$E_0 J_m \sqrt{2}\, w = 4{,}44\, f\, w\, H_{max}\, B_{max}\, q\, l \cdot 10^{-8}.$$

Nun ist $q\,l$, wie aus Abb. 8 ersichtlich, das Kernvolumen (ohne Isolation). Wir führen das Eisengewicht in kg $G = \frac{\gamma q l}{1000}$ ein und erhalten folgende wichtige Beziehung:

$$E_0 J_m = c\, G\, B_{max}\, H_{max}, \tag{13}$$

wo die Konstanten zu einer Größe c zusammengefaßt worden sind, wobei

$$c = \frac{4{,}44}{\sqrt{2}} \cdot \frac{f}{\gamma} \cdot 10^{-5}$$

ist. Die linke Seite der Gleichung (13) gibt die Voltamperezahl für den Kern und besagt, daß die sog. scheinbare Leistung der Magnetisierung bei gegebener Induktion proportional dem Eisengewicht ist. Die Feldstärke H ist eindeutig nach der Magnetisierungskurve B bestimmt. Die Gleichung (13) zeigt gleichzeitig die Zweckmäßigkeit der Einführung einer Wechselstrommagnetisierungskurve. Handelt es sich doch bei Transformatoren immer um eine Wechselstrommagnetisierung, und so hat die Praxis neben der Verlustkurve in Watt pro kg (Watt/kg) die Voltamperekurve in Voltampere pro kg (VA/kg) eingeführt. Kennt man die Voltzahl der Erregerwicklung, so gelangt man durch die Voltamperekurve zum Magnetisierungsstrom. Eines soll aber nicht unerwähnt bleiben. Wir haben in den Gleichungen nur mit dem Magnetisierungsstrom gerechnet und den Wattstrom außer Betracht gelassen. Die Ermittlung des Wattstromes erfolgt auf Grund der Verluste W. Es ist der Wattstrom

$$J_w = \frac{W}{E_0}. \tag{14}$$

Wenn wir den Wattstrom im Leerlaufstrom J_0 nicht berücksichtigen, begehen wir einen Fehler. Da sich die Ströme geometrisch addieren und der Wattstrom senkrecht zum Magnetisierungsstrom steht, so ergeben sich folgende Verhältnisse:

J_m	J_w	J_0
100%	10%	100,5%
100%	20%	101,98%
100%	30%	104,4%

Praktisch kommt dieser Fehler nicht zum Ausdruck, da die experimentell aufgenommene Voltamperekurve den Wattstrom auch enthält.

Die Voltamperekurve des Kernmaterials hat bei weitem die größte Bedeutung für die Stromwandlerfabrikation. Den Fortschritt der letzten 20 Jahre kann man am besten aus dem Vergleich der Kurven in den Abb. 9 und 10 ermessen. In Abb. 9 ist die Voltamperekurve eines Trafobleches bei 50 ~, das vor 20 Jahren als bestes für Stromwandlerzwecke galt, dargestellt. Dem-

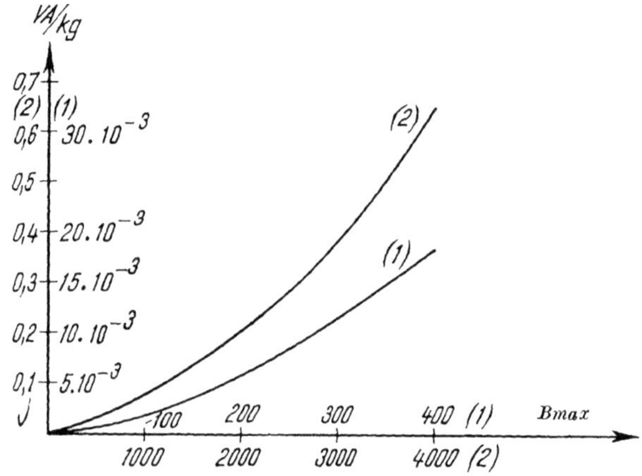

Abb. 9. Voltamperekurve bei 50 ~. Hochlegiertes Trafoblech, hergestellt in den Jahren 1927—1930.

gegenüber ist in Abb. 10 die Voltamperekurve eines 0,93 Watt-Trafobleches amerikanischen Ursprunges dargestellt. Vergleicht man die Werte, so sieht

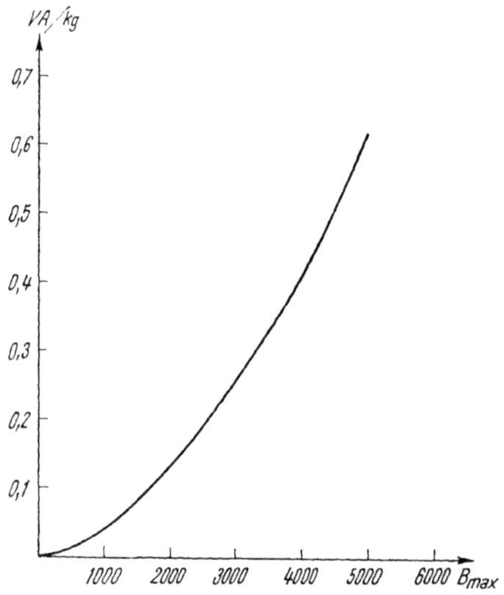

Abb. 10. Voltamperekurve bei 50 ~, USS Transformer 93, Armco Tran-Cor 6.

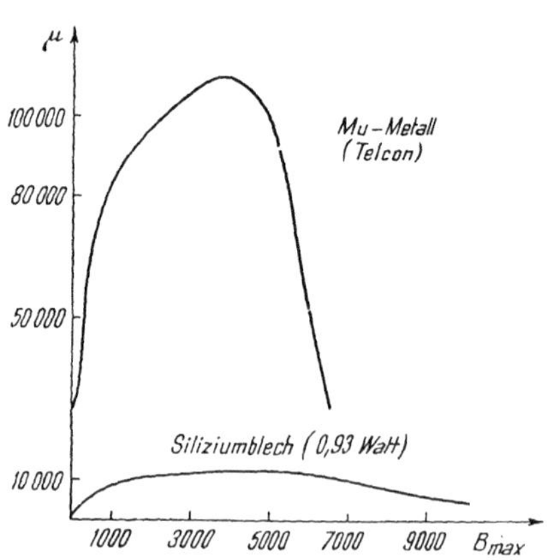

Abb. 11. Permeabilitätskurven $\mu = \left(\frac{B_{max}}{H_{eff}}\right)$.

man, daß im Gebiet tiefer Induktionen, etwa bis 1500 Gs*, das heutige hochlegierte USA-Blech etwa 50% geringeren Voltampereverbrauch aufweist. Das will heißen, daß bei gleichem Kerngewicht die Fehlerwerte nur halb so

* Gs Abkürzung für Gauß.

groß sind, wenn man die Kerne aus dem heute besten Transformatorenblech herstellt.

Weitere Fortschritte erzielt man bei Verwendung von Nickel-Eisen-Legierungen wie Permalloy, Mu-Metall und ähnlichen Materialien. Diese Materialien werden als Bandkerne hergestellt. Die Bandbreiten betragen 10—20 mm. Man muß daher für einen Stromwandlerkern eine Anzahl solcher Ringe verwenden. Die hohe Permeabilität dieser Materialien macht sie besonders geeignet für Stromwandlerzwecke. In Abb. 11 ist die Permeabilitätskurve eines in England hergestellten Mu-Metalls (Telcon) dargestellt, und zum Vergleich

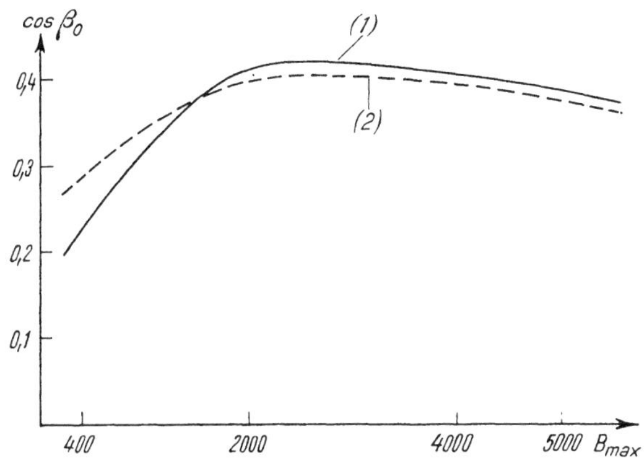

Abb. 12. $\cos\beta_0$-Kurven.
(1) deutsches Blech 1,2 Watt,
(2) amerikanisches Blech 0,93 Watt.

ist auch die Permeabilitätskurve des hochlegierten amerikanischen Transformatorbleches (0,93 Watt) gezeichnet. Eine besondere Eigenschaft der Nickel-Eisen-Legierungen, nämlich die frühe Sättigung (etwa bei 7000—8000 Gs) des Materials, verdient erwähnt zu werden.

Wegen dieser Eigenschaft ist die sog. „Überstromziffer" für solche Wandler sehr mäßig. In vielen Fällen kann man sich aber damit zufrieden geben, und in manchen Fällen ist eine solche mäßige „Überstromziffer" direkt erwünscht. Wir kommen auf diese Frage noch später zurück.

Ein Nachteil dieser Materialien ist ihre Empfindlichkeit gegen mechanische Einflüsse. Mechanische Beanspruchungen können die magnetischen Eigenschaften dieser Materialien ändern und daher auch die Fehlergrößen des Stromwandlers. Gegen diese Nachteile müssen Vorkehrungen getroffen werden. Durch Nachbehandlung und Bandagierung der Ringe gelangt man zu sog. stabilisierten Ringen. Man muß danach trachten, die Ringe beim Zusammenbau möglichst druckfrei unterzubringen, was durch entsprechende Haltekonstruktionen erreicht werden kann.

Wir wollen eine weitere für das Kernmaterial charakteristische Kurve, nämlich die $\cos\beta_0$-Kurve betrachten. Diese Kurve läßt sich aus der Verlust- und Voltampereverbrauchskurve ableiten und enthält in sich infolgedessen keine neuen Eigenschaften des Eisens. Für die Rechnung ist sie aber sehr wichtig, denn die Fehlerformeln (4) und (5) enthalten die Ausdrücke $\sin(\beta_0 - \beta)$ und $\cos(\beta_0 - \beta)$. Abb. 12 zeigt den Verlauf der $\cos\beta_0$-Kurve, die zuerst ansteigt und im weiteren Verlauf wieder abnimmt und bei einer Sättigung bei etwa 13000 Gs einen Wert von $\cos\beta_0 \cong 0{,}1$ annimmt. Das Verhältnis der Ver-

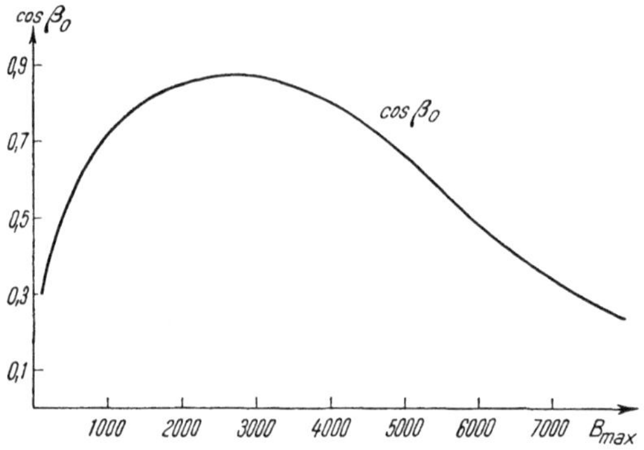

Abb. 13. $\cos\beta_0$-Kurve für Mu-Metall (Heraeus).

lustleistung zur scheinbaren Magnetisierungsarbeit

$$\cos\beta_0 = \frac{W}{E_0 J_0} = \frac{J_w}{J_0}$$

nimmt im Gebiet 2000 bis 2500 Gs Werte von 0,40 bis 0,45 an.

Eine Unterteilung der Verluste in Hysterese- und Wirbelstromverluste und die Erforschung des Einflusses der Anteile dieser Verluste auf die Präzision des Stromwandlers zeitigt bei Stromwandlern aus hochlegiertem Blech keine besonders schwerwiegenden Resultate. Wie wir gesehen haben, ist der gesamte Verluststrom J_w von Bedeutung, und noch wichtiger ist die Magnetisierbarkeit, also die Komponente J_m. Eine $\cos\beta_0$-Kurve mit einem Anstieg bis $\cos\beta_0 = 0{,}7 - 0{,}8$ ist für die Stromfehlerkurve ungünstig. Der hohe Anteil des Wirkstromes erhöht den Stromfehler. Für die Fehlwinkelkurve, die die Sinusfunktion von β_0 enthält, ist das obige Verhalten günstig. Hingegen erhöht eine hohe Magnetisierungskomponente (J_m) des Leerlaufstromes J_0 die Fehlwinkel. Die Wirkung beider Anteile (J_m und J_w) des Leerlaufstromes (J_0) ist in den Formeln (4) und (5) bereits enthalten.

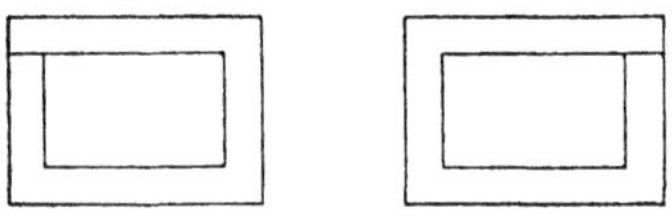

Abb. 14.

Als seinerzeit im Stromwandlerbau das gewöhnliche Dynamoblech durch hochlegiertes Blech ersetzt wurde, konnte der Leerlaufstrom auf etwa 1 bis 1,5% des Betriebsstromes herabgesetzt werden. Daraus ergaben sich Bedingungen für die Stromwandler der Klasse 0,5. Heute ist man in der Lage, durch die Anwendung von bestem Transformatorenblech den Leerlaufstrom auf 0,5—0,75% des Nennstromes herabzusetzen. Eine weitere Reduktion ist bei Verwendung von Kernen aus Nickel-Eisen-Legierungen erreichbar.

In Abb. 13 ist die cos β_0-Kurve für Mu-Metall dargestellt. Wie ersichtlich, geht durch den hohen Anteil des Wirkstromes ein Teil der Vorteile, die durch die hohe Permeabilität des Materials erzielt werden, wieder verloren. Man muß bei der Bewertung der hochpermeablen Werkstoffe auch diesem Umstande Rechnung tragen.

Soweit über die Materialfrage. Wir wollen uns nun weiteren Fragen, die sich auf den Kern beziehen, zuwenden.

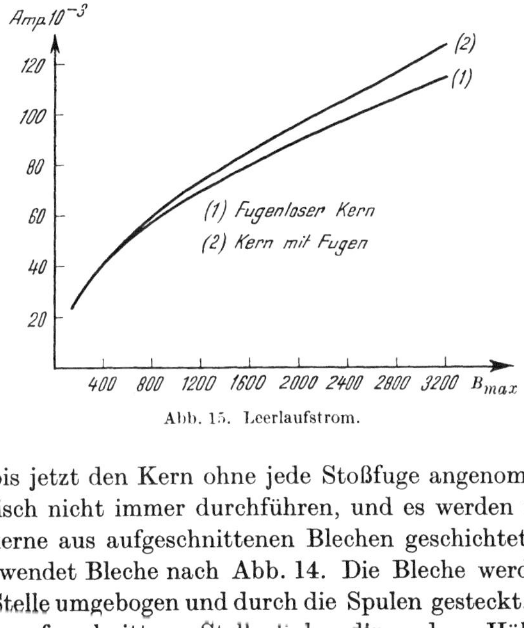

Abb. 15. Leerlaufstrom.

Wir hatten bis jetzt den Kern ohne jede Stoßfuge angenommen. Dies läßt sich fabrikatorisch nicht immer durchführen, und es werden in vielen Fällen Stromwandlerkerne aus aufgeschnittenen Blechen geschichtet. Eine Art der Schichtung verwendet Bleche nach Abb. 14. Die Bleche werden an der aufgeschnittenen Stelle umgebogen und durch die Spulen gesteckt. Die Hälfte der Bleche hat die aufgeschnittene Stelle links, die andere Hälfte rechts. Die Bleche werden abwechselnd aneinandergereiht; man erhält auf diese Weise einen Kern mit „versetzten Fugen". Kerne mit vollständigen Luftfugen, etwa mit abnehmbarem Joch, kommen für Stromwandler nicht in Frage. Wir können uns darauf beschränken, den Einfluß einer oben geschilderten Schichtung auf die Meßgenauigkeit zu untersuchen. Zu diesem Zwecke wurde der Leerlaufstrom an einem fugenlosen Kern und an einem sonst gleichen, aber geschichteten Kern gemessen. Die Resultate sind in Abhängigkeit von der Induktion im Eisen in den Kurven der Abb. 15 dargestellt. Wie daraus hervorgeht, beginnen die Unterschiede erst bei 750 Gs. Sofern man mit der Induktion unterhalb dieses Wertes bleibt, treten Unterschiede in der Meßgenauigkeit nicht auf. Im allgemeinen kann infolge der so angeordneten Fugen eine Verschlechterung im Übersetzungsfehler von 0,1 bis 0,2% in ungünstigsten Fällen auftreten. Da sich aus praktischen Gründen dieser Aufbau der Kerne nicht vermeiden läßt, muß man beim Entwurf des Kernes soviel

Spiel vorsehen, daß auch bei einer Verschlechterung von 0,1 bis 0,2% die gewünschte Fehlergenauigkeit noch eingehalten wird.

Überhaupt kommt der Bemessung des Kernes die größte Bedeutung zu. Wir wollen an einem Beispiel zeigen, wie sich aus den Dimensionen des Kernes die Größe des Leerlaufstromes ermitteln läßt. Gleichzeitig soll gezeigt werden, wie eine bestehende Type geändert werden muß, um eine Verbesserung des Stromwandlers zu erzielen. In der Abb. 16 ist ein Stromwandleraufbau der Reihe 20 kV dargestellt. Die Abmessungen des Fensters sind durch die Isolationsverhältnisse gegeben. Die Oberspannungswicklung ist von der Unterspannungswicklung durch einen Hartpapierzylinder und einen Ölkanal isoliert. Die Abstände zwischen der Osp.-Wicklung und dem Eisen müssen nach

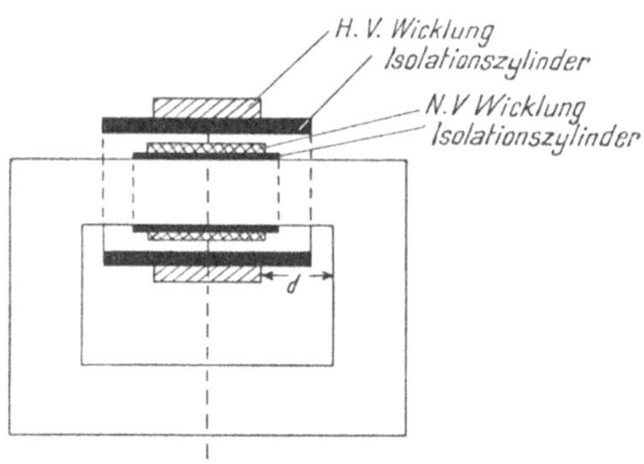

Abb. 16.

der Prüfspannung bemessen sein, insbesondere muß auf den Jochabstand (in der Abbildung mit d bezeichnet) geachtet werden, da hier der Übergang von der Osp.-Wicklung zum Kern auf dem Kriechwege an der Hartpapieroberfläche erfolgen kann und da bekanntlich die Isolationsfestigkeit an Oberflächen im Vergleich zu Ölstrecken gering ist.

Was man am meisten in der Hand hat, das ist der Eisenquerschnitt, mit dessen richtiger Bemessung, wie wir nun sehen werden, sich aber auch viel beim Entwurf machen läßt. Allerdings hat die Vergrößerung des Querschnittes auch größeren Umfang der Spulen zur Folge und dadurch auch eine Vergrößerung des Fensters in der einen Richtung. Da sich aber der Querschnitt quadratisch mit dem Radius ändert, ist eine Querschnittsvergrößerung immer ein wirksames Mittel, den Stromwandler zu verbessern. Der Kernquerschnitt q ergibt sich aus der Formel (12).

$$E_0 = 4{,}44\, f w q\, B_{max}\, 10^{-8}\,.$$

Die Ermittlung von E_0 [s. Formel (11)] wird Gegenstand der weiteren Betrachtungen sein; einstweilen nehmen wir an, der höchste Wert für E_0 bei der ungünstigen Belastung des Stromwandlers bei Nennstrom sei ermittelt. Bei einer Vergrößerung des Querschnitts erniedrigt man die Induktion B, und darin besteht eben der Gewinn. Bei geringerer Induktion verkleinert man die

Zahl der Amperewindungen pro cm (Abb. 5) oder, was auf das gleiche hinausläuft, man verkleinert die scheinbare Magnetisierungsarbeit pro kg (Abb. 9). Gerade die letzte Darstellung in Voltampere pro kg (VA/kg) berechtigt die Fragestellung, ob nicht der durch die Vergrößerung des Eisenquerschnittes erzielte Vorteil durch die Gewichtsvermehrung, die dabei eintritt, aufgehoben wird. Dies ist nicht der Fall, wovon man sich durch eine genaue Betrachtung der Formeln (12) und (13) überzeugen kann. Erstens ist zu beachten, daß bei der Querschnittsänderung die Konstanz des Produktes $B_{max}\,q$ gewährleistet wird. Die Formel (13), in der wir

$$G = \frac{q\,l}{1000}$$

setzen können, lautet dann:

$$E_0\,J_m = c\,\frac{\gamma\,l}{1000}\,\underbrace{(B_{max}\,q)}_{\text{Konstante}}\,H_{max}\,.$$

Die Abnahme von H_{max}, die bei der Querschnittsvergrößerung eintritt, verkleinert das Produkt $E_0\,J_m$, den Voltampereverbrauch, und bei gegebenem E_0 den Magnetisierungsstrom J_m. Das gleiche ergibt sich für das Verhalten des Wattstromes. Man sieht also, daß trotz der Gewichtsvermehrung eine Verkleinerung des Magnetisierungsstromes und infolgedessen eine Verbesserung des Stromwandlers eintreten muß.

Wir wollen nun am Stromwandlerkern der Abb. 16 die obige Rechnung durchführen. E_0 sei zu 6,1 V für 100% Nennstrom ermittelt und nimmt proportional mit dem Nennstrom J_2 ab. Der effektive Eisenquerschnitt sei 14,3 cm², die Windungszahl $w = 240$. Hieraus ergibt sich für die maximale Induktion:

$$B_{max} = \frac{E \cdot 10^8}{4{,}44\,f\,w\,q} = \frac{6{,}1 \cdot 10^8}{4{,}44 \cdot 50 \cdot 240 \cdot 14{,}3} = 800 \text{ Gs.}$$

Das Gewicht ergibt sich aus den Abmessungen des Kernes zu

$$\frac{q\,l\,\gamma}{1000} = \frac{14{,}3 \cdot 51{,}0 \cdot 7{,}6}{1000} = 5{,}55 \text{ kg}\,.$$

Für die jeweilige Induktion findet sich aus der Kurve Abb. 9 der Voltampereverbrauch pro kg, und durch Multiplikation mit dem Gewicht die Voltamperezahl, aus der dann zu jedem Wert von E_0 der Leerlaufstrom zu ermitteln ist. Folgende Tabelle gibt dann die Zusammenstellung der errechneten Werte.

$G = 5{,}55$ kg, $q = 14{,}3$ cm², $B_{max} = 800$ Gs.,

E_0 in Volt	J_2 in %	B_{max}	Voltampere pro kg	Voltampere total	J_0 in Milliampere
6,10	100	800	0,0530	0,2940	48,2
3,05	50	400	0,0184	0,1022	33,5
0,61	10	80	0,0013	0,0072	11,8

Jetzt soll die Wirkung einer Querschnittsvergrößerung untersucht werden. Wir wollen die Schichthöhe von 45 mm auf 50 mm erhöhen. Wenn man wegen der Papierisolation der Bleiche mit einem Füllfaktor von 0,87 rechnet, so bekommt man, wie aus den Abb. 17 und 17a ersichtlich, einen aktiven Eisenquerschnitt von

$$(3{,}7 \cdot 5{,}0) \cdot 0{,}87 = 16{,}0\ \text{cm}^2.$$

Infolge des vergrößerten Eisenquerschnittes muß man, um die gleichen Abstände zwischen den Wicklungen und Eisen einzuhalten, das Fenster in der einen Richtung größer machen. Die Maße sind in den Abb. 17 eingezeichnet.

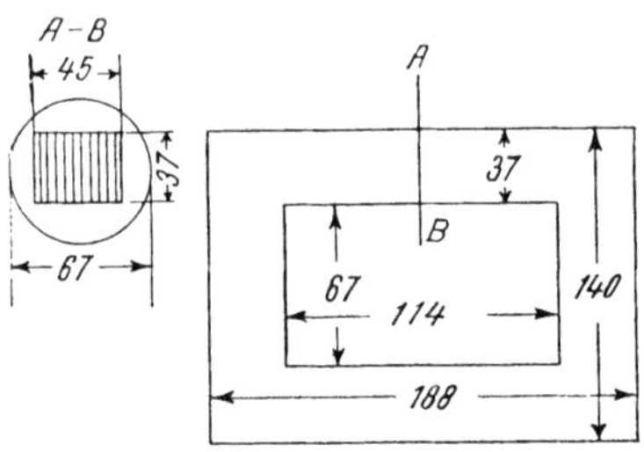

Abb. 17.

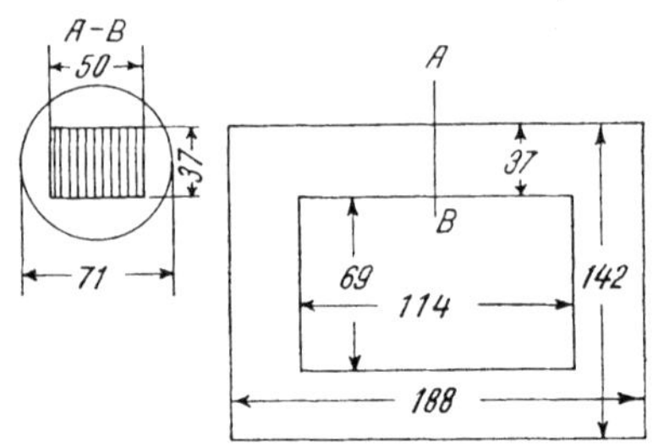

Abb. 17a.

Um den Kernquerschnitt ist jeweilig der Außenumfang der Unterspannungsspule angedeutet. Wir können jetzt für den vergrößerten Kern die Magnetisierung nachrechnen. Das Gewicht beträgt jetzt:

$$G = \frac{16 \cdot 51{,}4 \cdot 7{,}6}{1000} = 6{,}26\ \text{kg}$$

und die maximale Induktion:

$$B_{max} = \frac{6{,}1 \cdot 10^8}{4{,}44 \cdot 50 \cdot 240 \cdot 16} = 715\ \text{Gs}\,.$$

Nachstehende Tabelle liefert die Vergleichswerte.

$$G = 6{,}26\ \text{kg}, \qquad q = 16\ \text{cm}^2, \qquad B_{max} = 715\ \text{Gs}.$$

E_0 in Volt	J_2 in %	B_{max}	Voltampere pro kg	Voltampere total	J_0 in Milliampere
6,10	100	715	0,044	0,2760	45,2
3,05	50	357	0,0154	0,0965	31,6
0,61	10	71,5	0,0011	0,0069	11,3

Man kommt also trotz des größeren Eisengewichtes zu kleineren Leerlaufströmen. Ob die Verbesserung ausreicht, ist eine Frage für sich. Man muß mit der Querschnittsvergrößerung so weit gehen, bis eben die gewünschten Resultate erreicht sind. Durch die Wahl eines abgestuften Eisenquerschnittes und durch einen besseren Füllfaktor, wie dies mit lackierten Blechen heute erreicht wird, könnten die Resultate noch verbessert werden.

Der Vollständigkeit wegen soll hier auch die andere Methode der Berechnung des Leerlaufstromes unter Zuhilfenahme der Gleichstrommagnetisierungskurve und der Verlustkurve für die letzten Abmessungen des Kernes durchgeführt werden. Wie aber bereits gesagt, ist die Rechnung, bei der nur Wechselstromkurven verwendet werden, für Stromwandlerberechnungen am geeignetsten. Bei Verwendung von Gleichstrommagnetisierungskurven müssen die beiden Komponenten des Leerlaufstromes J_m und J_w getrennt berechnet werden. Die in Frage kommenden Gleichungen lauten:

$$J_m \sqrt{2}\, w = H_{max}\, l\,,$$

$$J_w = \frac{W}{E_0}\,.$$

Den zugehörigen Wert von H in AW/cm bei der entsprechenden Induktion entnehmen wir der statischen Magnetisierungskurve des gleichen Materials, die Verluste W errechnen sich aus dem Gewicht G und der Verlustzahl, entnommen der Verlustkurve nach der Beziehung W = Watt/kg·G. Unter Zugrundelegung der für den Kern der Abb. 17a geltenden Werte $l = 51{,}4$ cm, $G = 6{,}26$ kg, $w = 240$, gelangt man zu den in folgender Tabelle aufgeführten Werten:

E_0 in Volt	J_2 in %	B_{max}	AW/cm	Watt/kg	in Milliampere J_m	J_w	J_0
6,1	100	715	0,26	$14 \cdot 10^{-3}$	39,5	14,4	42,2
3,05	50	357	0,186	$3{,}8 \cdot 10^{-3}$	28,4	7,8	29,5
0,61	10	71,5	0,075	$0{,}16 \cdot 10^{-3}$	11,3	1,6	11,4

Wie man sieht, bekommt man bei dieser Rechnung für die oberen beiden Punkte kleinere Werte als bei der früheren Berechnung. Man tut gut, bei solchen Differenzen immer die größeren Werte zugrunde zu legen. Bleche verschiedener Hüttenwerke und verschiedener Lieferungen können in den Magnetisierungs- und Verlustwerten Abweichungen aufweisen. Für die Kontrolle einer richtigen Stromwandlerfabrikation ist es notwendig, genau so wie man im Epstein-Apparat Eisenproben der Transformatorenbleche untersucht, Eisenuntersuchungen bei geringer Permeabilität vorzunehmen.

Es soll hier noch über die Kernarten im Stromwandlerbau einiges gesagt werden. Man unterscheidet, wie im Transformatorenbau, die Kern- und Manteltype mit dem Unterschiede, daß im Stromwandlerbau die Manteltype eine größere Ausdehnung erreicht hat als im Transformatorenbau. Dies mag vielleicht dadurch zu erklären sein, daß bei der Manteltype, besonders bei kleineren Stromwandlern, die Spulen einen besseren Halt am Kern haben und die mechanische Kurzschlußsicherheit sich mit weniger Abstützungsmaterial erreichen läßt, als dies bei der Kerntype der Fall ist.

Abb. 18 zeigt den Kernaufbau für Manteltypen, wie sie von der Firma Moser, Glaser & Co., AG., verwendet werden. Die Bleche werden aus Blechtafeln herausgestanzt und in den Spulenaufbau einzeln hineingelegt. Absolutes Vermeiden von Stoßfugen ist, wie wir gesehen haben, nicht unbedingt erforderlich. Nach Abb. 18 sind die Bleche nur in einem Joch aufgeschnitten. Sie können in den Spulenaufbau eingelegt werden. Auch hier werden die Bleche so eingelegt, daß das eine Blech mit der Fuge nach der einen Seite liegt und das darauffolgende die Fuge auf der gegenüberliegenden Seite hat. Auf diese Weise wird eine durchgehende Fuge vermieden. Magnetisch bietet die Behandlung des Mantelkernes nichts Neues. Denkt man sich die beiden Joche magnetisch parallel geschaltet, so kommt man auf den gewöhnlichen Kern. Bevorzugt ist selbstverständlich, daß der Mittelsteg doppelten Jochquerschnitt bekommt, da sonst die Induktion im Eisen nicht durchweg die gleiche ist, und die Rechnung für Joch und Mittelsteg getrennt durchzuführen ist.

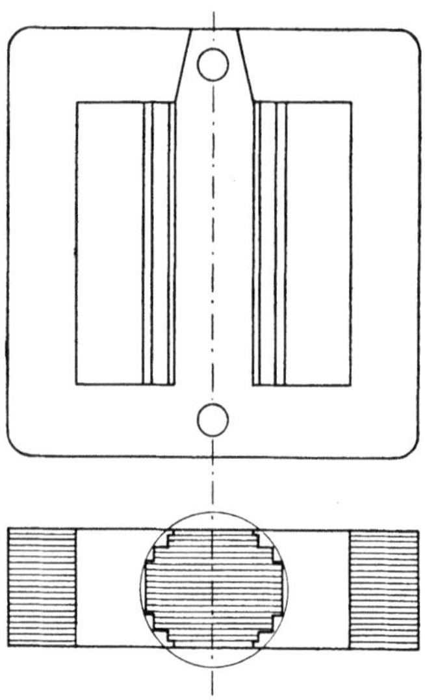

Abb. 18.

Bei Stromwandlern für höhere Betriebsspannungen nehmen auch die Kerne erhebliche Dimensionen an. Wird die Wicklung von Hand gewickelt, wie dies für die Oberspannungswicklung von Schleifenstromwandlern aus fabrikatorischen Gründen sich ergibt, so können vollkommen fugenlose Ringkerne verwendet werden. Bei Verwendung von Maschinenspulen muß man die Kerne schichten, ähnlich wie dies im Kleintransformatorenbau der Fall ist. Die Preßbolzen, die in starken Isolierrohren durch die Kernbleche hindurchgehen, müssen auf eine Mindestzahl begrenzt sein. Jedes Bolzenloch bedeutet eine Schwächung des aktiven Eisenquerschnittes, infolgedessen eine Erhöhung der Induktion und eine Erhöhung des Leerlaufstromes. Daß bei der Schichtung der Kerne auf gute Fugen besonders geachtet werden muß, braucht hier wohl kaum besonders hervorgehoben zu werden.

Bevor wir den Abschnitt schließen, möchten wir die aus den Betrachtungen gewonnene Erkenntnis dahin zusammenfassen, daß man beim Entwurf des Kernes immer bestrebt sein muß, den Kraftlinienweg kurz zu halten und den Eisenquerschnitt möglichst groß zu wählen. Kurzer Kraftlinienweg und genügender Eisenquerschnitt sind die besten Mittel, den Magnetisierungsstrom gering zu halten.

7. Die Streuung und die Anordnung der Wicklung

Wir haben gesehen, daß die Magnetisierung des Wandlers in dem Maße zu erfolgen hat, in welchem die EMK zur Deckung der sekundären Spannungsabfälle notwendig ist. Der rechnerische Zusammenhang war durch die Formel (11)

$$E_0 = J_2 \sqrt{(r_2 + R_2)^2 + (\omega \lambda_2 + \omega L_2)^2} = J_2 Z$$

gegeben, wobei

$$Z = r_2 + R_2 + j(\omega\lambda_2 + \omega L_2).$$

Die Ermittlung der unter der Wurzel stehenden Größen muß unsere nächste Aufgabe sein.

Die Voltamperezahl und $\cos\beta$ des Belastungskreises sind bekannt. Dies ist der Ausgangspunkt der Berechnung und entspricht in gewissem Sinne der Leistung, für welche der Wandler vorgesehen ist. Aus der Voltamperezahl ermittelt man die Impedanz der Belastung:

$$Z_2 = \sqrt{R_2^2 + \omega L_2^2}.$$

Hieraus und aus der Phasenverschiebung β (im Belastungskreis) ergibt sich:

$$R_2 = Z_2 \cos\beta,$$

$$\omega L_2 = Z_2 \sin\beta.$$

Die amtlichen Beglaubigungsvorschriften schreiben eine minimale Belastbarkeit von 15 VA bei $\cos\beta = 0{,}8$ vor. Für eine Belastung auf Zähler sind diese Bedingungen reichlich. Bei Relais kommen wegen der hohen Windungszahlen der Stromspulen auch größere Impedanzen bei einem $\cos\beta \sim 0{,}3 - 0{,}5$ vor. Sind nun solche Relais in Serie mit einem oder mehreren Apparaten an die Wandler angeschlossen, so wird es notwendig, solche Stromwandler reichlicher zu dimensionieren.

Wir wenden uns nun der inneren Impedanz der Sekundärwicklung des Wandlers zu:

$$z_2 = \sqrt{r_2^2 + \omega^2\lambda_2^2}.$$

Der Ohmsche Widerstand r_2 ist aus der Windungszahl, mittlerer Windungslänge und Kupferquerschnitt zu berechnen. Hingegen ist die genaue Ermittlung der Streuinduktivität die schwierigste Aufgabe der Stromwandlerberechnung. Wie häufig in der Technik, werden wir uns auch hier mit Annäherungen begnügen müssen.

Wir knüpfen hier an physikalische Vorstellungen an, die sich bei Behandlung der Streufelder von Transformatorenwicklungen ausgebildet haben. Als die wertvollsten älteren Arbeiten auf diesem Gebiet sind die Arbeiten von Rogowski[1]) „Über das Streufeld und den Streuungskoeffizienten eines Transformators mit Scheibenwicklung und geteilten Endspulen" und über „Streuung bei Wechselstromtransformatoren und Kommutatormotoren"[2]) zu nennen. Mit der Unsymmetrie der Streufelder des Transformators befaßt sich Biermanns[3]) in einer Arbeit über „Kurzschlußkräfte an Transformatoren". Die Eigenart des Streuungsproblems bei Stromwandlern behandelt in einer lehrreichen Beleuchtung einer Anzahl Veröffentlichungen zum Streuungsproblem

[1]) Dissertation 1908.

[2]) W. Rogowski und K. Simmons ETZ 29, 1908.

[3]) Bulletin des SEV, Heft 4, 1923.

R. WILLHEIM[4]) in seiner Arbeit ,,Über Streuungsfragen der Transformatoren und Meßwandler". Im Lichte der neueren Forschungen ist speziell die Trennung der Streuung in primäre und sekundäre beim Stromwandler ein schwieriges Problem. In Spezialarbeiten, die in den USA erschienen sind, wird das Streufeld des Stromwandlers ausführlich behandelt. Darüber soll im nächsten Kapitel ,,Die Messung der Streuung" berichtet werden.

Nichtsdestoweniger können die aus der Rogowskischen Theorie der Transformatorenstreuung für die Stromwandlerberechnung sich ergebenden Folgerungen, die der Verfasser in der ersten Auflage seines Buches behandelt hat, aufrechterhalten werden.

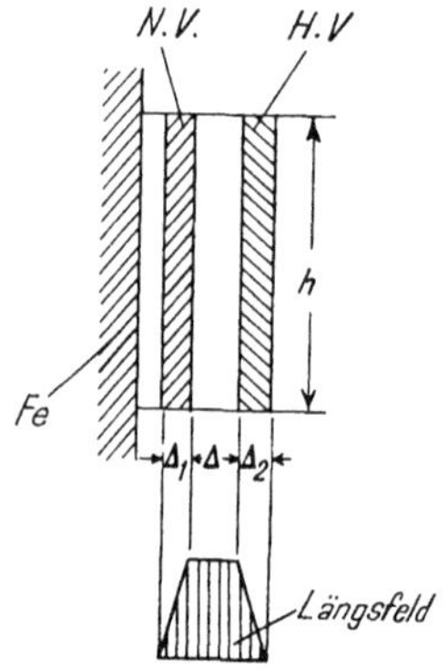

Abb. 19.

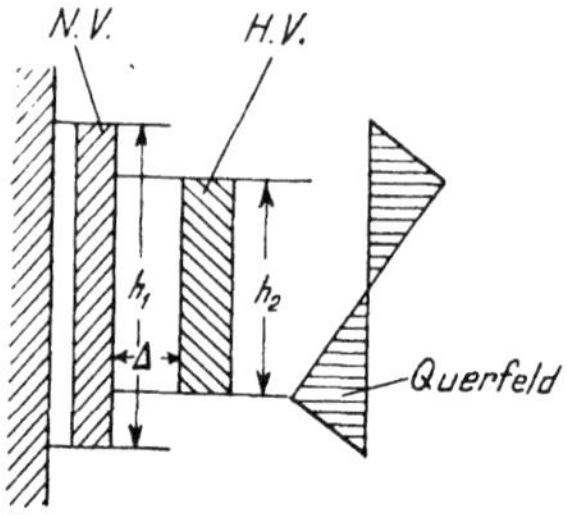

Abb. 20.

Oberspannungswicklung = H.V.
Unterspannungswicklung = N.V.

Im Gegensatz zur Transformatorenberechnung, bei der eine Trennung der Primär- und Sekundärstreuung nicht erforderlich ist, muß für die Berechnung des Stromwandlers die sekundäre Streuinduktivität bekannt sein.

Es muß unterschieden werden zwischen Stromwandlern, die einen Aufbau mit konzentrischen axialen Osp.- und Nsp.-Wicklungen besitzen und solchen, bei welchen die Form der Osp.-Wicklung von einer Zylinderwicklung stark abweicht. Aber auch für letztere werden wir aus der klassischen Darstellung der Streufelder bei Transformatorenwicklungen gewisse Anhaltspunkte gewinnen.

Einige Gedankengänge über die Gültigkeit der Rogowskischen Formeln für Streuungsberechnungen scheinen jetzt am Platze zu sein. Die Kurzschlußspannung bzw. ihre hauptsächliche Komponente, die Streuspannung, wird mit Hilfe des Kurzschlußversuches bestimmt – meistens bei kurzgeschlossener Sekundärwicklung. Der Transformator ist dabei als Stromwandler geschaltet. Die Resultate der Messungen stimmen gut mit den Vorausberechnungen überein, auch für die sog. Spezialfälle mit Querstreuung, wenn dabei die Formeln von ROGOWSKI sinngemäß erweitert werden. Beide Fälle der Streuung sind in den Abb. 19 und 20 dargestellt. So ist die Streuungsberechnung bei Transformatoren noch heute auf die klassische Methode angewiesen.

[4]) E und M, Heft 36, 1937.

Was folgt aus diesen Tatsachen für die Berechnung der sekundären Streuinduktivität des Stromwandlers?

Bei konzentrischem axialem Spulenaufbau ist mit folgender sekundären Streuinduktivität zu rechnen:

$$\lambda = 4\,\pi\,\varkappa\,w^2\,\frac{U}{h}\left(\frac{\Delta}{2} + \frac{\Delta_2}{3}\right)10^{-9} \text{ in Henry,} \tag{15}$$

wo die einzelnen Größen folgende Bedeutung haben:

U der mittlere Umfang der sekundären Hälfte des Streukanals in cm,
h die Länge der Sekundärspule in cm,
Δ die Breite des Streukanals in cm,
Δ_2 die Dicke der Sekundärspule in cm,
$\varkappa$ ein Korrektionsfaktor.

Der Faktor $\varkappa$, der nach ROGOWSKI durch den Ausdruck

$$\varkappa = 1 - \frac{\Delta + \Delta_1 + \Delta_2}{\pi\,h}$$

gegeben ist, ist hier eine andere unbekannte Funktion der Größe $\frac{h_1 - h_2}{h_1}$ und ist der folgenden Tabelle (bzw. der Interpolation nach einer Kurve) zu entnehmen.

Tabelle für den Korrektionsfaktor

Betriebsspannung in Volt	$\frac{h_1 - h_2}{h_1} \cdot 100$ in %	Δ_2 in cm	Δ in cm	h_1 in cm	$\varkappa$
15000	17	1,2	1,5	12,8	1,27
24000	17	1,2	1,7	12,8	1,24
35000	19	1,2	2,4	12,6	1,15
50000	22	1,3	3,7	16,0	1,05
80000	25	1,6	5,6	10,2	0,90

Diese Werte sind auf Grund von Streuungsmessungen nach den im nächsten Kapitel angegebenen Meßmethoden einerseits und auf Grund von Nachrechnungen andererseits, denen ein genaues Abmessen der Dimensionen voranging, gewonnen. Wie man sieht, wird der Faktor $\varkappa$ für höhere Betriebsspannungen immer kleiner und wird schließlich kleiner als 1.

Wird für $\varkappa$ in der Formel (15) der entsprechende Wert aus der Tabelle eingesetzt, so bekommt man Werte, die mit Meßwerten in guter Übereinstimmung stehen.

Bedeutend größere Schwierigkeiten entstehen bei der Bestimmung der Streuinduktivität von Wicklungswandlern mit stark verschiedenen Abmessungen der Primär- und Sekundärwicklung. Abb. 21 zeigt ein mittels Eisenfeilspänen experimentell am Modell eines Durchführungsstromwandlers aufgenommenes Streubild. Das primäre Streufeld ist deutlich in der Aufnahme von dem sekundären Streufeld zu trennen, die Trennungsfläche liegt in der Mitte zwischen Primär- und Sekundärwicklung. Das sekundäre Streufeld erstreckt sich über einen bestimmten Raum, und es wird unsere Aufgabe sein, diesen Raum zwecks Berechnung der Streuinduktivität geometrisch zu bestimmen.

Zunächst wollen wir die Formel für die Streuinduktivität für zylindrische Spulen ableiten. Die Streuinduktivität ist durch den Ausdruck

$$\lambda = \frac{\Sigma \Phi z}{J \sqrt{2}} 10^{-8} \text{ in Henry} \tag{16}$$

definiert. Hier ist $\Sigma \Phi z$ der mit der Sekundärwicklung verkettete Streufluß, J der in der Wicklung fließende Strom. In Abb. 22 sind die für zylindrische

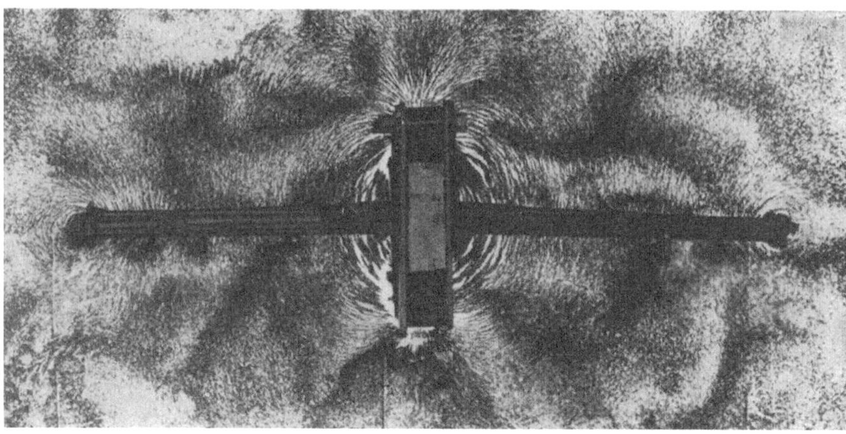

Abb. 21.

Spulen in Frage kommenden Größen eingezeichnet. Wir wollen der Einfachheit halber das Feld im Stromgebiet selbst außer Betracht lassen und uns nur auf das Feld im Streukanal beschränken. Wir werden sehen, daß man bei Anordnungen, die uns hier interessieren, dies tun kann, ohne erhebliche Fehler zu begehen. Das Gebiet der sekundären Streuung ist in der Zeichnung durch die Schraffur gekennzeichnet. Der Verlauf der Streufelder in der gleichen Abb. 22 ermöglicht folgende angenäherte Rechnung. Ein Flächenelement der Fläche, durch welche die Streulinien hindurchgehen, ist $2\pi r dr$. Wenn wir die mittlere Liniendichte in diesem Element mit B_r bezeichnen und immer mit der vollen Verkettung von w sekundären Windungen rechnen, so erhalten wir:

$$\Sigma \Phi z = w \Sigma B_r 2\pi r dr = w B_m U \delta,$$

wo U der mittlere Umfang der Streulinien in cm,

δ die Breite des sekundären Streugebietes in cm

bedeuten.

Für λ erhalten wir nach Formel (16):

$$\lambda = \frac{B_m w U \delta}{J \sqrt{2}} 10^{-8} \text{ in Henry.}$$

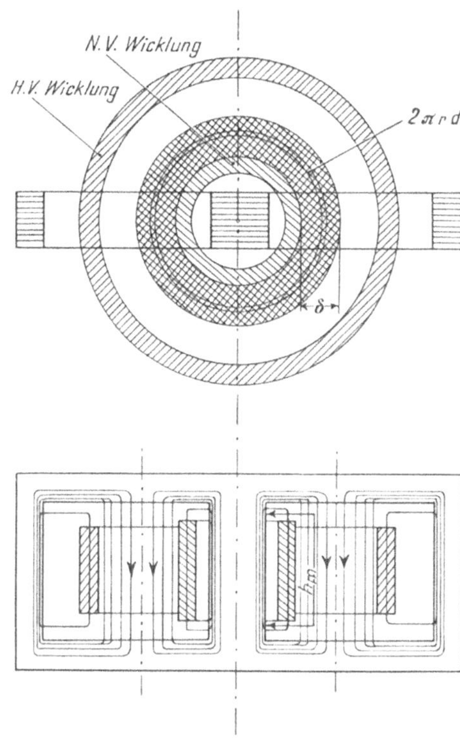

Abb. 22.

Für B gilt, da es sich um ein Feld in Luft handelt, wo $B = \frac{4\pi}{10}$ H ist:

$$B_m = \frac{4\pi}{10} \cdot \frac{J \sqrt{2}\, w}{h_m}; \tag{17}$$

h_m bedeutet den mittleren Streulinienweg (Luftstrecke).

Setzen wir diesen Wert in obige Formel ein, so erhalten wir für die sekundäre Streuinduktivität den Ausdruck:

$$\lambda = 4\pi w^2 \frac{U \delta}{h_m} 10^{-9} \text{ in Henry,} \tag{18}$$

der mit dem Ausdruck der Formel (15) identisch ist.

Wir dehnen nun das gleiche Verfahren der Berechnung auch auf andere Anordnungen von Wicklungen aus. So ist es auch bei der Anordnung nach

Abb. 23 möglich, das sekundäre Streufeld wenigstens angenähert zahlenmäßig zu erfassen, wobei man sich allerdings darüber im klaren sein muß, daß es sich nur um eine Orientierungsrechnung handelt. An Hand der Abb. 23 ergeben sich folgende Verhältnisse. Hier ist das sekundäre Streugebiet unterteilt in Gebiete I schwächerer Liniendichte und in die Gebiete II, wo das Feld infolge

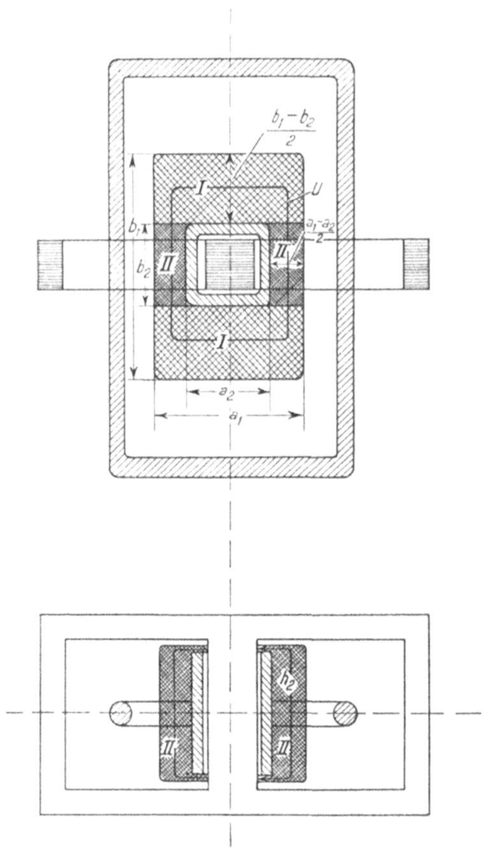

Abb. 23.

des geringeren Abstandes zwischen Sekundär- und Primärwicklung stärker ist. Der mittlere Streuweg für die Gebiete I ist mit h_1, für die Gebiete II mit h_2 bezeichnet. Wir müssen den verketteten Streufluß $\Sigma \Phi z$ als Summe von Einzelbeträgen für Gebiete I und II ermitteln:

$$\Sigma \Phi z = (B_1 F_1 + B_2 F_2) w,$$

wobei B_1 und F_1 die Induktion und die Fläche für die Gebiete I,

B_2 und F_2 die Induktion und die Fläche für die Gebiete II

bedeuten.

Ferner ist

$$F_1 = 2\,a_1 \frac{b_1 - b_2}{2}, \quad F_2 = 2\,b_2 \frac{a_1 - a_2}{2}$$

und

$$B_1 = \frac{4\,\pi}{10} \cdot \frac{J\sqrt{2}\,w}{h_1}, \quad B_2 = \frac{4\,\pi}{10} \cdot \frac{J\sqrt{2}\,w}{h_2}.$$

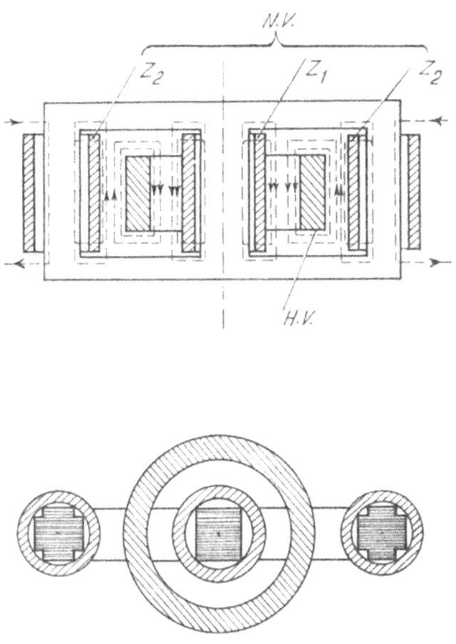

Abb. 24.
Abkürzungen H.V. = Oberspannungswicklung,
N.V. = Unterspannungswicklung.

Wir erhalten entsprechend der Gleichung (16)

$$\lambda = \frac{\Sigma\,\Phi\,z}{J\sqrt{2}}\,10^{-8}$$

für unsere Anordnung folgenden Ausdruck zur Ermittlung der Streuinduktivität als Ersatz für die Gleichung (18)

$$\lambda = 4\,\pi\,w^2\left(\frac{F_1}{h_1} + \frac{F_2}{h_2}\right)10^{-9} \text{ in Henry.} \quad (19)$$

Wir werden später Gelegenheit haben, für bestimmte Abmessungen diesen Wert auszurechnen und ihn mit den Ergebnissen aus Streuungsmessungen zu vergleichen. Wir können schon jetzt vermuten, daß bei Mehrleiterdurchführungsstromwandlern für höhere Betriebsspannungen die Streuinduktivität erhebliche Werte annehmen wird, und der Berechner wird vor die Frage gestellt, ob es nicht Mittel gibt, die Wicklung so anzuordnen, daß die Streuinduktivität sich dabei auf geringere Werte einstellt. Wir wollen nun sehen, mit welchen Spulenanordnungen dieser Zweck erreicht werden kann.

Man greift zum gleichen Mittel wie im Transformatorenbau beim Übergang von einfachkonzentrischer Wicklung zur doppeltkonzentrischen oder zur Scheibenwicklung. Man erreicht durch die Aufteilung der Sekundärwicklung hier wie dort eine Spaltung des Streufeldes in mehrere einzelne Streufelder. Die Verkleinerung der Streuinduktivität resultiert daher, daß man die Verkettungszahl der Streukraftlinien vermindert.

Nach der Formel (15) ändert sich die Streuinduktivität quadratisch mit der Windungszahl w, es resultiert daher trotz der Summation der einzelnen Streufelder immer noch ein Gewinn. In der Abb. 24 ist die Sekundärwicklung in drei Teile aufgeteilt, auf dem Mittelsteg des Mantelkernes ist eine Spule mit z_1 Windungen untergebracht, auf den Jochen je eine Spule mit z_2 Windungen. Die Sekundärspulen sind in Serie geschaltet, für die sekundäre Windungszahl gilt die Beziehung: $w = z_1 + z_2$. Es zählen als sekundäre Windungen nur diejenigen, die dem gleichen magnetischen Kreis angehören. Für die Berechnung der sekundären Streuung ist hingegen die gesamte Windungszahl zu berücksichtigen, da man alle sekundären Streugebiete erfassen muß. In Abb. 24 sind die Streugebiete dargestellt. Die Streuung der mit z_1 verketteten Linien errechnet sich nach der bereits angegebenen Methode. Die restlichen zwei Streufelder, die je mit z_2 Windungen verkettet sind, lassen sich rechnerisch schwer erfassen.

Wie wir später sehen werden, wirken die auf den Außenschenkeln untergebrachten je z_2 Windungen vormagnetisierend. Sie bewirken zusätzliche Flüsse und eine höhere Permeabilität in den Außenschenkeln.

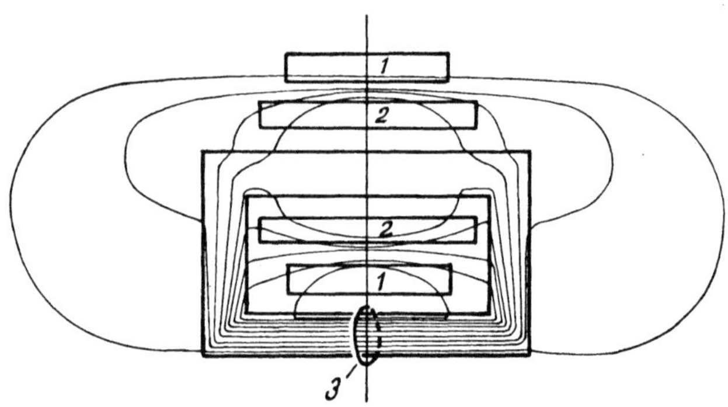

Abb. 25. Streufluß nach E. C. Wentz. 1. Primärwicklung, 2. Sekundärwicklung. 3. Hilfswicklung.

Ohne der Besprechung der Meßmethoden der Streuung vorzugreifen, ist der Hinweis auf eine Darstellung des sekundären Streuflusses von E. C. Wentz[5]) (Westinghouse Electr. Co.) interessant. Die Abb. 25 zeigt den Kern und die beiden Wicklungen. Wie man sieht, wirkt der bewickelte Schenkel kraftlinienabweisend. Die Streukraftlinien der Luftkanäle sammeln sich im unbewickelten Schenkel des Kernes.

Der auf den ersten Blick entstehende Eindruck eines Gegensatzes in der Darstellung der Streufelder nach der klassischen Theorie der Streuung bei belasteten Transformatoren und der Darstellung nach E. C. Wentz ist nur scheinbar. Es handelt sich in der letzteren Darstellung um den Rückschluß der Luftkanalstreulinien, und es ist klar, daß man zu gleichen Resultaten gelangen muß, unabhängig von der Art, wie und wo der Streukraftlinienfluß erfaßt wird. In der Flußdarstellung nach Wentz ist noch ein etwelcher Anteil der primären Streuung enthalten, hingegen fehlen die sekundären Streukraftlinien, die sich über den Luftraum schließen. Es sei noch bemerkt, daß schon in der ersten Auflage dieses Buches eine ähnliche Darstellung, wie sie E. C. Wentz verwendet, angegeben wurde. Die weitere Entwicklung dieser Methode in den USA ist zu beachten.

Man kann sich den Streufluß nach Abb. 25 durch einen mit der gesamten Windungszahl der Sekundärwicklung verketteten äquivalenten Fluß ersetzt

[5]) Amer. Inst. Electr. Eng., Transact. 1941, 949.

denken. Dieser würde den sekundären Streuspannungsabfall und eine entsprechende Erhöhung des Magnetisierungsstromes bedingen. In einer Darstellung von A. T. SINKS[6]) wird zu einer besseren Erfassung des Streuflusses der Kern in eine Anzahl Teile aufgeteilt, und es werden die Anteile des Streuflusses in jedem Kernteil untersucht.

Bei Anordnungen, wo die Streukanäle weniger eng umschriebene Gebiete darstellen, ist eine Nachrechnung der Streuinduktivität sehr schwierig. Man ist hier auf Resultate der Versuche und Streuungsmessungen an den gegebenen Spulenanordnungen angewiesen. (Siehe hierzu die Ausführungen von B. HAGUE[7]).

Wir wollen dennoch die Frage der günstigen Spulenanordnungen weiter verfolgen, um Richtlinien für die Praxis zu gewinnen. Man erhält eine wirksame Verminderung der Streuspannung der Sekundärwicklung durch eine weitere Aufteilung derselben. Abb. 26 zeigt eine in vier Spulen aufgeteilte Sekundärwicklung. Die Spulen sind am Umfange angeordnet und unter sich in Serie geschaltet. Die Richtung des Kraftflusses ist für beide magnetischen Kreise durch die um den Mittelsteg gewickelte Oberspannungspule gegeben. Die Niedervoltspulen müssen so geschaltet sein, daß je zwei Spulen einen magnetischen Fluß erzeugen, der dem Fluß der Primärwicklung entgegengesetzt gerichtet ist.

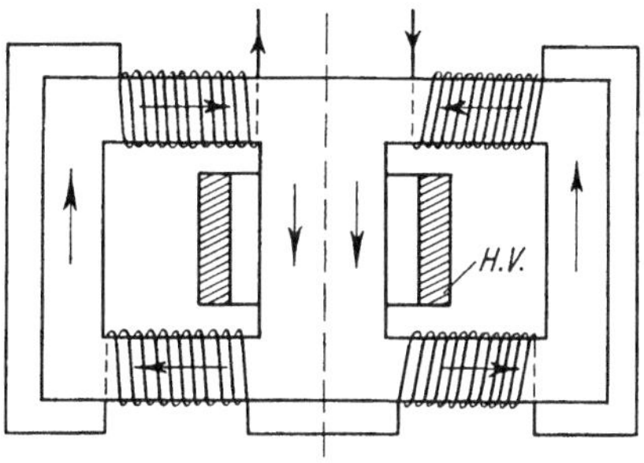

Abb. 26.

Einen weiteren Schritt bildet die Anordnung einer Ringwicklung. Der Kern erhält eine gleichmäßig auf dem Umfange verteilte Wicklung. Theoretisch besitzt der homogen bewickelte Ring keine Streuung. Wir werden später sehen, daß eine streuungslose Sekundärwicklung auch gewisse Nachteile bietet. Sie führt zu einem Stromwandler, der große Fehlwinkel besitzt. Dem kann so abgeholfen werden, daß man nicht den ganzen Ring bewickelt, sondern bloß einen Teil.

Durch Verschiebung der Sekundärwicklung auf dem Kern hat man ein bequemes Mittel zur Regulierung der Streuinduktivität. Abb. 27a, wo die Wicklungen einander nicht umschlingen, stellt den Fall der höchsten Streuung dar, Abb. 27b denjenigen der geringsten, den Zwischenstellungen entsprechenden Zwischenwerte.

Wir haben bis jetzt den Einfluß der Kernform auf die Streuung unbeachtet gelassen. Soweit es sich um eine auf dem ganzen Kernumfange gleichmäßig verteilte, dicht am Eisen liegende Sekundärwicklung handelt, ist die Frage gegenstandslos, da solche Wicklungen praktisch als streuungslos angesehen werden können. Für konzentrische Spulenwicklungen ist nach der Untersuchung von ROGOWSKI die Streuung von der Kernform merklich unabhängig.

---

[6]) Computation of Accuracy of Current Transformers. Amer. Inst. Electr. Eng. Transact. 1940, 663.

[7]) HAGUE, B.: Instrument Transformers, S. 127—138. London: Pitman & Sons 1936.

Anders verhält es sich bei Wicklungsanordnungen der Mehrleiterdurchführungsstromwandler mit von der konzentrischen Anordnung abweichenden Wicklungen. Wir haben für die früher behandelten Fälle immer einen Mantelkern vorausgesetzt. Wird für den Schleifenstromwandler ein gewöhnlicher Kern mit nur einem bewickelten Schenkel verwendet, so erhöht sich, wie

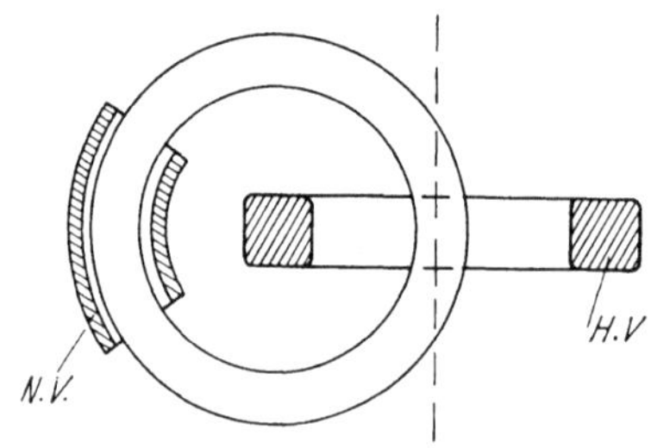

Abb. 27a.

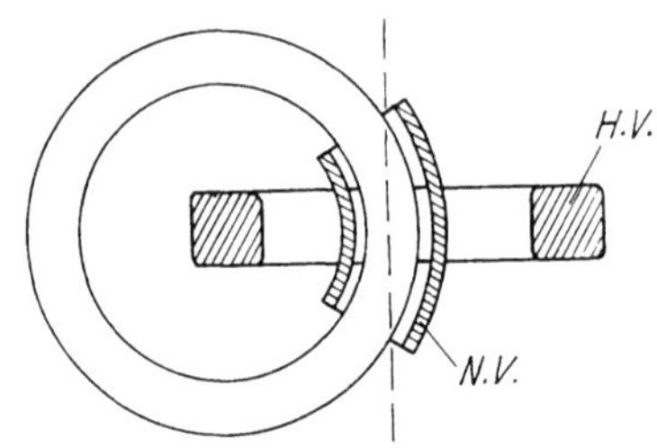

Abb. 27b.

Messungen zeigen, die Streuspannung um einen nennenswerten Betrag. In Abb. 28 ist ein Durchführungsstromwandler mit einfenstrigem Eisenkern

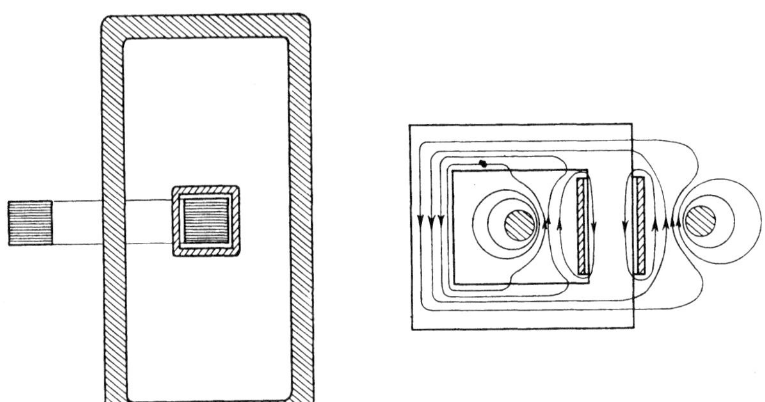

Abb. 28.

dargestellt. An diesem Stromwandler wurde mit Eisenspänen der in der Abbildung gezeichnete Verlauf der Streukraftlinien festgestellt. Es ist interessant, daß auch ein Teil der Streulinien der Primärwicklung, und zwar derjenige Teil, der außerhalb des Eisenkernes liegt, aus der Bahn der Streulinien abgelenkt wird und vom Kern aufgesaugt wird. Diese Kraftlinien magnetisieren den Kern unvollständig und verstärken den Nutzfluß, d. h. denjenigen Fluß, der zur Deckung der Klemmenspannung und der sekundären Spannungsabfälle aufrechterhalten werden muß. Wird auf dem gegenüberliegenden Schenkel ein Teil der Sekundärwicklung angeordnet, so werden die von der Primärwicklung herrührenden Streulinien abgewiesen. Abb. 29 zeigt eine derartig angeordnete Wicklung.

Messungen an Stromwandlern nach Abb. 28 zeigen, daß die Magnetisierung durch Streulinien der Primärwicklung, die sich über unbewickelte Kernteile schließen, den Magnetisierungsstrom erhöhen und daß eine Einhaltung der noch zulässigen Übersetzungsfehler durch eine Verminderung der Induktion bzw. durch eine Erhöhung des Eisenquerschnittes erkauft werden muß. Man muß deshalb bestrebt sein, überall, wo Abweichungen von den normalen Ausführungen, sei es in der Kernform, sei es in der Anordnung der Wicklung, vorliegen, solche Streulinien der Primärwicklung vom Eisenkern fernzuhalten.

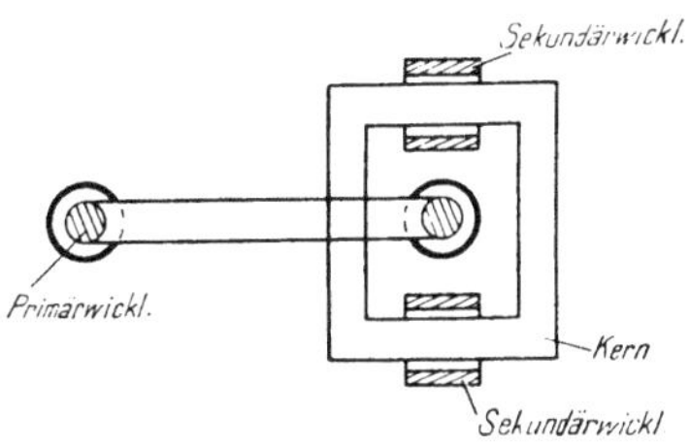

Abb. 29.

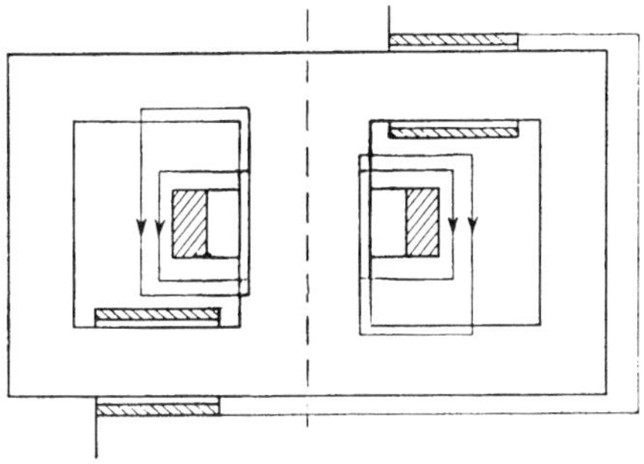

Abb. 30.

Diese Abschirmung wird durch eine zweckmäßige Verteilung der Sekundärwicklung auf die Schenkel bzw. Joche des Eisenkernes erzielt. Wo dies nicht beachtet wird, z. B. in einer Ausführung nach Abb. 30, erhält man eine höhere Magnetisierung des Kernes. Wie ersichtlich, kann sich hier ein Teil der Streulinien der Osp.-Wicklung über den Kern schließen. Werden auch diese Kernteile bewickelt, so ist das Übel beseitigt. Man erhält dadurch die Ausführung nach Abb. 26 mit sehr geringer Sekundärstreuung und mit vollkommener Abschirmung des primären Streufeldes. Wie später gezeigt werden soll, ergibt sich aus der Verteilung der Sekundärwicklung eine gewisse vormagnetisierende Wirkung für die Jochteile.

8. Die Messung der Streuung

Daß die primäre und sekundäre Streuung bei Stromwandlern 5/5 A in vielen Fällen ganz verschieden voneinander sind, soll durch einen Versuch veranschaulicht werden. Speziell in diesem Punkte ist der Berechner auf Resultate der Messungen sehr angewiesen. Es soll aus diesem Grunde schon an dieser Stelle auseinandergesetzt werden, wie die Streuung gemessen werden kann.

Um einen Einblick in die Verhältnisse zu gewinnen, soll zunächst über eine Flußmessung an einem Durchführungsstromwandler mit einem Ringkern nach Abb. 31 berichtet werden.

Der Kern war mit zwei Hilfswicklungen $a - b$ und $c - d$ bewickelt, derart, daß je eine Wicklung mit 100 Windungen auf dem halben Umfange des Kernes verteilt war. Die Sekundärwicklung, bestehend aus 200 Windungen, war nahezu auf dem halben Umfange verteilt und in sich kurzgeschlossen. Die Primärwicklung, gleichfalls aus 200 Windungen bestehend, umgibt die Sekundärwicklung und wird mit einem Wechselstrom von 5 A und 50 ∿ erregt.

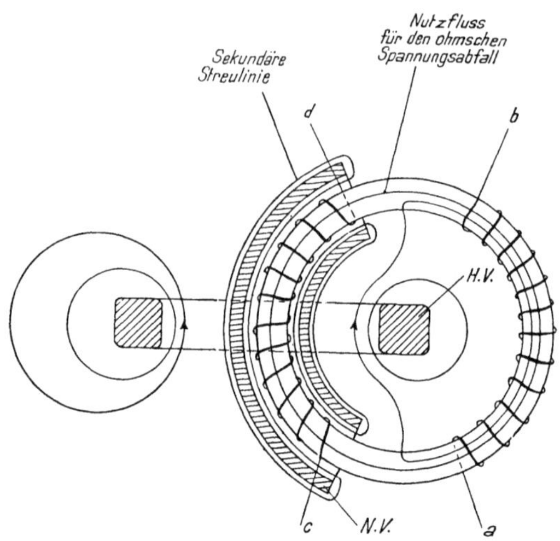

Abb. 31.

Es wurden folgende Spannungen gemessen:

An der Primärwicklung Volt	An den Hilfswicklungen Volt	
	$a - b$	$c - d$
93,2	3,1	0,9

Werden die Spannungen an den Hilfswicklungen auf die der Sekundärwicklung entsprechende Windungszahl von 200 Windungen umgerechnet, so erhält man folgende Spannungen:

An der Primärwicklung Volt	An den Hilfswicklungen Volt	
	$a - b$	$c - d$
93,2	6,2	1,8

Der diesen Messungen entsprechende Verlauf der magnetischen Kraftlinien ist in der Abb. 31 gezeichnet. Die kurzgeschlossene Sekundärwicklung weist die Kraftlinien ab. Es gehen nur soviel Kraftlinien durch, daß der ohmsche Spannungsabfall der Sekundärwicklung gedeckt werden kann. Durch die Rückwirkung des Sekundärfeldes tritt eine Schwächung des Feldes im Kernteil, der die Sekundärwicklung trägt, ein. Wir haben die analoge Schwächung bei Maschinen im Eisen der Erregung durch Statorrückwirkung und Streufelder

der Statorwicklung. Die EMK für diese Abfälle muß durch die Erregung aufgebracht werden. Beim Stromwandler muß das Äquivalent für die Sekundärstreuung durch die dementsprechende Erhöhung des Nutzflusses und des Magnetisierungsstromes aufgebracht werden. Wir können diese EMK messen, indem wir den Nutzfluß mit einer Hilfswicklung messen an einem Kernteil, der außerhalb der Wicklung liegt, deren Streuspannung wir bestimmen wollen, oder indem wir den Streufluß der Sekundärwicklung erfassen. Es ergeben sich dementsprechend zwei Meßmethoden der Streuspannung: a) Messung mittels einer Hilfswicklung, b) Messung in Gegenschaltung.

a) Messung mittels einer Hilfswicklung

Diese Messung kann an Hand der graphischen Darstellung der Flußverhältnisse erläutert werden. In Abb. 32 ist das Flußdiagramm des sekundär kurzgeschlossenen Wandlers dargestellt. Unter der Voraussetzung $w_1 = w_2$ ist zunächst das Stromdiagramm gezeichnet. Für die Ströme gilt die vektorielle Beziehung:

$$J_0 = J_1 \hat{+} J_2.$$

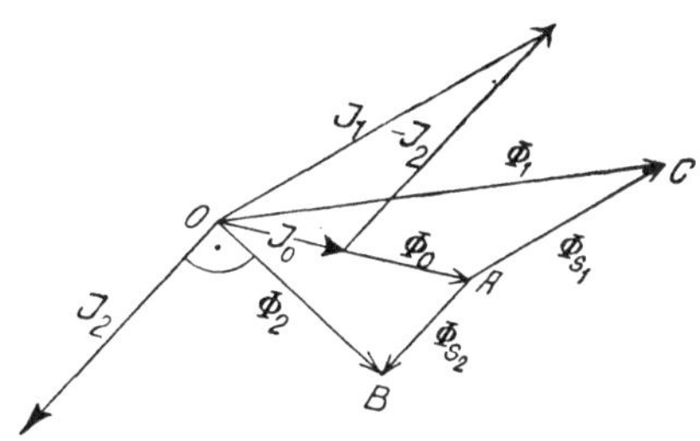

Abb. 32.

Angenähert in Phase mit dem Leerlaufstrom J_0 liegt der Fluß Φ_0, den wir als Nutzfluß bezeichnen. Ferner gelten, wenn wir von unvollkommenen Verkettungen absehen, folgende Beziehungen:

$$\Phi_1 = \Phi_0 \hat{+} \Phi_{s_1},$$

$$\Phi_2 = \Phi_0 \hat{+} \Phi_{s_2}.$$

Der Nutzfluß setzt sich jeweils mit dem Streufluß (Φ_{s_2}, Φ_{s_1}) zusammen und ergibt den mit der entsprechenden Wicklung verketteten Fluß (Φ_1, Φ_2). Für die Sekundärwicklung, auf die wir unser Augenmerk besonders richten müssen, gilt folgendes. Der Stromwandler ist sekundär kurzgeschlossen, und der Fluß Φ_2 muß nur den ohmschen Spannungsabfall dieser Wicklung decken. Da dieser Abfall die Richtung des Stromes hat, steht Φ_2 senkrecht zu J_2. Der Streufluß Φ_{s_2} liegt in Phase mit J_2. Folglich besteht die Beziehung:

$$\Phi_0 = \sqrt{\Phi_2^2 + \Phi_{s_2}^2} \quad \text{oder} \quad \Phi_{s_2} = \sqrt{\Phi_0^2 - \Phi_2^2}.$$

Die gleichen Beziehungen können in Spannungen umgesetzt werden und lauten dann:

$$U_0 = \sqrt{U_r^2 + U_s^2}, \qquad U_s = \sqrt{U_0^2 - U_r^2}, \tag{20}$$

wo U_r den ohmschen Spannungsabfall und U_0 die vom Nutzfluß Φ_0 induzierte Spannung bedeutet. Zur Messung von U_0 ordnet man außerhalb der Wicklung, deren Streuung gemessen werden soll, eine Hilfswicklung an. Die Spannung an dieser Wicklung ist elektrostatisch oder mit einem Voltmeter, das eine hohe Impedanz hat, zu messen. Die Windungszahl der Hilfswicklung ist gleich derjenigen der sekundären Wicklung zu machen, andernfalls ist auf diese Windungszahl umzurechnen. Es ist klar, daß dieses Meßverfahren auch zur Messung der Streuspannung der primären Wicklung dienen kann. Es sind bloß die Rollen der Wicklungen zu vertauschen, die Primärwicklung ist kurzzuschließen, und die Sekundärwicklung dient dann als Erregerwicklung. Die Methode der Bestimmung der Streureaktanz mittels einer Hilfswicklung hat den Vorzug,

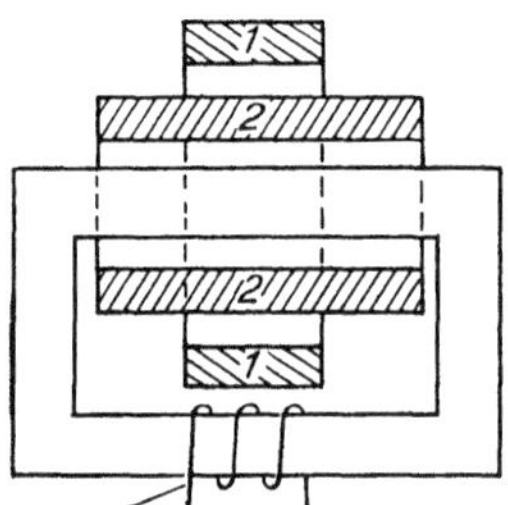

Abb. 33. 1 Primärwicklung, 2 Sekundärwicklung, 3 Hilfswicklung.

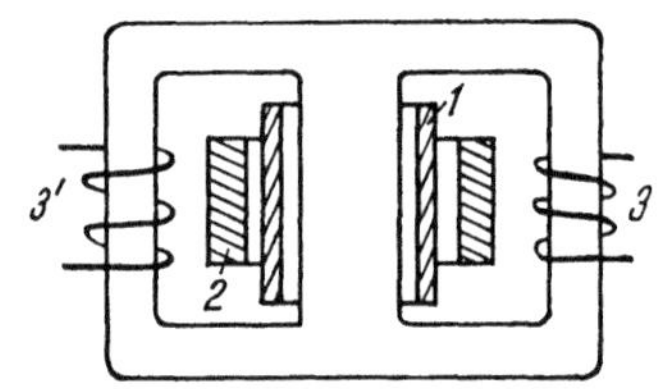

Abb. 34. 1 Sekundärwicklung, 2 Primärwicklung, 3, 3' Hilfswicklungen.

daß man sie bei beliebiger Stromübersetzung verwenden kann. Diese Methode kommt auch in den USA als normalisierte Methode zur Anwendung und ist in den „Technical Data" 45 – 910 für „Instruments Transformers" der Westinghouse Electr. Co. wie folgt enthalten. Abb. 33 zeigt die Anordnung für diese Messung. Der Wert der Streureaktanz X_2 errechnet sich nach der Formel

$$X_2 = \sqrt{\left(\frac{U_3 w_2}{w_3 I_2}\right)^2 - r_2^2}\,. \tag{21}$$

Es bedeuten:

U_3 die an der Hilfswicklung gemessene Spannung,
w_3 die Windungszahl der Hilfswicklung,
I_2 den Sekundärstrom,
r_2 den ohmschen Widerstand der Sekundärwicklung,
X_2 die sekundäre Streureaktanz in Ω.

Die Formel (21) nach E. C. WENTZ ist inhaltlich identisch mit Formel (20).

Die Methode der Bestimmung der Streuung mittels Hilfswicklung muß bei verteilter sekundärer Wicklung sinngemäß durch Anwendung zweier oder mehrerer Hilfswicklungen erweitert werden, wobei die Hilfswicklungen an unbewickelten Kernteilen anzuordnen sind.

Bei Mantelkernen mit koaxialem Wicklungsaufbau am mittleren Steg ist an jedem Jochteil (nach Abb. 34) eine Hilfswicklung anzubringen. Die an den Hilfswicklungen gemessenen Spannungen müssen einander gleich sein. Die Streuspannung ist aus der Summe der gemessenen Spannungen zu ermitteln, wobei diese auf die sekundäre Windungszahl umgerechnet werden müssen.

b) Messung in Gegenschaltung

Man schaltet die Primär- und Sekundärwicklung gegeneinander. Zu diesem Zwecke müssen beide Wicklungen genau gleiche Windungszahlen haben, damit sich die Flüsse im Eisen gänzlich aufheben. Der Fluß, der infolge einer Unsymmetrie noch vorhanden sein kann, kann dadurch unterdrückt werden, daß man auf dem von Wicklungen freien Teil eine Anzahl Windungen anbringt und diese kurzschließt. Die etwa noch im Eisen vorhandenen Kraftlinien werden durch diese kurzgeschlossene Wicklung abgewiesen. Die Streuspannung und der ohmsche Spannungsabfall dieser Wicklung müssen möglichst gering sein, was durch entsprechende Verteilung der Windungen und durch die Wahl eines größeren Kupferquerschnittes erreicht werden kann. An der Anordnung nach Abb. 31 ist die Streuungsmessung in Gegenschaltung ausgeführt worden. Der rechte Teil des Ringes erhielt noch eine Wicklung aus 50 Windungen von 5 mm² starkem Draht. Diese Wicklung wurde in sich kurzgeschlossen und die Messung nach der Schaltung in Abb. 35 ausgeführt. Der Stromkreis wird mit einer Stromstärke von 5 A erregt. Die Messungen werden wie gewöhnlich, wenn das Gegenteil nicht vermerkt ist, mit Wechselstrom von 50 Hz ausgeführt. Die dabei gemessenen Spannungen stellen für jede Wicklung die geometrische Summe der Streuspannung und des ohmschen Spannungsabfalles dar. Die Spannungen U_1 und U_2 mißt man am besten mit elektrostatischen Voltmetern bzw. mit einem Röhren-Voltmeter. Bei einer Spannungsmessung mit Stromverbrauch sind die Voltmeter bzw. die Vorschaltwiderstände so zu wählen, daß die Voltmeterströme gleich und phasengleich sind. Besteht ein Unterschied in den Voltmeterströmen, so kann die Unsymmetrie in den Amperewindungszahlen beider Wicklungen die Messungen stark fälschen. Ein Differenzstrom von 25 mA bedeutet eine Magnetisierung des Kernes mit 5 Amperewindungen, eine Magnetisierung, die bei Stromwandlern nicht zu vernachlässigen ist. An obigem Stromwandler hat die Messung nach Abb. 35 mit 5 A folgende Resultate ergeben:

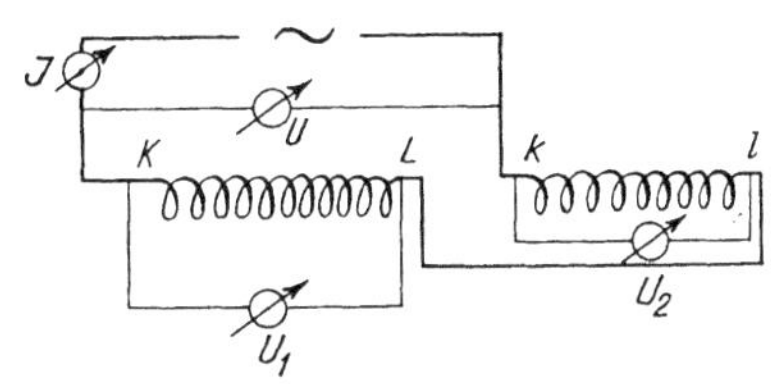

Abb. 35.

$$U = 90{,}2\ \mathrm{V},\quad U_1 = 84{,}4\ \mathrm{V},\quad U_2 = 6{,}3\ \mathrm{V}.$$

Bei ohmschen Widerständen von

0,39 Ω für die Sekundärwicklung,

3,94 Ω für die Primärwicklung

ergeben sich folgende Streuspannungen:

$$U_{s_1} = \sqrt{84{,}4^2 - (5 \cdot 3{,}94)^2} = 82{,}1\ \mathrm{V},$$

$$U_{s_2} = \sqrt{6{,}3^2 - (5 \cdot 0{,}39)^2} = 6{,}0\ \mathrm{V}.$$

Daß die Primärstreuung einen so beträchtlichen Wert annimmt, ist auf die Fläche der Schleife der Primärwicklung, die 0,25 m² betrug, zurückzuführen. Wo die Windungszahl kleiner als im obigen Fall ist, der ja nur selten vorkommt (Übersetzung 5:5), sinkt bei gleicher Wandlertype die Hochvoltstreuspannung linear mit der Windungszahl.

Für die angegebene Streuungsmessung in Gegenschaltung war es notwendig, daß die Osp.- und Nsp.-Wicklung gleiche Windungszahlen haben. Für jede Stromwandlertype müßte demnach ein Versuchsstromwandler mit dem Übersetzungsverhältnis 5:5 A gebaut werden. Indessen kann mit Hilfe eines Phasenschieberaggregates und eines Stromtransformators jeder Stromwandler in Gegenschaltung untersucht werden. Abb. 36 gibt im Prinzip das

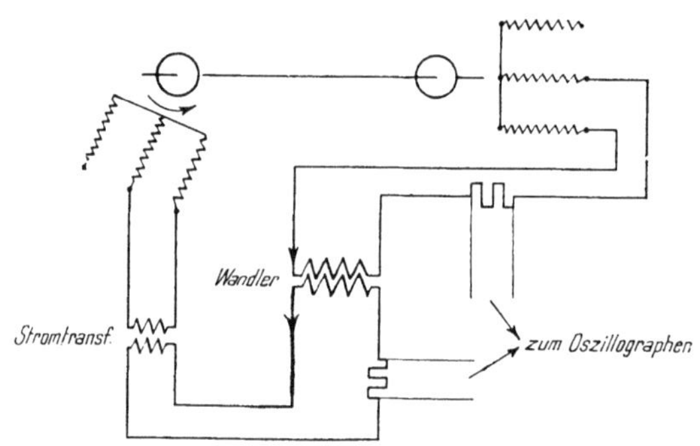

Abb. 36.

Schaltungsschema für diese Versuche an. Es sind die Ströme entsprechend den Amperewindungen mit Präzisionsamperemetern einzustellen und die Phase des Stromes in einer Wicklung durch Verdrehung des einen Stators der Phasengruppe in Opposition zur Stromphase der anderen Wicklung zu bringen. Die Phasenopposition kann, wie im Schema angedeutet, oszillographisch festgestellt werden oder auch durch Spannungslosigkeit an einer Hilfswicklung, die abseits der Wicklungen am zu untersuchenden Kern angeordnet ist.

Wir wollen im nächsten Abschnitt die errechneten Werte der Streuinduktivität mit denjenigen der Messung vergleichen.

c) *Vergleich der errechneten Werte mit Meßresultaten*

Wir wollen nun die Resultate der Streuungsmessung an einem Stromwandler mit konzentrischem Spulenaufbau für 80000 V Betriebsspannung mitteilen und diese Werte mit dem aus den Abmessungen der Wicklung errechneten Wert vergleichen. Aus Abb. 37 sind die Abmessungen und die Anordnung der Wicklung ersichtlich. Das untere Joch hatte eine Hilfswicklung, bestehend aus 50 Windungen von 3,5 mm² Kupferdraht, erhalten. Wir wollen zunächst die Streuinduktivität nach der Formel (15) errechnen. Es war:

$$\lambda = 4\,\pi\,\varkappa\,w^2\,\frac{U}{h}\left(\frac{\delta}{2} + \frac{\Delta}{3}\right)10^{-9} \text{ in Henry}.$$

Der Abb. 37 sind die folgenden Größen zu entnehmen:

$$U = \pi \cdot 18{,}0 = 56{,}5 \text{ cm},$$

$$\frac{\delta}{\varkappa} + \frac{\Delta_2}{3} = \frac{5{,}65}{2} + \frac{1{,}6}{3} = 3{,}35 \text{ cm},$$

$$h = 10{,}4 \text{ cm}.$$

Der Tabelle für den Korrektionsfaktor entnehmen wir den Wert $\varkappa = 0{,}9$.

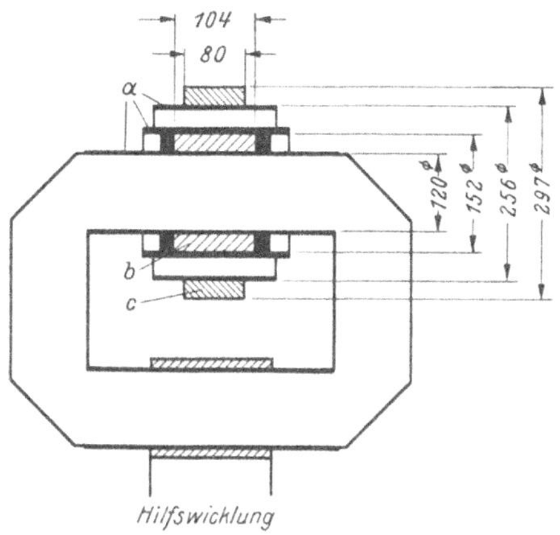

Abb. 37. a Isolation, b //// Usp.-Wicklung, c \\\\ Osp.-Wicklung.

Der Stromwandler hatte eine Sekundärwicklung aus 276 Windungen. Hiernach wird

$$\lambda = 4\pi \cdot 0{,}9 \cdot 276^2 \cdot \frac{56{,}5}{10{,}4} \cdot 3{,}35 \cdot 10^{-9} = 0{,}01568 \text{ H}.$$

Die Streureaktanz ergibt sich zu

$$\omega\lambda = 314 \cdot 0{,}01568 = 4{,}92\ \Omega,$$

und die Streuspannung bei 5 A wird

$$U_{s_2} = 4{,}92 \cdot 5 = 24{,}6 \text{ V}.$$

Die Messung der Streuspannung wurde am Stromwandler nach beiden Methoden a und b vorgenommen und ergab folgende Resultate:

Messung in Gegenschaltung

Der Wandler hatte eine Übersetzung 5:5, und es wurden bei kurzgeschlossener Hilfswicklung bei einem Strom von 5 A folgende Spannungen an den Wicklungen gemessen:

$$\sqrt{U_{s_1}^2 + U_{r_1}^2} = 23{,}8 \text{ V}, \qquad \sqrt{U_{s_2}^2 + U_{r_2}^2} = 24{,}6 \text{ V}.$$

Messung mit Hilfswicklung

Sekundärwicklung	$U_{primär}$	$U_{Hilfswicklung}$	$\sqrt{U_{s_2}^2 + U_{r_2}^2}$
kurzgeschlossen	48,0 V	4,25 V	$4{,}25 \cdot \frac{276}{50} = 23{,}42$ V
Primärwicklung	$U_{sekundär}$	$U_{Hilfswicklung}$	$\sqrt{U_{s_1}^2 + U_{r_1}^2}$
kurzgeschlossen	48,0 V	4,05 V	$4{,}05 \cdot \frac{276}{50} = 22{,}39$ V

Aus der Messung in Gegenschaltung ergibt sich bei einem ohmschen Spannungsabfall $U_{r_2} = 2{,}0$ V eine sekundäre Streuspannung zu

$$U_{s_2} = 24{,}5 \text{ V}.$$

Aus der Messung mit Hilfswicklung ist

$$U_{s_2} = 23{,}3 \text{ V}.$$

Die Rechnung nach der Formel (15) ergab einen Wert

$$U_{s_2} = 24{,}6 \text{ V}.$$

Über eine interessante Wirkung der sekundären Streuinduktivität soll hier noch berichtet werden.

Wie bereits früher erwähnt, ist eine zu starke Reduktion der Streuinduktivität von Nachteil und erhöht den Fehlwinkel des Wandlers. Man erkennt dies am besten an Hand der Formel (5) für den Fehlwinkel

$$\delta' = \frac{J_0 \sin(\beta_0 - \beta)}{J_1 \cdot 0{,}00029}$$

und der Formel (3) für die Phasenverschiebung der EMK

$$\operatorname{tg} \beta = \frac{\omega L_2 + \omega \lambda_2}{R_2 + r_2}.$$

Bei einer Verkleinerung der Streuung λ_2 verkleinert sich $\operatorname{tg} \beta$ und β, die Funktion $\sin(\beta_0 - \beta)$, die im Zähler der Fehlwinkelformel steht, vergrößert sich dabei. Normalerweise ist $(\beta_0 - \beta)$ klein, und die Sinusfunktion dieses Winkels wirkt stark vermindernd auf den Fehlwinkel. Andererseits muß gesagt werden, daß die Streuung die EMK des Kernes und den Magnetisierungsstrom erhöht. Je nach den Verhältnissen kann dabei für den Wandler ein Gewinn resultieren, wie dies die Darstellung in Diagrammen in Abb. 38 zeigt. Abb. 38a zeigt die Verhältnisse bei einem Wandler mit vergrößerter Streuung, während Abb. 38b diejenigen bei einem Wandler mit ganz geringer Streuung darstellt.

Die EMK, wie auch der Leerlaufstrom, die durch die Vektoren OD und OB dargestellt sind, sind im ersten Falle größer ($OD > OD_1$, $OB > OB_1$), der Fehlwinkel $\delta = \sphericalangle OAB$ ist, wie ersichtlich, kleiner als der entsprechende Winkel $\delta_1 = \sphericalangle OA_1B_1$. Das richtige Maß der zulässigen Streuung einzuhalten wird Sache der Nachrechnung in jedem Einzelfalle sein.

Das oben Gesagte gilt nur für den Fehlwinkel; für den Übersetzungsfehler ist die Erhöhung der Streuung immer nachteilig, wie man dies aus der Fehler-

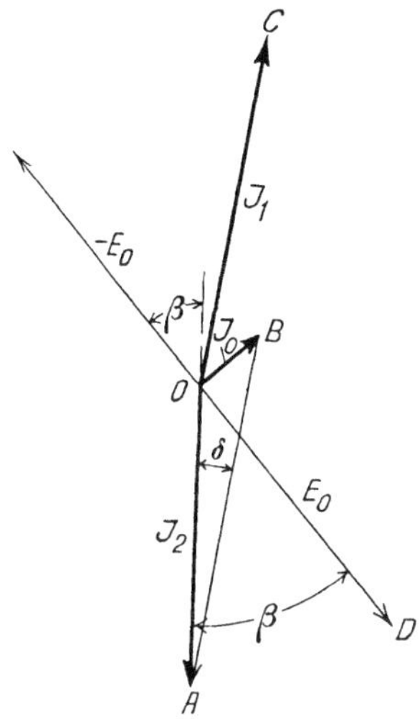

Abb. 38a.

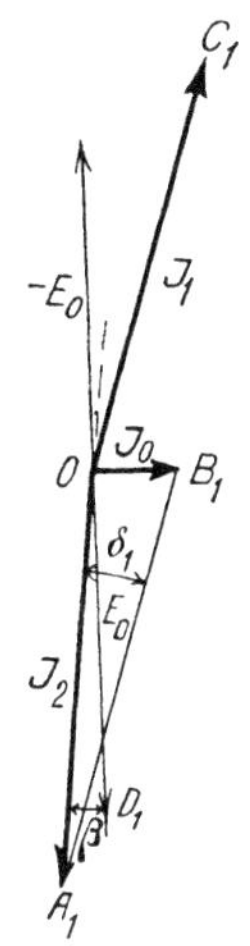

Abb. 38b.

formel (4) ohne weiteres folgern kann. Der Stromfehler

$$f = -\frac{J_0 \cos(\beta_0 - \beta)}{J_1}$$

verschlechtert sich bei größerem β einerseits durch die Vergrößerung von J_0 und andererseits durch die Vergrößerung von $\cos(\beta_0 - \beta)$.

Was für die Streuung richtig ist, gilt auch für die induktive Belastung, und wir können hier den für das Verhalten der Wandler sehr wichtigen Satz aussprechen:

Bei induktiver Belastung vergrößert sich der Stromfehler, während sich der Fehlwinkel verkleinert.

9. Die Amperewindungszahl

Die Festlegung und richtige Wahl der Amperewindungszahl ist von grundlegender Bedeutung für die Güte des Stromwandlers. Aus der Gleichung (12)

$$E_0 = 4{,}44\, f w q\, B_{max}\, 10^{-8}$$

geht folgendes hervor: Der Wert E_0 liegt durch die Belastung und durch die sekundären Spannungsabfälle (ohmscher und Streuspannungsabfall) fest. Je kleiner die Windungszahl w, desto größer die Induktion. Nun haben wir gesehen, daß mit Zunahme der Induktion der Voltampereverbrauch des Kernes mehr als proportional zunimmt. Bei gegebener Voltzahl E_0 bedeutet dies *eine Zunahme des Leerlaufstromes* und eine Verschlechterung des Stromwandlers.

Eine hohe Windungszahl bzw. Amperewindungszahl ist Bedingung für einen guten Stromwandler. Bei der Eisenqualität, die heute in Frage kommt, liegt die Amperewindungszahl für Präzisionsstromwandler der Klasse 0,5 im Bereich von 800—1000. Will man bei kleineren Amperewindungszahlen dennoch eine zufriedenstellende Meßgenauigkeit erzielen, so muß dies auf Kosten eines erheblich größeren Eisenkernes (bzw. Eisenquerschnittes) geschehen. Hier sind praktisch oft Grenzen gezogen, die sich nicht überschreiten lassen.

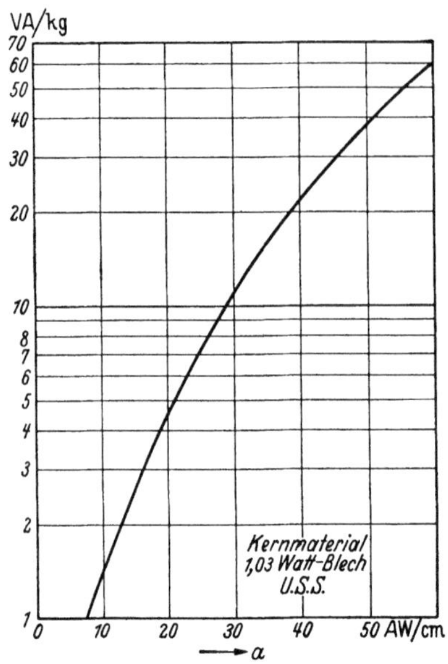

Abb. 39. Bemessungskurve für Stromwandler der Klasse 0,5.

Die Mittel, die geeignet sind, auch bei geringen AW-Zahlen noch annehmbare Kerngewichte zu erzielen, sind die folgenden:

1. Verwendung von Kernen aus Nickel-Eisen-Legierungen[8]).

2. Verwendung von sog. „Kunstschaltungen".

3. Anwendung einer Schaltung mit Eigenvormagnetisierung.

Für die Praxis ist die Berechnung des Leerlaufstromes bei der jeweiligen primären Windungszahl w_1 unbequem. Da der Sekundärstrom in der Regel 5 A beträgt, ist es einfacher, die sekundäre Windungszahl w_2 zugrunde zu legen. Wir tun so, als ob die primäre Windungszahl $w_1 = w_2$ wäre. Nur so läßt sich jede Type für alle in Frage kommenden Nennströme auf der Primärseite durch eine einmalige Berechnung erledigen.

Für die Beantwortung der Frage, ob man zu einer der drei oben erwähnten Möglichkeiten greifen muß, ist die Vorausberechnung des Kerngewichtes für die normale Schaltung und das am besten erhältliche Trafokern-Material unumgänglich. Bezeichnet man mit

l den mittleren magnetischen Kraftlinienweg des Kernes in cm,

$I_n w_n$ die Nennamperewindungszahl des Stromwandlers,

so ist die grundlegende Größe für die Berechnung eines Stromwandlers gegeben durch die Beziehung

$$a = \frac{J_n w_n}{l} \text{ in AW/cm}. \tag{22}$$

[8]) A. KUSSMANN: Stand der Forschung und Entwicklung auf dem Gebiet der ferromagnetischen Werkstoffe. Arch. f. Elektrotechnik 1935.

Führt man Fehlerrechnungen unter dem Gesichtspunkt durch, daß die abgeglichenen Stromfehler und die Fehlwinkel innerhalb der für die Klasse 0,5 amtlich zugelassenen Grenzwerte bleiben, so gelangt man zur Bemessungskurve der Abb. 39. Die VDE.-Wandlerregeln (REW 1932), die auch in die schweizerischen Beglaubigungsvorschriften der Vollziehungsverordnung über amtliche Prüfung von Elektrizitätsverbrauchsmessern (Juni 1933) Aufnahme gefunden haben, haben eine Vereinfachung der Vorausberechnung dadurch zur Folge gehabt, daß nur bei $\cos \beta_2 = 0{,}8$ gemessen werden muß. Wie aus der Kurve der Abb. 39 ersichtlich, wächst die VA/kg-Zahl angenähert quadratisch mit der Größe a. Für die Bemessung in den Klassen 0,2 oder 1,0 kann man sich analoger Kurven bedienen. Angenähert kann man die Voltamperezahl pro Kilogramm für Klasse 1,0 aus der Kurve der Abb. 39 durch Multiplikation der Ordinatenwerte mit 2 ermittelt werden. Das Gewicht G bei gegebener Größe a ergibt sich für die verlangte Leistung in Voltampere aus folgender einfachen Beziehung:

$$\underset{\text{in Kilogramm}}{G} = \frac{\text{VA}}{\text{VA/kg}}. \tag{23}$$

10. Die Mittel zur Verbesserung der Fehler

Man kann durch äußere Mittel die Fehler des Wandlers verbessern. Schaltet man parallel zu den Primärklemmen einen Kondensator C oder einen ohmschen Widerstand R, so geht durch diese ein Teil des Stromes, der entsprechend

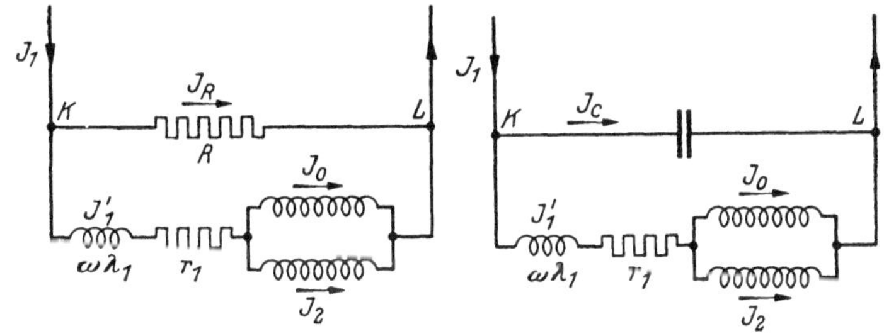

Abb. 40. Abb. 41.

der Klemmenspannung U_1 des Stromwandlers derart zu bemessen ist, daß dieser Nebenstrom von der Größenordnung des Leerlaufstromes sein soll. Wir wollen ganz allgemein sehen, wie sich unter dem Einfluß dieses Nebenschlusses die Fehler, der Übersetzungsfehler und der Fehlwinkel, ändern. In den Abb. 40 und 41 ist das Ersatzschema für beide Fälle gezeichnet. Das Ersatzschema des Stromwandlers soll im nächsten Abschnitt von einem allgemeineren Gesichtspunkt behandelt werden.

Denkt man sich den sekundären Strom um 180° umgeklappt, so hat man eine Stromverzweigungsaufgabe, die graphisch sehr einfach gelöst werden kann. Wir behandeln zunächst den Fall mit dem parallelgeschalteten Widerstand R und zeichnen das Diagramm zu Abb. 40 mit den entsprechenden

Änderungen. Der resultierende Strom J_1 ist die geometrische Summe der drei Ströme $-J_2$, J_0 und J_R. Die Gleichung

$$J_1 = \hat{-} J_2 \hat{+} J_0 \hat{+} J_R$$

ist im Diagramm der Abb. 42 geometrisch konstruiert. Der Strom im Widerstand J_R liegt in Phase mit der Klemmenspannung U_1. Letztere ergibt sich, indem man zu der EMK $(-E_0)$ die Spannungsabfälle in der Primärwicklung $KL = J_1' r_1$ (ohmscher Spannungsabfall) und $LM = J_1' \omega \lambda_1$ (Streuspannungsabfall) addiert. Je nach dem Verhältnis der Streuspannung zum ohmschen primären Spannungsabfall kann die Klemmenspannung $OM = U_1$ der EMK $OK = -E_0$ vor- oder nacheilen. Bei Schleifenstromwandlern für hohe Spannungen ist ersteres der Fall, bei Topfstromwandlern letzteres. Wir bezeichnen den Winkel zwischen beiden Vektoren U_1 und $-E_0$ mit α. Wie aus der Konstruktion ersichtlich, ergibt sich zunächst der Strom J_1', der durch die Primärwicklung fließt, als geometrische Summe von $FC = OB_0 = J_0$ und $OF = -J_2$.

Zum Strom $OC = J_1'$ addiert sich der Strom $DC = J_R$ im Widerstand R und ergibt den resultierenden Primärstrom $OD = J_1$. Die Größe und Phase dieses Stromes J_1 in bezug auf $-J_2$ müssen wir nun bestimmen, daraus würden sich dann Übersetzungsfehler und Fehlwinkel ergeben. Wie aus der Konstruktion folgt, ist $\sphericalangle FNC = \beta + \alpha$.

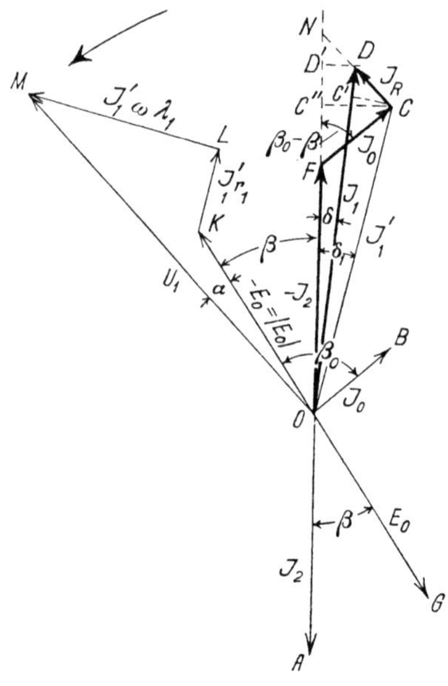

Abb. 42.

Bei einer Nacheilung von U_1 gegen $-E_0$ ist dieser Winkel $\beta - \alpha$.

Ferner sind

$$\sphericalangle NFC = \beta_0 - \beta \text{ (bereits früher eingeführt)},$$

$$\sphericalangle NOD = \delta \text{ (der verbesserte Fehlwinkel)},$$

$$\sphericalangle NOC = \delta_1 \text{ (der frühere Fehlwinkel)}.$$

Wir machen eine Reihe Vernachlässigungen, die bei genauer Prüfung einem Verzicht auf kleine Größen zweiter Ordnung gleichkommt.

Aus dem Diagramm ergibt sich

$$J_1 \cong OD' = OF + FC'' + C''D'$$

oder

$$J_1 = J_2 + J_0 \cos(\beta_0 - \beta) + J_R \cos(\beta + \alpha).$$

Hieraus folgt

$$\left.\begin{aligned} &\ddot{u} = \frac{J_1}{J_2} = 1 + \frac{J_0}{J_2}\cos(\beta_0 - \beta) + \frac{J_R}{J_2}\cos(\beta + \alpha) \\ &\text{und der Stromfehler wird} \\ &f = -\frac{J_0\cos(\beta_0 - \beta) + J_R\cos(\beta + \alpha)}{J_1}\,. \end{aligned}\right\} \tag{24}$$

Für die Bestimmung des verbesserten Fehlwinkels δ beachten wir in der Figur folgende Beziehung:

$$\sphericalangle\,\delta = \sphericalangle\,\delta_1 - \sphericalangle DOC.$$

Für den Fehlwinkel δ_1 gilt die frühere Gleichung (5):

$$\operatorname{tg}\delta_1 = \frac{J_0\sin(\beta_0 - \beta)}{J_1}\,.$$

Ferner ergibt sich aus der Abbildung:

$$\sphericalangle ODC = \sphericalangle FNC + \sphericalangle\,\delta = \beta + \alpha + \delta \cong \beta + \alpha$$

und

$$\operatorname{tg}\sphericalangle\,DOC = \frac{J_R\sin(\beta + \alpha)}{OC'} \cong \frac{J_R\sin(\beta + \alpha)}{J_2 + J_0\cos(\beta_0 - \beta)}\,.$$

Beachten wir noch, daß für kleine Winkel die Tangesfunktion durch den Winkel ersetzt werden kann, so erhalten wir schließlich für den Fehlwinkel:

$$\underset{\text{in Minuten}}{\delta} = \frac{J_0\sin(\beta_0 - \beta) - J_R\sin(\beta + \alpha)}{J_1\cdot 0{,}00029}\,. \tag{25}$$

J_R wird durch die Gleichung

$$J_R = \frac{U_1}{R} \tag{26}$$

bestimmt, und es bleibt uns noch übrig, eine Gleichung für den Winkel α herzuleiten.

Zu diesem Zweck zeichnen wir einen Teil des letzten Diagramms in Abb. 43 besonders heraus. Neben den Größen des primären Stromkreises sind hier noch die Spannungsabfälle des sekundären Stromkreises eingetragen. So ist

$$OT = J_2 R_2;\; ST = J_2\,\omega\,L_2;$$
$$OK = -E_0 = |E_0|;$$
$$PS = J_2\,r_2\,;\; KP = J_2\,\omega\,\lambda_2.$$

Für den Winkel α kann man folgende Gleichung hinschreiben:

$$\alpha = \gamma - \beta - \delta_1,\ \text{wo}\begin{cases}\gamma = \sphericalangle COM,\\ \beta = \sphericalangle FOK.\end{cases}$$

Wir können den kleinen Winkel δ_1 in der Gleichung für α vernachlässigen, ferner setzen wir weiter überall

$$\beta + \delta_1 \cong \beta .$$

Unter Berücksichtigung des Obigen wird

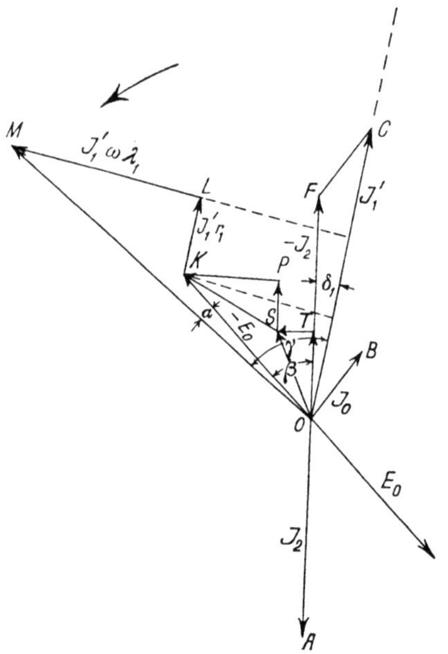

Abb. 43.

$$\operatorname{tg}\beta = \frac{\omega\lambda_2 + \omega L_2}{r_2 + R_2}, \qquad \operatorname{tg}\gamma = \frac{E_0 \sin\beta + J_1' \omega \lambda_1}{E_0 \cos\beta + J_1' r_1}. \tag{27}$$

Nach einer Umformung erhält man unter der Voraussetzung $J_2 \cong J_1'$

$$\operatorname{tg}\gamma = \frac{\omega (L_2 + \lambda_2 + \lambda_1)}{R_2 + r_2 + r_1}.$$

Nun ist

$$\alpha \cong \gamma - \beta$$

und

$$\operatorname{tg}\alpha = \frac{\operatorname{tg}\gamma - \operatorname{tg}\beta}{1 + \operatorname{tg}\gamma \operatorname{tg}\beta}.$$

Setzt man die Werte für $\operatorname{tg}\gamma$ und $\operatorname{tg}\beta$ ein und formt den Ausdruck um, so erhält man

$$\operatorname{tg}\alpha = \frac{\omega (L_2 + \lambda_2 + \lambda_1)(R_2 + r_2) - \omega (L_2 + \lambda_2)(R_2 + r_2 + r_1)}{\omega^2 (L_2 + \lambda_2 + \lambda_1)(L_2 + \lambda_2) + (R_2 + r_2 + r_1)(R_2 + r_2)}. \tag{28}$$

Wie man sieht, ist der Winkel α durch die Konstanten des Belastungskreises (R_2 und L_2) und durch sämtliche Konstanten der beiden Stromkreise des Stromwandlers (r_1, r_2, λ_1 und λ_2) bestimmt. Zu beachten ist noch, daß die Gleichung unter der Voraussetzung $w_1 = w_2$ abgeleitet worden ist.

Kehren wir nun zu den Gleichungen (24) und (25) zurück, so können wir feststellen, daß durch den Parallelwiderstand *der Fehlwinkel verbessert werden kann,* daß aber *der Stromfehler dabei verschlechtert wird.*

In einem späteren Abschnitt wird die Wirkung des Parallelwiderstandes R als Schutzwiderstand für die primäre Wicklung besprochen werden. Die hier durchgeführten Betrachtungen über die Änderungen des Stromfehlers und des Fehlwinkels durch den Parallelwiderstand müssen bei der Anordnung eines Schutzwiderstandes berücksichtigt werden.

Wir wollen nun das andere Mittel der Fehlerkurvenverbesserung, nämlich den Kondensator, näher betrachten. Im Kondensator würde ein Strom fließen, der der Klemmenspannung U_1 um 90° voreilt. Dies hat eine Änderung des resultierenden Stromvektors J_1 zur Folge, dessen Lage im Diagramm der

Abb. 44 ersichtlich ist. Das Strompolygon, das durch den starken Linienzug gekennzeichnet ist, $O - F - C - D$, führt zur Schlußstrecke $OD = J_1$. Analog wie früher berechnet man den Übersetzungsfehler und den Fehlwinkel. Aus der Lage der Vektoren J_c und U_1 ($J_c \perp$ zu U_1) ergibt sich

$$\sphericalangle NPC = 90^\circ - \beta - \alpha .$$

Ferner wird

$$J_1 = J_2 + J_0 \cos(\beta_0 - \beta) - J_c \cos(90^\circ - \beta - \alpha)$$
$$= J_2 + J_0 \cos(\beta_0 - \beta) - J_c \sin(\beta + \alpha)$$

und

$$\left.\begin{aligned} \ddot{u} &= \frac{J_1}{J_2} = 1 + \frac{J_0 \cos(\beta_0 - \beta) - J_c \sin(\beta + \alpha)}{J_2} \\ f &= -\frac{J_0 \cos(\beta_0 - \beta) - J_c \sin(\beta + \alpha)}{J_1} . \end{aligned}\right\} \qquad (29)$$

Der Gewinn im Fehlwinkel drückt sich im Winkel $\sphericalangle DOC$ aus. Für diesen gilt die Beziehung

$$\operatorname{tg} \sphericalangle DOC = \frac{C'C}{OC'} = \frac{J_c \sin(90^\circ - \beta - \alpha)}{OC'} .$$

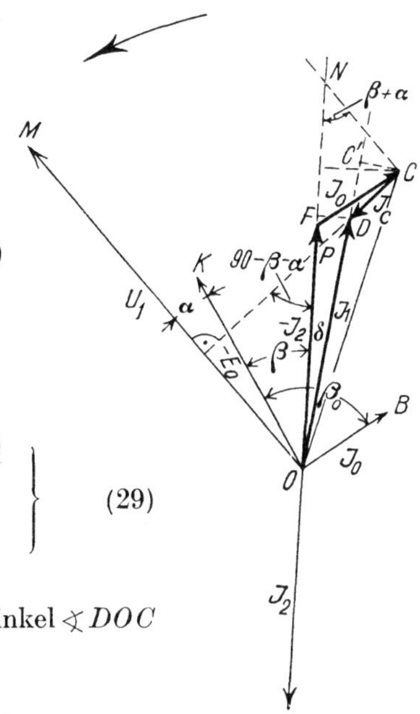

Abb. 44.

Die weitere Umformung und Vereinfachung ergibt schließlich:

$$\underset{\text{in Minuten}}{\delta} = \frac{J_0 \sin(\beta_0 - \beta) - J_c \cos(\beta + \alpha)}{J_1 \cdot 0{,}00029} . \qquad (30)$$

Die Fehlerformeln (29) und (30) weisen hier ein interessantes Verhalten auf. In beiden Fällen tritt in den Formeln ein Kompensationsglied $J_c \sin(\beta + \alpha)$ bzw. $J_c \cos(\beta + \alpha)$ auf. Dies besagt soviel, wie dies übrigens gleich aus dem Diagramm hervortritt, daß im Falle des parallelgeschalteten Kondensators Stromfehler und Fehlwinkel verbessert werden. Aus den Gleichungen (29) und (30) ergeben sich die folgenden Bedingungen für das Verschwinden der Fehler am Wandler. Für den Stromfehler lautet diese Bedingung

$$J_c = \frac{J_0 \cos(\beta_0 - \beta)}{\sin(\beta + \alpha)} ,$$

für den Fehlwinkel

$$J_c = \frac{J_0 \sin(\beta_0 - \beta)}{\cos(\beta + \alpha)} .$$

Multipliziert man die beiden Gleichungen, so erhält man nach einer naheliegenden Umformung

$$J_c = J_0 \sqrt{\frac{\sin 2\,(\beta_0 - \beta)}{\sin 2\,(\beta + \alpha)}}\,. \tag{31}$$

Diese Gleichung, die die Bedingung für den fehlerlosen Stromwandler darstellt, ist vom theoretischen Standpunkt aus interessant. Praktisch wird sie sich nur angenähert verwirklichen lassen. Der Strom J_c kann nur längs einer Geraden verlaufen, während der Leerlaufstrom in Funktion des Betriebsstromes längs einer Kurve verläuft. Es bleibt noch darauf hinzuweisen, daß α in der letzten Gleichung sich aus der Gleichung (28) bestimmen läßt und daß für J_c folgende Gleichung besteht:

$$J_c = U_1 \omega C. \tag{32}$$

Die Größe von U_1 ist bei den Wandlern verschiedener Bauart verschieden und soll Gegenstand der späteren Untersuchungen sein. Praktisch wird die Anwendungsmöglichkeit eines parallelgeschalteten Kondensators wegen der Größe der dazu erforderlichen Kapazität sehr beschränkt sein. Der verwendete Kondensator müßte selbstverständlich von höchster Dauerpräzision sein.

Es ist klar, daß auch im Sekundärkreis zusätzliche Elemente zur Verbesserung der Fehlerkurven herangezogen werden können. So kann z. B. eine Drosselspule vor eine der Klemmen innerhalb des Stromwandlers gesetzt werden. Dadurch kann der Fehlwinkel verkleinert werden, es muß dabei aber eine Verschlechterung des Stromfehlers in Kauf genommen werden können. Es erübrigt sich für solche Maßnahmen, die nur als Notbehelf angesehen werden können, allgemeine Betrachtungen anzustellen.

11. Ersatzschaltung. Kennlinien des Stromwandlers und Belastungsfragen

Eine Anzahl Fragen, die für die Praxis sehr wichtig sind, wie z. B. das Verhalten der Stromwandler bei hohen Stromstärken, die das Vielfache des Nennstromes betragen, insbesondere bei Netzkurzschlüssen, erfordern eine Erweiterung der bisherigen Grundlagen. Die abgeleiteten Gleichungen galten für den Zustand „in der Nähe des Kurzschlusses“, als welchen wir den normalen Betriebszustand eines Wandlers erkannt hatten.

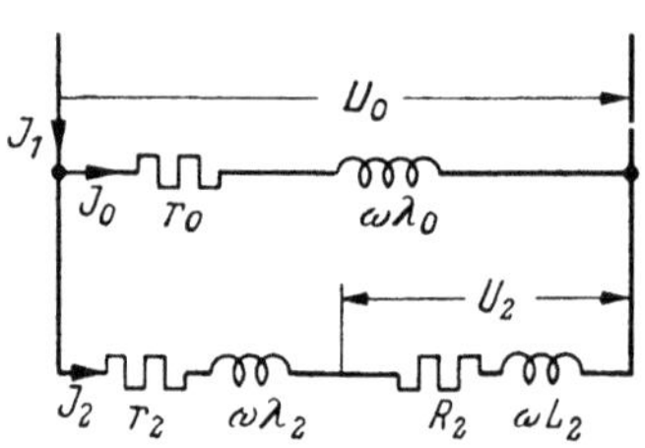

Abb. 45. Ersatzschaltung eines Stromwandlers.

Es soll nun das Problem erweitert werden und nach dem Verhalten und Verlauf sämtlicher Stromwandlergrößen in Abhängigkeit von der Sättigung des Eisens gefragt werden. Die Einführung einer Ersatzschaltung des Stromwandlers ist dazu unumgänglich. Der Verfasser hat vor mehr als 20 Jahren eine Ersatzschaltung nach Abb. 45 eingeführt. Daß diese Schaltung gute Dienste leistet, haben die Erfahrungen bestätigt. Die meisten Autoren der Stromwandlerabhandlungen in den USA bedienen sich ähnlicher Ersatzschaltungen. Abb. 46 zeigt eine solche nach E. C. WENTZ[9]).

Der Nebenschluß für den Erregerstrom ist in zwei Teile aufgeteilt, entsprechend den beiden Kernhälften.

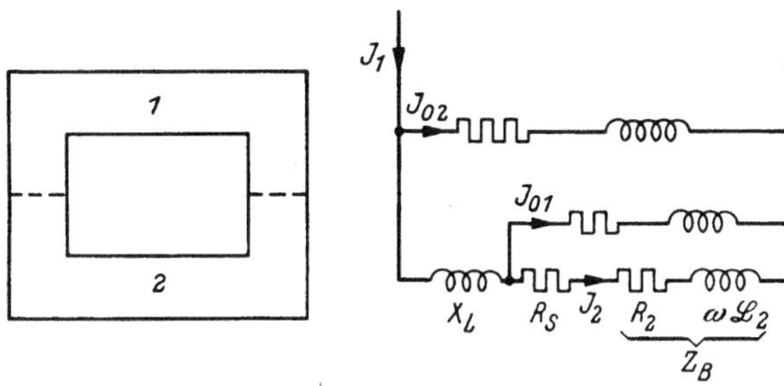

Abb. 46.

Es bedeuten in der Abb. 46:

J_{01}, J_{02} die Leerlaufströme, die den beiden Kernhälften entsprechen,

$X_L = \omega \lambda_2$ die sekundäre Streureaktanz,

$R_S = r_2$ der ohmsche Widerstand der Sekundärwicklung,

$Z_B = \sqrt{R_2^2 + (\omega L_2)^2}$ die Bürde.

Der Magnetisierungsverbrauch der beiden Kernhälften ist verschieden. Dem bewickelten Schenkel entspricht der Leerlaufstrom (Erregerstrom) J_{01}, dem unbewickelten, der den Rückschluß des Streuflusses aufnimmt, J_{02}.

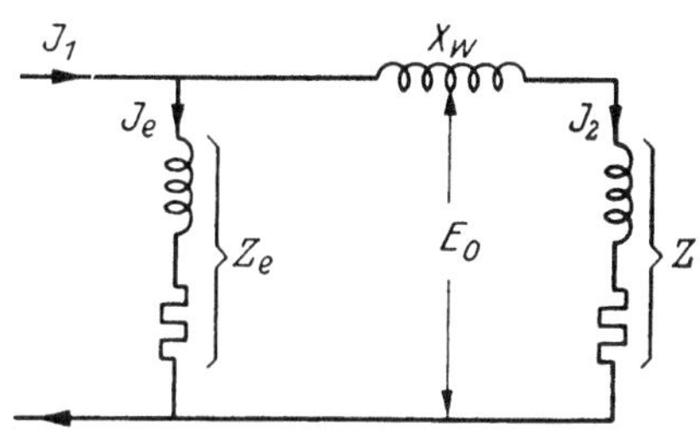

Abb. 47.

Die „American Standard Text Code for Instrument Transformers"[10]) 1948 verwenden eine Stromwandler-Ersatzschaltung nach Abb. 47. In dieser Abbildung bedeuten:

J_e den Leerlaufstrom (Erregerstrom),

Z_e Erregerimpedanz,

X_w sekundäre Streureaktanz,

Z_t Impedanz des Bürdenkreises (einschl. ohmscher Widerstand der Sekundärwicklung)

$$Z_t = R_t + j X_t = r_2 + R_2 + j \omega L_2 .$$

In der Methode zur Ermittlung von X_w wurde keine der Anschauungen zur Norm erhoben. In den USA-Vorschriften werden daher nur die Fälle in Normalkurven berücksichtigt, in welchen die Streureaktanz vernachlässigt werden kann. Es sind dies „Bushing-Type Current Transformers".

Wir halten die allgemeine Betrachtung für Stromwandler jeder Art als zweckmäßig und kehren zum Ersatzschema der Abb. 45 zurück. In dieser

[9]) A simple Method for Determination of Ratio Error and Phase Angle in Current Transformers. Amer. Inst. Electr. Eng. Transact. **1941,** 949.

[10]) C 57.23 1948 American Standards.

Schaltung ist dem Leerlaufstrom J_0 ein ohmscher Widerstand r_0 und eine Induktivität λ_0 zugeordnet. Daß der Primärstrom J_1 als Resultierende, der Leerlaufstrom J_0 und der um 180° gedrehte Sekundärstrom $-J_2$ (das Minuszeichen ist für die weitere Betrachtung belanglos und wird weggelassen) als Komponenten aufgefaßt werden können, haben wir bereits gesehen. Um eine sinngemäße Definition der Größen r_0 und λ_0 zu erhalten, müssen wir uns die Eigenschaften des Eisens vergegenwärtigen. Das Eisen bedingt in der Erregerwicklung einen Strom J_0 entsprechend der EMK E_0, dieser Strom hat gegen

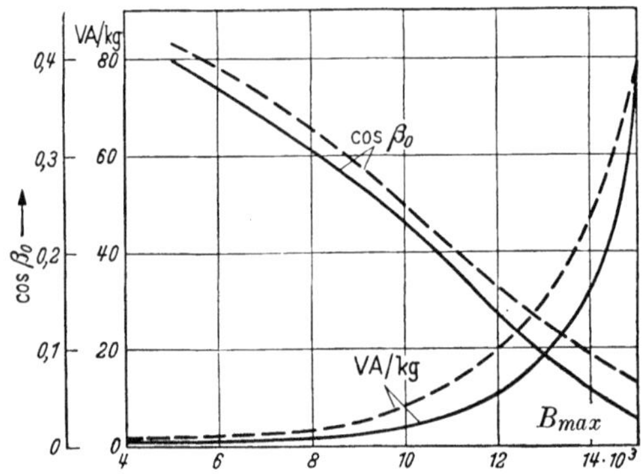

Abb. 48. VA und $\cos\beta_0$-Kurven. — — — 1,2 Watt-Blech deutscher Provenienz, ——— 0,93 Watt-Blech amerikanischer Provenienz.

$-E_0$ eine Phasenverschiebung β_0. Ferner bedingt das Eisen einen Voltampereverbrauch, dessen Wert für die gegebene Eisensorte bei gegebener Frequenz nur von der Sättigung abhängt.

Diese Größen, der Voltampereverbrauch pro Kilogramm Eisen und $\cos\beta_0$ als Funktionen der Liniendichte sind auch hier die Grundsteine für die Theorie. Die Definitionsgleichungen für r_0 und $\omega\lambda_0$ können so geschrieben werden:

$$\left.\begin{aligned} r_0 &= \frac{E_0}{J_0}\cos\beta_0 = \frac{E_0^2}{\mathrm{VA}}\cos\beta_0, \\ \omega\lambda_0 &= \frac{E_0}{J_0}\sin\beta_0 = \frac{E_0^2}{\mathrm{VA}}\sin\beta_0. \end{aligned}\right\} \tag{33}$$

Mithin sind auch diese beiden Größen Funktionen der Sättigung. Die Ersatzfunktionen des Eisens verteilen sich so, daß der Widerstand die Eigenschaft des Verlustträgers, die Induktivität die Eigenschaft der Magnetisierbarkeit des Eisens übernehmen. Für die Größe E_0 besteht nach wie vor der Zusammenhang mit der Linienzahl B nach der Formel (12)

$$E_0 = 4{,}44 f w_2 q B_{max}\, 10^{-8}.$$

Liegen nun die Dimensionen des Stromwandlers fest, und sind die Größen q, w_2 und das Eisengewicht bekannt, so könnten wir an Hand der früheren Kurven der Abb. 10 und 12 und der Kurven der Abb. 48 zu jeder Linienzahl den Leerlaufstrom J_0 und die Ersatzgrößen r_0 und λ_0 bestimmen. Das schnelle

Anwachsen der Voltamperekurve im Bereich von 15000 bis 16000 Gs, wo der Verlauf der Kurve dem Anstieg der Tangensfunktion bei 80° bis 85° ähnlich ist, wird für das Verhalten des Stromwandlers bei einem Netzkurzschluß ausschlaggebend sein.

Wir wenden uns wieder dem Ersatzschema der Abb. 45 zu. Hier haben die Größen r_2, $\omega\lambda_2$, R_2 und L_2 die frühere Bedeutung, und zwar sind

r_2 ohmscher Widerstand der Sekundärwicklung,

λ_2 Streuinduktivität der Sekundärwicklung,

R_2 ohmscher Widerstand des Belastungskreises,

L_2 Induktivität des Belastungskreises.

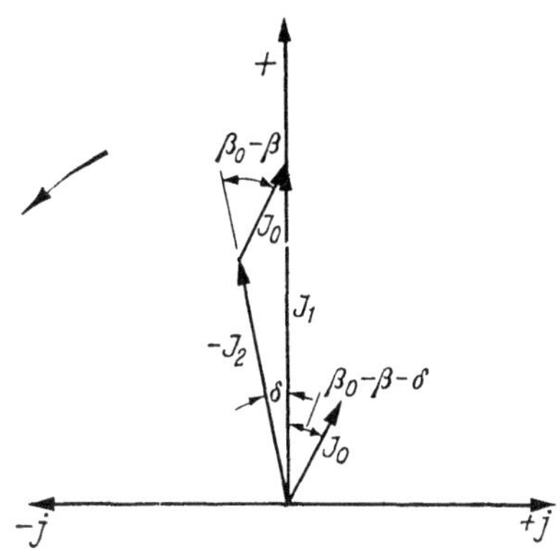

Abb. 49.

Gemeinsam mit den Größen r_0 und λ_0 bestimmen diese 6 Größen den Sekundärstrom J_2, nach Phase und Größe. Wir bedienen uns bei der Rechnung der Darstellung durch komplexe Größen. Diese Vektorenrechnung ist sehr einfach und führt rasch zum Ziele. Wir führen in Abb. 49 die J_1-Achse als reelle Achse ein und senkrecht dazu die Achse der imaginären Größen $\pm j$. Die Ströme J_2 und J_0 erscheinen in diesem Koordinatensystem als komplexe Größen. Entsprechend sind die Impedanzen als Vektoren darzustellen:

$$\left.\begin{aligned} Z_0 &= r_0 + j\omega\lambda_0, \\ Z_2 &= (r_2 + R_2) + j\omega(\lambda_2 + L_2). \end{aligned}\right\} \tag{34}$$

In dieser symbolischen Darstellung gelten bei Wechselstrom die gleichen Rechnungsregeln der Stromverzweigung wie bei Gleichstrom. Es bestehen folgende Beziehungen:

$$\begin{aligned} \frac{J_0}{J_2} &= \frac{Z_2}{Z_0}, \\ J_0 &= J_1 \frac{Z_2}{Z_0 + Z_2}, \\ J_2 &= J_1 \frac{Z_0}{Z_0 + Z_2}. \end{aligned} \tag{35}$$

Setzen wir jetzt in die letzten beiden Gleichungen (35) die Werte für Z_0 und Z_2 aus (34) ein, so erhalten wir folgende Gleichungen für J_0 und J_2:

$$J_0 = J_1 \frac{r_2 + R_2 + j\omega(\lambda_2 + L_2)}{r_0 + r_2 + R_2 + \omega(\lambda_0 + \lambda_2 + L_2)};$$

$$J_2 = J_1 \frac{r_0 + j\omega\lambda_0}{r_0 + r_2 + R_2 + j\omega(\lambda_0 + \lambda_2 + L_2)}.$$

Wir bringen den Nenner auf einen reellen Wert durch die Multiplikation mit dem konjugiert komplexen Ausdruck

$$r_0 + r_2 + R_2 - j\omega(\lambda_0 + \lambda_2 + L_2)$$

und erhalten nach der Trennung der reellen und imaginären Größen die folgenden Gleichungen:

$$\left.\begin{aligned} J_0 = J_1 \Bigg[& \frac{(r_2 + R_2)(r_0 + r_2 + R_2) + \omega^2(\lambda_2 + L_2)(\lambda_0 + \lambda_2 + L_2)}{(r_0 + r_2 + R_2)^2 + \omega^2(\lambda_0 + \lambda_2 + L_2)^2} \\ & + j\frac{(r_0 + r_2 + R_2)(\lambda_2 + L_2)\omega - (r_2 + R_2)(\lambda_0 + \lambda_2 L_2)\omega}{(r_0 + r_2 + R_2)^2 + \omega^2(\lambda_0 + \lambda_2 + L_2)^2}\Bigg] \end{aligned}\right\} \tag{36}$$

und mit einer Abkürzung für den Nenner:

$$N = (r_0 + r_2 + R_2)^2 + \omega^2(\lambda_0 + \lambda_2 + L_2)^2$$

$$\left.\begin{aligned} J_2 = J_1 \Bigg[& \frac{r_0(r_0 + r_2 + R_2) + \omega^2\lambda_0(\lambda_0 + \lambda_2 + L_2)}{N} \\ & + j\frac{(r_0 + r_2 + R_2)\omega\lambda_0 - r_0\omega(\lambda_0 + \lambda_2 + L_2)}{N}\Bigg]. \end{aligned}\right\} \tag{37}$$

Wir gelangen an den Punkt, wo man die Vorteile der komplexen Rechnung klar erkennen kann. Die Größen J_0 und J_2 sind ihrer Form nach Ausdrücke folgender Art:

$$J_0 = J_1(a_1 + jb_1),$$

$$J_2 = J_1(a_2 + jb_2).$$

Es folgt jetzt die Entbindung von den komplexen Größen auf eine ganz einfache Weise. Für die *absoluten Beträge* und die *Phasen* der Größen J_0 und J_2 gelten folgende Beziehungen:

$$\left.\begin{aligned} J_0 &= J_1\sqrt{a_1^2 + b_1^2}; \quad \operatorname{tg}(J_0, J_1) = \frac{b_1}{a_1}; \\ J_2 &= J_1\sqrt{a_2^2 + b_2^2}; \quad \operatorname{tg}(J_2, J_1) = \frac{b_2}{a_2}. \end{aligned}\right\} \tag{38}$$

Die etwas umständlichen Gleichungen (36) und (37) können wir mit Hilfe der Gleichungen (38) vereinfachen.

Nach naheliegenden Umformungen erhalten wir schließlich folgende wichtige Gleichungen:

$$J_0 = J_1 \frac{\sqrt{(r_2 + R_2)^2 + \omega^2(\lambda_2 + L_2)^2}}{\sqrt{(r_0 + r_2 + R_2)^2 + \omega^2(\lambda_0 + \lambda_2 + L_2)^2}}. \tag{39}$$

$$J_2 = J_1 \frac{\sqrt{r_0^2 + \omega^2\lambda_0^2}}{\sqrt{(r_0 + r_2 + R_2)^2 + \omega^2(\lambda_0 + \lambda_2 + L_2)^2}} \tag{40}$$

und

$$\left.\begin{aligned} \operatorname{tg}(J_2, J_1) &= \frac{(r_0 + r_2 + R_2)\,\omega\,\lambda_0 - r_0\,\omega\,(\lambda_2 + L_2 + \lambda_0)}{r_0\,(r_0 + r_2 + R_2) + \omega^2\,\lambda_0\,(\lambda_0 + \lambda_2 + L_2)} \\ &= \frac{(r_2 + R_2)\,\omega\,\lambda_0 - r_0\,\omega\,(\lambda_2 + L_2)}{r_0\,(r_0 + r_2 + R_2) + \omega^2\,\lambda_0\,(\lambda_0 + \lambda_2 + L_2)}\,. \end{aligned}\right\} \tag{41}$$

Die eine Gleichung aus der Gruppe (38) $\operatorname{tg}(J_0, J_1)$ interessiert zunächst weniger, da, wie wir nun sehen werden, die Gleichungen (39) bis (41) alles Wissenswerte über den Stromwandler enthalten. Die Gleichungen (40) und (41) erkennen wir gleich als die ,,Fehlergleichungen" des Stromwandlers. Die Gleichung (41) ist direkt die Fehlwinkelgleichung. Unter der Voraussetzung $w_1 = w_2$ gilt

$$f = \frac{J_2 - J_1}{J_1}$$

und hieraus

$$1 + f = \frac{J_2}{J_1}\,.$$

Somit erhalten wir die Fehlergleichungen wie folgt:

$$\left.\begin{aligned} f &= \frac{J_2}{J_1} - 1 = \frac{r_0^2 + \omega^2\,\lambda_0^2}{(r_0 + r_2 + R_2)^2 + \omega^2\,(\lambda_0 + \lambda_2 + L_2)^2} - 1\,, \\ \operatorname{tg}\delta &= \frac{(r_2 + R_2)\,\omega\,\lambda_0 - r_0\,\omega\,(\lambda_2 + L_2)}{r_0\,(r_0 + r_2 + R_2) + \omega^2\,\lambda_0\,(\lambda_0 + \lambda_2 + L_2)}\,. \end{aligned}\right\} \tag{42}$$

Die gewonnenen Gleichungen gestatten einen tiefen Einblick in die Stromwandlerverhältnisse. Man erkennt aus Gleichung (39), daß, solange r_0 und λ_0 im Vergleich mit den anderen Größen r_2, R_2, λ_2 und L_2 groß sind, der Leerlaufstrom J_0 klein bleibt. Dasselbe besagt auch die Gleichung (40): je größer r_0 und λ_0, desto mehr nähert sich J_2 dem Wert J_1. Der ideale Grenzfall, nämlich $J_2 = J_1$, tritt ein, wenn $r_0 = \infty$ und $\lambda_0 = \infty$, denn dann ist

$$\lim_{\substack{r_0 = \infty \\ \lambda_0 = \infty}} \sqrt{\frac{r_0^2 + \omega^2\,\lambda_0^2}{(r_0 + r_2 + R_2)^2 + \omega^2\,(\lambda_0 + \lambda_2 + L_2)^2}} = 1\,.$$

Auch der Fehlwinkel nach Gleichung (41) verschwindet in diesem Grenzfall, es wird nämlich

$$\lim_{\substack{r_0 = \infty \\ \lambda_0 = \infty}} \frac{(r_2 + R_2)\,\omega\,\lambda_0 - r_0\,\omega\,(\lambda_2 + L_2)}{r_0\,(r_0 + r_2 + R_2) + \omega^2\,\lambda_0\,(\lambda_0 + \lambda_2 + L_2)} = 0\,.$$

Je geringer die Verluste, die ein Material aufweist, desto höher der Wert r_0. Je leichter sich ein Material magnetisieren läßt, desto höher λ_0. Beide Größen sind für den bestimmten Stromwandler Funktionen der Liniendichte und zeigen einen eigenartigen Verlauf. In den Abb. 50 und 51 ist der Verlauf der Funktionen r_0 und $\omega\,\lambda_0$ dargestellt, und zwar für zwei Kernmaterialien bei zwei Wandlern mit gleichen Kernabmessungen. Die eine Kurve entspricht einem Material (1,2-Watt-Blech), das vor 20 Jahren als bestes Trafoblech für Stromwandlerzwecke galt. Die oberen Kurven in den Abb. 50 und 51 entsprechen dem heute besten Trafoblech, dem USS 0,93-Watt-Blech (oder Armco Tran-Cor 6). Man kann an Hand der Kurven r_0 und λ_0 den Fortschritt der letzten 20 Jahre in der Transformatorenblechherstellung ermessen. Wie aus den Abbildungen hervorgeht, liegen die Maximalwerte für r_0 und $\omega\lambda_0$ im Bereich der höchsten Permeabilität des Eisens. Im Bereich der Anfangspermeabilität haben r_0 und λ_0 relativ geringe Werte. Dies ist der Grund, warum ein Stromwandler bei $^1/_{10}$ der Nennstromstärke und darunter relativ große Fehler hat. Im Bereich hoher Sättigung sinken die Werte r_0 und λ_0 sehr stark.

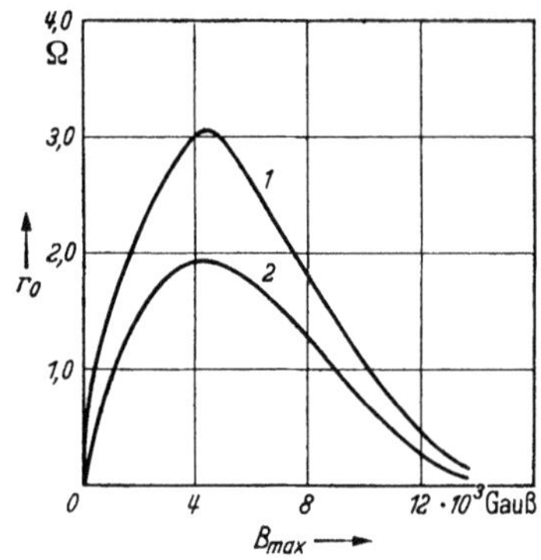

Abb. 50. r_0 in Funktion der Induktion. 1. Kern aus USS 0,93-Watt, 2. Kern aus hochlegiertem 1,2-Watt-Blech.

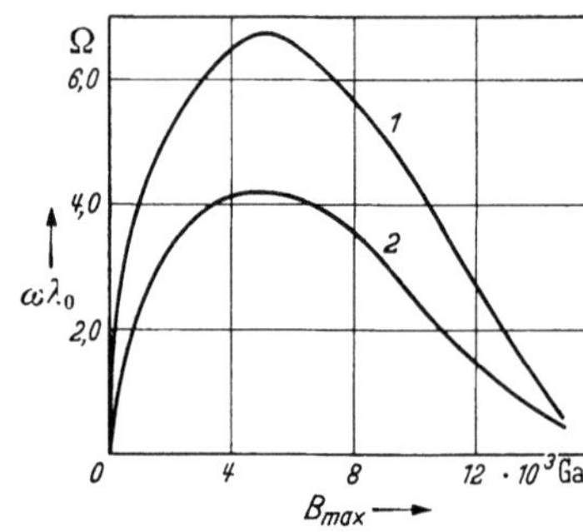

Abb. 51. $\omega\lambda_0$ in Funktion der Induktion. 1. Kern aus USS 0,93-Watt-Blech, 2. Kern aus hochlegiertem 1,2-Watt-Blech.

Es tritt der andere Grenzfall ein, der Stromwandler nimmt nur Magnetisierungsstrom auf. Für den idealen Grenzfall $r_0 = 0$, $\omega\lambda_0 = 0$ wird aus Formel (39)

$$J_0 = \lim_{\substack{r_0 = 0 \\ \omega\lambda_0 = 0}} J_1 \frac{\sqrt{(r_2 + R_2)^2 + \omega^2(\lambda_2 + L_2)^2}}{\sqrt{(r_0 + r_2 + R_2)^2 + \omega^2(\lambda_0 + \lambda_2 + L_2)^2}} = J_1 .$$

Zur Erläuterung der Kurven sei noch folgendes gesagt: Die Ermittlung der Werte r_0 und $\omega\lambda_0$ erfolgt nach den Formeln (33), nach der jeweiligen Voltamperekurve des Kernmaterials und nach der Kurve $\cos\beta_0$ für dieses Material.

Unter Zugrundelegung eines Einleiterstromwandlers 100/5 A mit einem Kerngewicht von 50 kg und einem effektiven Eisenquerschnitt von $q = 68$ cm² wurden laut folgenden Tabellen die Werte r_0 und $\omega\lambda_0$ der Abb. 50 und 51 ermittelt.

Kern aus 1,2-Watt-Blech

B_{max}	VA/kg	VA	E_0	J_0	$\cos\beta_0$	$\sin\beta_0$	r_0	$\omega\lambda_0$
1000	0,076	3,8	3,02	1,255	0,350	0,936	0,84	2,26
2000	0,212	10,6	6,04	1,755	0,435	0,900	1,49	3,09
3000	0,370	18,5	9,06	2,04	0,420	0,907	1,86	4,02
5000	1,00	50,0	15,1	3,30	0,405	0,914	1,85	4,18
8000	3,00	150,0	24,16	6,20	0,330	0,943	1,28	3,68
10000	7,00	350,0	30,2	11,60	0,250	0,986	0,65	2,52
12000	19,0	950,0	36,2	26,2	0,152	0,988	0,21	1,36
15000	80,0	4000	45,3	88,5	0,062	0,998	0,03	0,51

Kern aus USS 0,93-Watt-Blech

B_{max}	VA/kg	VA	E_0	J_0	$\cos\beta_0$	$\sin\beta_0$	r_0	$\omega\lambda_0$
1000	0,040	2,0	3,02	0,66	0,350	0,936	1,60	4,25
2000	0,131	6,55	6,04	1,085	0,401	0,916	2,22	5,08
3000	0,260	13,0	9,06	1,43	0,422	0,906	2,60	5,75
5000	0,620	31,0	15,1	2,04	0,405	0,915	2,98	6,75
6500	1,20	60,0	19,6	3,06	0,335	0,943	2,14	6,04
9000	2,70	135,0	27,18	5,0	0,264	0,964	1,43	5,25
12000	9,50	475,0	36,2	13,1	0,142	0,990	0,395	2,76

Mit Hilfe der Formeln (39) bis (44) läßt sich die Arbeitsweise des Stromwandlers im ganzen Bereich der Eisenmagnetisierung darstellen. Mit der Änderung der Kernabmessungen und der Windungszahl w_2 ändern wir auch r_0 und λ_0. Über die Bestimmung von J_0 ist das Notwendige bereits gesagt worden. Die noch in den Formeln auftretenden Größen r_2, λ_2, R_2 und L_2 sind konstante Größen, die bekannt sein müssen. Wir sind nun in der Lage, zu jeder Linienzahl aus der Formel (39) J_1 zu bestimmen, hierzu aus (40) J_2 und schließlich nach (42) den Stromfehler und den Fehlwinkel. Praktisch durchläuft der Stromwandler die Magnetisierungskurve bei einer Steigerung des primären Stromes J_1 von unten bis zum Netzkurzschlußstrom. Es ist deshalb zweckmäßiger, die Kurven als Funktionen von J_1 darzustellen. Die so gewonnenen Kurven

$$J_2 = f_1(J_1),$$

$$f\% = f_2(J_1),$$

$$\delta' = f_3(J_1)$$

bezeichnen wir als „Kennlinien" des Stromwandlers, weil sie tatsächlich das Verhalten des Stromwandlers im ganzen Magnetisierungsgebiet darstellen. Wir werden bei den Anwendungen in den nächsten Abschnitten Gelegenheit haben, an praktischen Beispielen die Kennlinien für verschiedene Stromwandler darzustellen.

Zu den Formeln (39) bis (42) möchten wir noch bemerken, daß sich sämtliche Fragen der Belastung der Stromwandler und ihre Rückwirkung auf die Fehlergrößen an Hand dieser Formeln beantworten lassen. Insbesondere zeigt die Formel (41), daß der Fehlwinkel durch die sekundäre Streuung λ_2 und durch die Induktivität der Bürde verkleinert wird und sogar negativ werden kann, ein Resultat, zu dem wir früher auf Grund des Stromwandlerdiagrammes gelangt sind. In der Abb. 49 haben wir in Übereinstimmung mit der früheren Darstellung die positive Richtung der imaginären Achse so gewählt, daß bei einer Voreilung des umgeklappten sekundären Stromvektors der Fehlwinkel positiv wird. Zur Berechnung von Beispielen genügen die Formeln (4) und (5) oder die Formeln nach (8). Zur umfassenden Berechnung von Kennlinien sind aber die Formeln dieses Abschnittes, bei deren Herleitung keine Vernachlässigungen vorgenommen worden sind, geeigneter.

Den Lesern sei empfohlen, beim Studium der Anwendungen in den weiteren Abschnitten stets die entsprechenden Stellen der grundlegenden Ausführungen einzusehen.

Bevor wir dieses Kapitel schließen, möchten wir noch andeuten, daß wir die neuesten Kernmaterialien, die in denUSA unter der Bezeichnung ,,Hipersil" oder unter anderen Benennungen umschreibender Art bekannt geworden sind, absichtlich nicht in den Stoff aufgenommen haben. Es liegen mit diesen Materialien noch zu wenig Erfahrungen vor, speziell im Stromwandlerbau. Es kann darüber erst nach Ablauf weiterer Jahre berichtet werden.

12. Die ,,sogenannten Kunstschaltungen"

Alle Schaltungen, die den Zweck haben, die durch den Leerlaufstrom verursachten Fehlergrößen des Stromwandlers aufzuheben oder zu vermindern, wurden als ,,Kunstschaltungen" bezeichnet. Man tut gut, die jeweilige Schaltung durch ihren Inhalt zu kennzeichnen.

Der Zweistufen-Stromwandler

H. B. Brooks und F. C. Holtz[11]) haben einen aus Haupt- und Hilfskern bestehenden Stromwandler entwickelt, dessen Wirkungsweise aus der Abb. 52

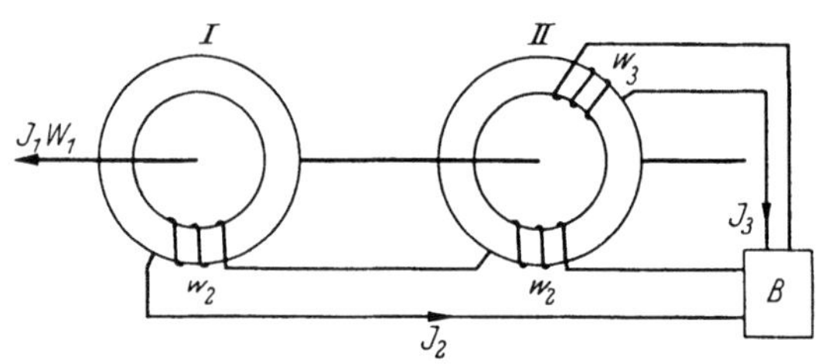

Abb. 52. Zweistufen-Stromwandler nach Brooks und Holtz. B = Bürde.

hervorgeht. In beiden Kernen I und II sind die primären und sekundären Wicklungen in Serie geschaltet. Der Hilfskern II erhält eine Hilfswicklung $w_3 = w_2$ (tertiäre Wicklung). Diese Wicklung wird beeinflußt von der geometrischen Summe der primären und sekundären AW-Zahlen (Vektor J_0 in Abb. 53) und führt einen Strom J_3. Dieser Strom setzt sich vektoriell mit dem Strom J_2 zusammen und ergibt den korrigierten sekundären Strom J_2'.

$$J_2' = J_2 \hat{+} J_3 .$$

Es gilt ferner: $J_0 \hat{+} J_3 = J_0'$ (Leerlaufstrom des Hilfswandlers).

Das Vektordiagramm in Abb. 53 veranschaulicht die Wirkungsweise des Zweistufen-Stromwandlers.

Der Nachteil dieser Wandlerkonstruktion besteht darin, daß dem Verbraucher in zwei Stromkreisen die Ströme J_2 und J_3 zugeführt werden müssen.

[11]) The two-stage current transformer. Amer. Inst. Electr. Eng. Transact. **1922**, 382.

Eine Erweiterung hat der obige Zweistufenwandler durch A. BOYAJIAN und W. F. SKEATS[12]) erfahren, und zwar derart, daß die Verbraucherapparate nicht mehr wie früher zwei Stromkreise besitzen müssen, sondern nunmehr diese Wandler wie die anderen Wandler nur zwei Sekundäranschlüsse haben. In Abb. 54 ist diese Schaltung des Zweistufen-Stromwandlers dargestellt. In den Hauptzügen ist die Schaltung von BROOKS und HOLTZ beibehalten worden. Die Schaltung ist für Einleiter-Stromwandler, wo sie auch praktisch am

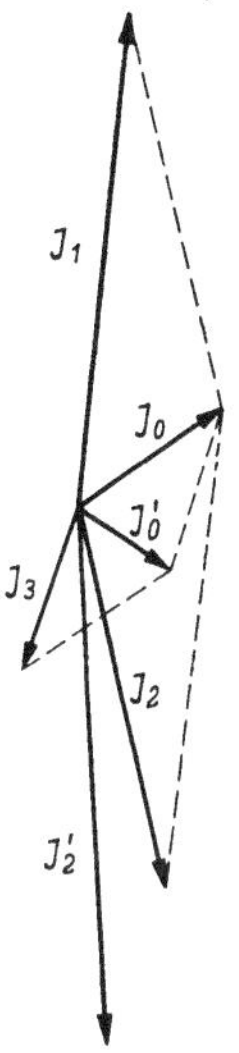

Abb. 53. Diagramm des Zweistufen-Stromwandlers.

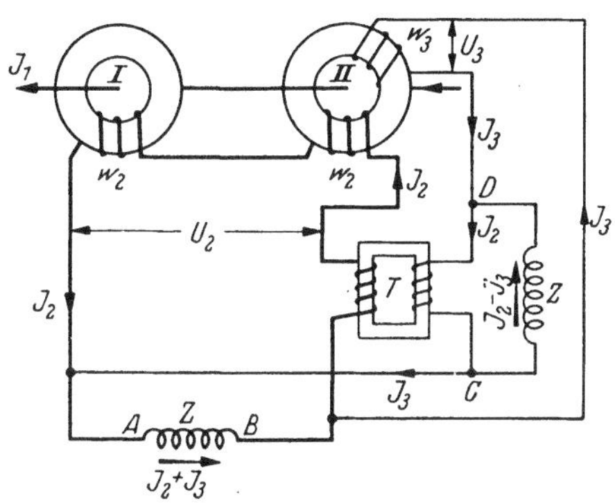

Abb. 54. Verbesserte Schaltung des Zweistufenwandlers (nach BOYAJIAN und SKEATS).

wichtigsten ist, gezeichnet und kann selbstredend allgemein für Stromwandler Verwendung finden. Der Hauptstromwandler I würde zunächst einen Sekundärstrom J_2 liefern, der vom Sollwert des sekundären Nennstromes nach Größe und Lage abweicht. Der Hilfswandler II liefert einen Strom J_3. Eine direkte Zuführung des Stromes J_3 in den Verbraucherkreis ist ohne gegenseitige Beeinflussung beider Stromkreise unmöglich, da es sich doch offenbar um eine Gegenschaltung handelt. Nun haben BOYAJIAN und SKEATS durch die Zwischenschaltung eines Hilfstransformators T die beiden Stromkreise, den sekundären und den tertiären, voneinander unabhängig gemacht. Durch den Zwischentransformator mit dem Übersetzungsverhältnis 1 : 1 wird vom Sekundärkreis eine Spannung U in den Tertiärkreis übergeführt. Diese Spannung ist nahezu gleich der Spannung an der Nutzbürde Z, aber entgegengesetzt gerichtet. Durch den Einbau einer Zusatzbürde, die angenähert der Nutzbürde gleich ist, kann dies erreicht werden. Die Kompensationsspannung $U = (J_2 - J_3)Z$ tritt an den Punkten C und D mit umgekehrtem Vorzeichen als an der Bürde (an den Punkten A und B) auf. Die Richtung der Ströme ist durch Pfeile eingezeichnet. Wie ersichtlich, muß vom Hauptkern I auch die Spannung am Hilfstransformator T gedeckt werden. Bezeichnet man mit U_2 die Spannung der Sekundärwicklung, so gilt offenbar angenähert die Beziehung:

$$U_2 = (J_2 + J_3)Z + (J_2 - J_3)Z \text{ oder } U_2 = 2 J_2 Z.$$

[12]) Amer. Inst. Electr. Eng. Transact. 48, 308 (1929).

Von der Spannung U_2 entfällt ein geringer Betrag U_3 auf den Hilfskern, und es ist angenähert

$$U_3 = (J_2 + J_3)Z - (J_2 - J_3)Z \text{ oder } U_3 = 2 J_3 Z.$$

Für diese Spannungen U_2 und U_3 müssen die Kerne ausgelegt werden. Zweckmäßigerweise wird der Hilfskern, der ja nur mit geringer Amperewindungs-

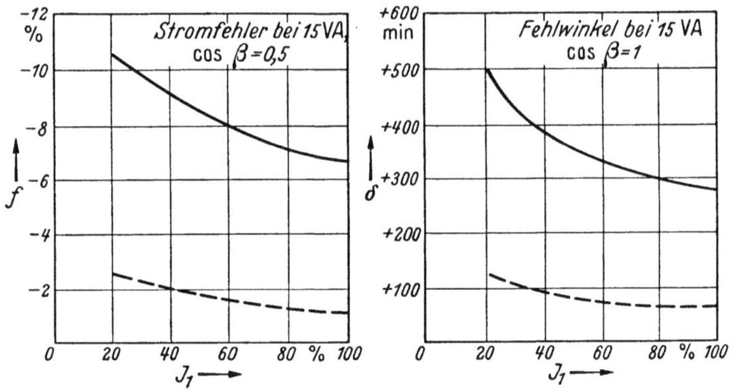

Abb. 55. Fehlerkurven. ——— gewöhnliche Schaltung, — — — Zweistufenschaltung.

zahl $J_1 \mathbin{\hat{+}} J_2 w_2$ arbeitet, aus einer hochpermeablen Nickel-Eisen-Legierung hergestellt. Damit werden die Fehler dieses Wandlers gering gehalten.

Der nun korrigierte Sekundärstrom

$$J_2' = J_2 \mathbin{\hat{+}} J_3$$

hat, wie aus der Darstellung in Abb. 53 ersichtlich, mit dem Primärstrom kleinere Fehlergrößen als der ursprüngliche Sekundärstrom J_2. Im Stromwandler-Laboratorium der AEG wurde diese Stromwandlerschaltung nach Boyajian und Skeats an Einleiter-Stromwandlern 200/5 A untersucht[13]). Die Ergebnisse sind für $f\%$ bei $\cos\beta = 0{,}5$ und δ in Minuten bei $\cos\beta = 1$ in der Abb. 55 mit den Ergebnissen am normal geschalteten Einleiter-Stromwandler 200/5 A verglichen. Die Nutzleistung ist jedesmal 15 VA. Wie ersichtlich, sind mit dieser Schaltung gute Erfolge zu erzielen.

Nachteilig bei dieser Schaltung ist der Umstand, daß der Stromwandler zu jeder Bürde eine entsprechende Abgleichbürde für den Hilfswandler benötigt. Jedoch ist dies eher in Kauf zu nehmen als der Anschluß der Meßapparate mit zwei parallelen Stromkreisen. Als Zweistufen-Stromwandler nach Brooks und Holtz werden von der General Electr. Comp. die Einleiter-Durchführungsstromwandler (Bar-Type) gebaut. In Europa werden Wandler nach der Zweistufenschaltung nur für Spezialzwecke gebaut.

[13]) Billig: Diss. T. H. Wien.

Die Wilson-Kompensation

M. S. WILSON hat im Jahre 1929 eine wichtige Kompensationsmethode für Stromwandler entwickelt[14]). Diese Methode stellt einen Eingriff in die Magnetisierung des Stromwandlers dar. Das Ziel, das WILSON zu erreichen sucht, besteht darin, die Magnetisierungs-Amperewindungen linear in Funktion des primären Stromes zu gestalten. Zwei Lösungen sind von WILSON angegeben

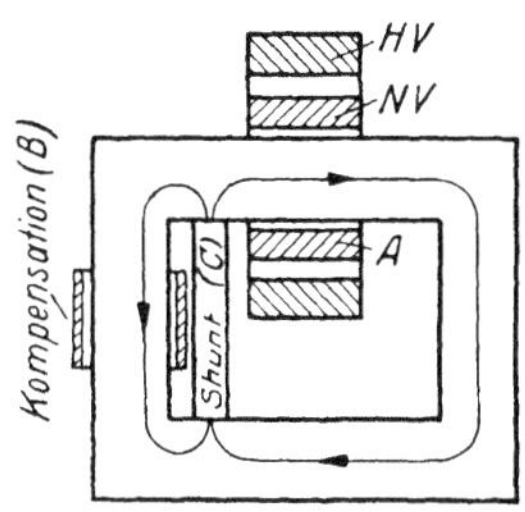

Abb. 56. Wilson-Schaltung mit magnet. Shunt.

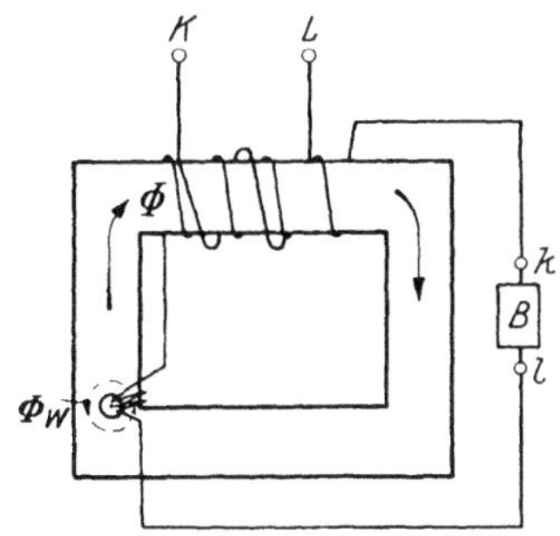

Abb. 57. Wilson-Kompensation. Φ Hauptfluß, Φ_W Wilsonfluß.

worden. In Abb. 56 ist die grundsätzliche Lösung dargestellt. Die sekundäre Wicklung ist in zwei Teile aufgeteilt, in die Hauptwicklung (A) und die Kompensationswicklung (B). Diese umfaßt nur einen geringeren Teil der sekundären Windungen.

Der Fluß schließt sich über den Steg (C), der aus einem hochpermeablen Werkstoff als Nebenschluß zum Kern aus Siliziumblech angeordnet ist. Die Richtungen der Flüsse sind aus der Abb. 56 ersichtlich. Mit Hilfe der Kompensationswicklung wird ein Teil des Eisenkernes stärker gesättigt. In Zusammenwirkung mit dem Hauptfluß wird ein linearer Verlauf des Magnetisierungsstromes erzielt und dadurch eine Glättung der Fehlerkurven. Mit einer anderen Lösung, die für die Praxis bequemer ist, erreicht WILSON ähnliche Resultate. Diese andere Lösung ist in Abb. 57 dargestellt. Die Kompensationswindungen werden durch ein Loch im Kern geführt. Das Loch ist seitlich verschoben, derart, daß derjenige Teil des Querschnittes, der von den Lochwindungen umfaßt wird, stärker gesättigt wird.

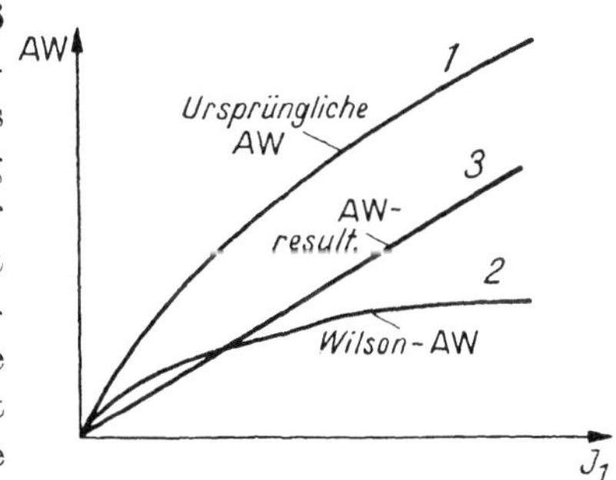

Abb. 58. AW-Kurven.

Der zusätzliche Fluß (Wilson-Fluß) wirkt dem Hauptfluß entgegen. Durch die Kurven der Abb. 58 wird die Wirkungsweise verständlich. In der Kurve (1)

[14]) A New High Accuracy Current Transformer. Amer. Inst. Electr. Eng. Transact. 48, 179 (1929).

sind die ursprünglichen magnetisierenden Amperewindungen (AW_0) dargestellt. Von diesen sind die Wilson-Amperewindungen laut Kurve (2) zu subtrahieren. Die Kurve (3) zeigt die resultierenden Amperewindungen (AW_r) des primären Stromes J_1.

Es ist

$$AW_0 - (AW)_{Wilson} = AW_r.$$

Der geradlinige Verlauf der Kurve (3) bedeutet eine proportionale Übersetzung der Ströme mit zunehmendem Werte J_1 und daher auch die angenäherte Konstanz des Stromfehlers. Eine Korrektur des Fehlwinkels erreicht WILSON dadurch, daß er eine Wicklung aus Widerstandsmaterial durch das Loch legt und diese Wicklung dann kurzschließt.

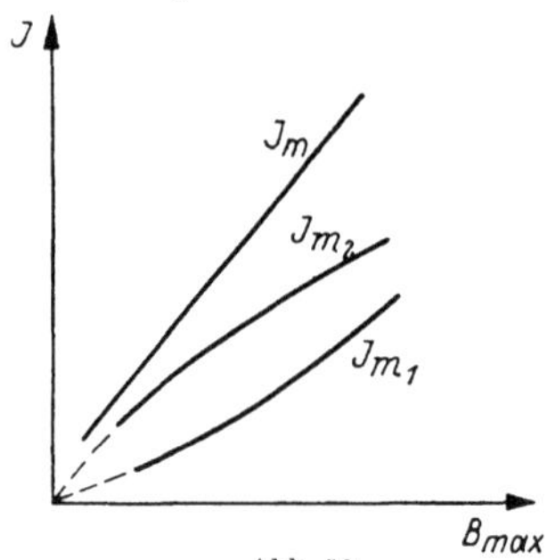

Abb. 59.

Durch dieses Abgleichmittel ist es sogar möglich, die kleinen restlichen Fehlwinkel auf Plus- und Minuswerte zu verteilen. Die veröffentlichten Resultate müssen als gut bezeichnet werden, und es wird von der Wilson-Kompensation ausgiebig bei der General Electr. Comp. Gebrauch gemacht.

Stromwandler mit einem Kern konstanter Permeabilität nach A. C. SCHWAGER

Einen sehr interessanten Beitrag zum Stromwandlerproblem brachte A. C. SCHWAGER[15]) mit einer eingehenden Untersuchung der Zusammenhänge zwischen den Fehlergrößen des Wandlers und der Permeabilität des Kernmaterials[16]). Er befaßt sich eingehend mit dem Magnetisierungsstrom $J_m = f(B)$ wobei er den Wirkstrom J_w, der ja eine untergeordnete Bedeutung für die Fehlergrößen hat, zunächst aus der Betrachtung ausschließt. Er erkannte, daß bei verschiedenen Induktionen B zwei grundsätzlich verschiedene Kurven für den Magnetisierungsstrom resultieren. Dieses Verhalten ist in der Abb. 59 dargestellt. Der Verlauf J_{m_1} entspricht schwacher, der Verlauf J_{m_2} starker Sättigung.

Die Zusammenwirkung beider Kurven führt durch Addition

$$J_m = J_{m_1} + J_{m_2}$$

auf einen nahezu geradlinigen Verlauf $J_m = f(B)$. Zur Realisation dieses Sachverhaltes bestehen nach SCHWAGER verschiedene Möglichkeiten. Parallelschaltung oder Serienschaltung von Teilkernen sind die naheliegendsten.

Es gilt allgemein unter Annahme einer Funktion $\mathrm{VA_m/kg} = f(B)$

$$\left.\begin{aligned} d(\mathrm{VA_m}) &= \gamma f(B)\, dV, \\ \text{und} \quad \int d(\mathrm{VA_m}) = \mathrm{VA_m} &= \gamma \int_0^v f(B)\, dV, \end{aligned}\right\} \qquad (43)$$

---

[15]) Der fehlerlose Stromwandler. Bull. schweiz. elektrotechn. Ver. Nr. 20 (1932).

[16]) SCHWAGER, A. C., u. V. A. TREAT: „Shaping of Magnetisation Curves and the Zero Error Current Transformer". Amer. Inst. Electr. Eng. Trans. 52, 45 (1933).

wo γ spezifisches Gewicht,
V Kernvolumen,
VA_m Blindleistung der Magnetisierung
bedeuten.

Die Funktion $f(B)$ und die Kernform der allgemeinen Lösung von (43) sind unbekannt.

Durch eine Vereinfachung des Problems gelangt SCHWAGER zur folgenden Bedingungsgleichung für den fehlerlosen Stromwandler.

Es muß

$$VA_m = c B^2 \tag{44}$$

sein, wobei
B Induktion im Kern,
c eine Konstante
bedeuten.

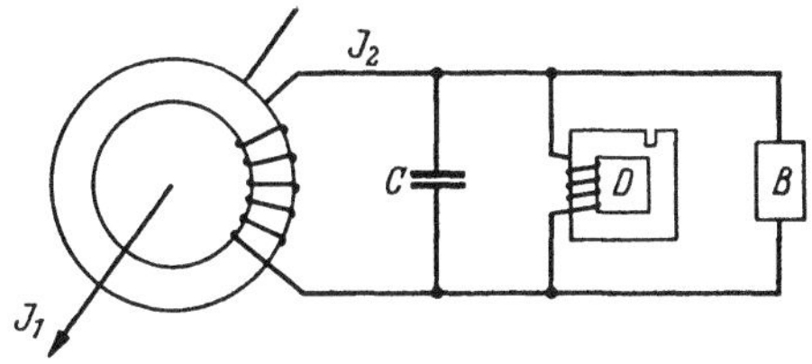

Abb. 60. Kompensierter Stromwandler nach SCHWAGER. C Kondensator, D Drosselspule, B Bürde.

Durch Versuche mit verschiedenen Kernformen, die eine Variation der Kernform gestatteten, gelangten SCHWAGER und TREAT zu einer Versuchsreihe, bei welcher $\Delta J_m/J_m$ angenähert konstant blieb bei verschiedenen Induktionen B. Wie wir bereits gesehen haben, bedeutet dies eine angenähert konstante Permeabilität des Kernes und daher angenäherte Fehlerlosigkeit des Stromwandlers.

Die Kernformen mit eingebauten und regulierbaren Kernteilen sind praktisch für eine Fabrikation ungeeignet. Nun haben SCHWAGER und TREAT die notwendige magnetische Ergänzung des Kernes über einen elektrischen Stromkreis geschaffen, indem sie parallel zur Sekundärwicklung einen Kondensator und eine Drosselspule mit Kerneinschnitt schalteten.

Diese Kombination ist in der Abb. 60 dargestellt. Es wurden mit dieser Schaltung sehr gute Resultate erzielt. Für einen 200/5-A-Einleiterstromwandler mit 38 cm Innendurchmesser sind nach SCHWAGER folgende Vergleichswerte ermittelt worden:

Kernmaterial	Bürde	$\Delta f\%$	δ_{max} in Min.
Siliziumblech	15 VA $\cos\beta = 1{,}0$	0,8	500
Nickel-Eisen	15 VA $\cos\beta = 1{,}0$	0	60
Kern konstanter Permeabilität nach SCHWAGER	15 VA $\cos\beta = 1{,}0$	0	3

$\Delta f\%$ bedeutet die Änderung des Stromfehlers bei Stromänderungen von $0{,}1\, J_1$ bis J_1.

Die Resultate mit der neuartigen Kompensation müssen als vortrefflich bezeichnet werden.

Als Nachteil dieser Schaltung muß die hohe Empfindlichkeit bei Änderungen der Bürde hervorgehoben werden. Es liegt im Wesen der Sache, daß die magnetische Abgleichung des Kernmaterials in der Schwager-Schaltung nur für eine bestimmte Bürde wirksam sein kann.

Für Bürdenänderungen sind Ergänzungsbürden notwendig, die den ursprünglichen Zustand entsprechend der Eichung des Wandlers wieder herstellen.

In Abb. 61 ist die Schaltung für einen umschaltbaren Wandler 200–400/5 A dargestellt. Der Drosselspulenkreis muß gleichfalls umgeschaltet werden. Für jede Schaltung müssen bei Bürdenänderungen Kompensationselemente (2) eingeschaltet werden. Alle zusätzlichen Elemente werden als Zusatzapparat

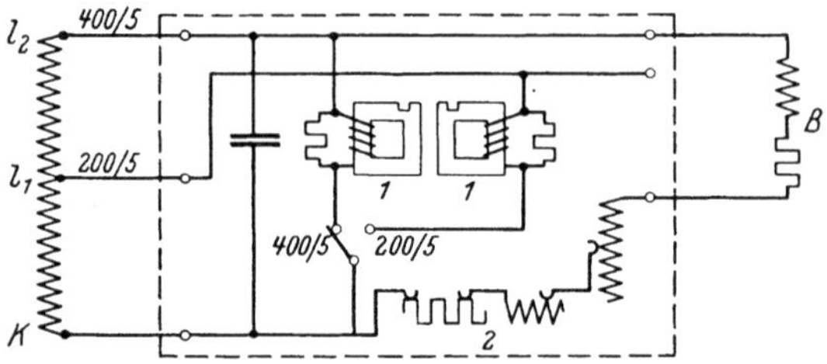

Abb. 61. Kompensationsschaltung eines 200 — 400/5-A-Wandlers. B = Bürde, 1 = Drosselspulen, 2 = Zusatzelemente.

zusammen montiert und können durch Verbindungen in den Sekundärkreis des Wandlers eingeschaltet werden. Einleiterstromwandler nach SCHWAGER werden von der Pacific Electric & Mfg. Comp. in San Franzisko gebaut.

Kompensierter Stromwandler nach WELLINGS *und* MAYO

J. G. WELLINGS und C. G. MAYO[17]) von der Britischen Thomson-Houston-Gesellschaft haben im Jahre 1927 eine neue Wandlerschaltung entwickelt, welche hauptsächlich für Einleiterstromwandler gedacht war[17a]).

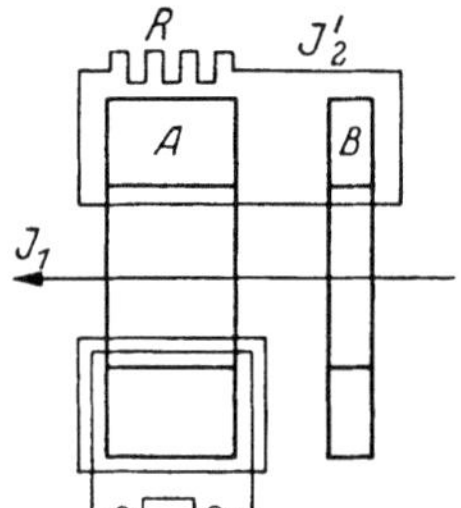

Abb. 62. Schaltung nach WELLINGS und MAYO.

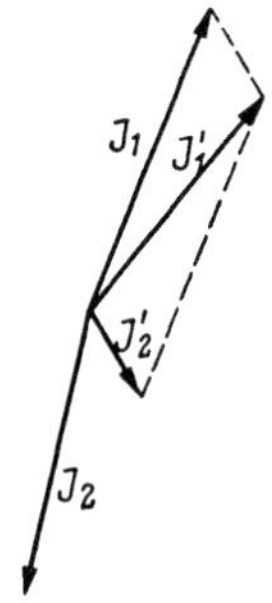

Abb. 63. Diagramm der Fehlwinkelkompensation.

Die Abb. 62 zeigt die Schaltung für den kompensierten Einleiterstromwandler. Es werden 2 Kerne, ein Hauptkern A und ein Hilfskern B verwendet. Der stark gesättigte Hilfskern, der gleich wie der Hauptkern vom primären

[17]) Brit. Patentschr. N. 286431, Febr. 1927.

[17a]) J. Inst. Electr. Eng. London **68**, 704 (1930).

Leiter durchsetzt wird, erzeugt in der Hilfswicklung, die beide Kerne umfaßt und einen Abgleichwiderstand R enthält, den Strom J'_2, der für den Hauptkern zusätzliche primäre Amperewindungen zur Folge hat. Dadurch wird eine Verdrehung des resultierenden primären AW-Vektors erzielt, dem auch der sekundäre AW-Vektor folgen muß. In der Abb. 63 sind die Größen durch Vektoren dargestellt. Der primäre Strom J_1 und der Strom J'_2, der für den

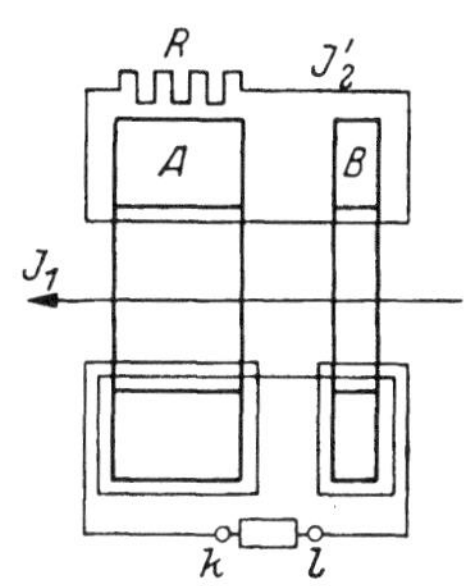

Abb. 64.

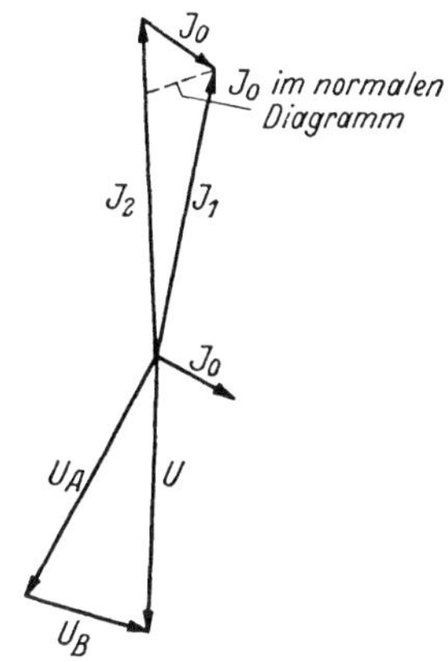

Abb. 65. Diagramm der Stromfehlerkompensation.

Hilfskern als Sekundärstrom wirkt, ergeben den resultierenden primären AW-Vektor J'_1. Infolge der Drehung von J_1 in J'_1 wird sich auch der sekundäre Stromvektor J_2 um den gleichen Winkel drehen. Dadurch wird der Fehlwinkel, den J_2 mit J_1 bildet, verringert. Diese Fehlwinkelkompensation wird von Wellings und Mayo als sehr wirksam dargestellt.

Die Stromfehlerkompensation wird durch die Schaltung in Abb. 64 erreicht. Die Sekundärwicklung, die auf dem Hauptkern liegt, umfaßt auch mit einigen Windungen den Hilfskern. Mit diesen Windungen kann auch die Kompensation des Stromfehlers erzielt werden, und zwar erfolgt diese durch eine Drehung des Vektors des Magnetisierungsstromes des Hauptkernes. Diese Wirkung ist in Abb. 65 dargestellt. Die Spannungen an beiden Kernen sind phasenverschoben. Die Spannung an der Nutzbürde sei vorgegeben als U; es stellen sich am Hauptkern die Spannung U_A, am Hilfskern U_B ein. Nahezu senkrecht zur Spannung U_A steht der Leerlaufstrom J_0 des Hauptkernes. Aus dem Vergleich mit dem normalen Stromwandlerdiagramm erkennt man, daß man bei dieser Anordnung eine größere Nacheilung des Leerlaufstromes in bezug auf den Primärstrom J_1 erzielt. Dies hat zur Folge, daß der Sekundärstrom J_2 eine Vergrößerung erfährt. Dadurch wird der sonst negative Stromfehler kompensiert. Diese Kompensationsart der Fehlergrößen (Fehlwinkel und Stromfehler) ist von der sekundären Bürde nicht unabhängig.

Wellings und Mayo geben noch ein anderes Verfahren an, das direkt in das Gebiet der Vormagnetisierung fällt. Diese Schaltung ist in Abb. 66 dargestellt. Der Hauptkern wird in 2 Teile geteilt, die von einem Hilfskern, der vom gleichen Primärstrom wie die Hauptkerne durchsetzt wird, in einer gekreuzten Schaltung vormagnetisiert werden. Durch diese Schaltungsart der Hilfswicklung wird erreicht, daß die Hilfswicklung die anderen Wicklungen nicht beeinflußt. Die Hauptkerne werden so vormagnetisiert, daß sie im Gebiete günstigster Permeabilität arbeiten. Mit dieser Schaltungsart können Einleiter-Stromwandler aus Siliziumblech bis zu 100 A herunter mit guten Präzisionseigenschaften gebaut werden. Die VA-Zahl des Bürdenkreises muß sehr niedrig gehalten werden (unter 5 VA).

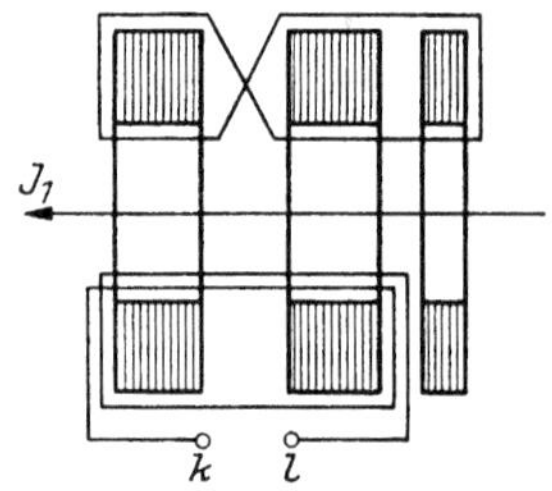

Abb. 66. Schaltung eines vormagnetisierten Stromwandlers nach WELLINGS und MAYO.

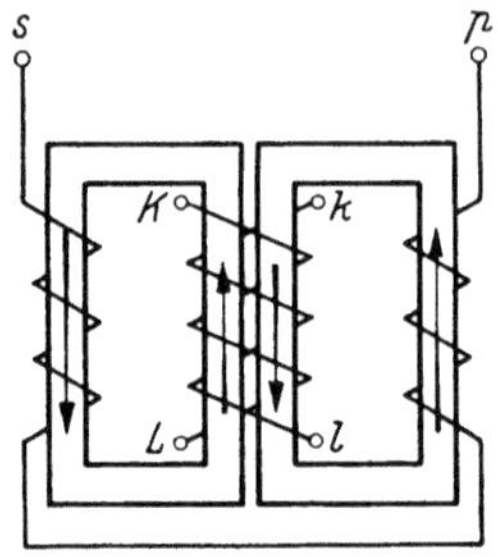

Abb. 67. Stromwandler der „Comp. pour la Fabr. des Compteurs" mit ~ Vormagnetisierung. KL Primärwicklung, kl Sekundärwicklung, sp Hilfswicklung.

Laut Informationen aus englischen Fachkreisen werden Stromwandler nach den Schaltungen von WELLINGS und MAYO wenig fabriziert. Die Schaltungen sind sehr bemerkenswert.

13. Vormagnetisierte Stromwandler

Geschichtliches

In Frankreich hat die „Compagnie pour la Fabrication des Compteurs" in vielen Patentschriften, von welchen die erste, Brevet 474159, auf das Jahr 1914 fällt, Stromwandlerschaltungen bekanntgegeben, in welchen eine Hilfswicklung angegeben wurde, deren Zweck in der Vormagnetisierung des Wandlers mit Wechselstrom bestanden hatte. In Veröffentlichungen von A. ILLIOVICI[18]) ist die Schaltung nach Abb. 67 angegeben. Wie aus der Abbildung ersichtlich, magnetisiert der Strom der Hilfswicklung beide Kernteile in entgegengesetzter Richtung. Der Erfinder dieser Schaltung[19]) soll RENÉ BARTHÉLEMY gewesen sein.

Man findet in der deutschen Fachliteratur[20]) die Angabe, daß die Vormagnetisierung mit Eigenstrom in den Veröffentlichungen der „Compagnie pour la Fabrication des Compteurs" unbekannt war. Dies trifft nicht zu. Der Verfasser hat bereits in seiner Arbeit in der ETZ[21]) im Jahre 1932 darauf

[18]) Bull. Soc. franç. Electr. **1923**, 55, **1930**, 1191.

[19]) Diese Angabe ist mir von H. HARTMANN von der Brown, Boveri & Cie. gemacht worden.

[20]) WALTER, M.: Strom- und Spannungswandler, S. 15. — ERICH, M.: ETZ. **1937**, H. 27, 742.

[21]) GOLDSTEIN: Die neueste Entwicklung im Stromwandlerbau. ETZ. **1932**, H. 18.

hingewiesen, daß die obige Firma über Stromwandler mit Eigenvormagnetisierung berichtet hat, und zwar unter der Bezeichnung „auto-compoundés". Es würde zu weit führen, auf die verschiedenen diesbezüglichen Patentschriften der „Compagnie pour la Fabrication des Compteurs" einzugehen, in welchen mit dem Begriff des eigenvormagnetisierten Stromwandlers operiert wurde. Es wurde angestrebt, das Arbeitsgebiet des Stromwandlers in das Gebiet der höchsten Permeabilität zu verlegen und die Permeabilität möglichst konstant zu erhalten.

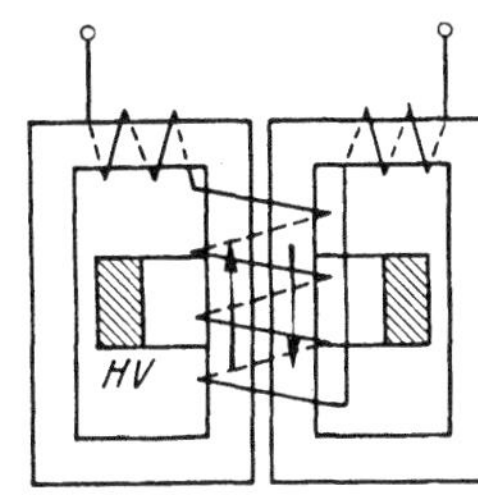

Abb. 68. Schaltung der Sekundärwicklung eines eigenvormagnetisierten (auto-compoundé) Stromwandlers der „Comp. pour la Fabr. des Compteurs".

Die bekanntgewordene Schaltung der „überkompoundierten Stromwandler" ist in Abb. 68 dargestellt. Wie daraus ersichtlich, sind die beiden Teile der Hilfswicklung in Serie mit der Sekundärwicklung geschaltet, und zwar derart, daß die beiden Kernteile durch den Strom der Hilfswicklung in entgegengesetztem Sinne magnetisiert werden, wie dies in der Abbildung durch die Pfeile dargestellt ist. Sogar eine Shuntierung der Hilfswicklung wurde vorgeschlagen. Nach der Information des Verfassers ist eine Fabrikation der „überkompoundierten Stromwandler" in Frankreich nie aufgenommen worden. Dem Verfasser scheint diese Tatsache auf den damaligen Mangel an tieferem Einblick in das Wesen der Eigenvormagnetisierung zurückzuführen zu sein. Wie so oft in der Entwicklung der Technik hat auch hier eine gewisse Wiederholung stattgefunden. Die Eigenvormagnetisierung hat bei der AEG eine Renaissance in den Jahren 1927—1932 durchgemacht, und die Förderer dieser Entwicklung, zu welchen auch der Verfasser gehört, haben keineswegs aus alten Erfahrungen oder Erkenntnissen schöpfen können. Sie mußten mühsam durch Forschungs- und Laboratoriumsarbeit die von der AEG später standardisierten Wandlerformen und Schaltungen erarbeiten. Da die Fabrikation der Stromwandler mit Eigenvormagnetisierung nicht nur in Deutschland (AEG), sondern auch in anderen Ländern einen größeren Umfang angenommen hat, so soll hier eingehender über diese Frage berichtet werden.

Die „eigenvormagnetisierten Stromwandler" der AEG

Zu eigenvormagnetisierten Wandlern ist man bei der AEG auf großen Umwegen gelangt.

Zwei voneinander ganz unabhängige Laboratorien befaßten sich mit Meßwandlerproblemen. Das Laboratorium der Apparatefabrik, die Wandler für Nennspannungen bis 20 kV fabrizierte, stand unter der Leitung von H. VAHL †. Das Laboratorium der Transformatorenfabrik, welche Wandler für Nennspannungen von 10 kV bis 200 kV baute, stand unter der Leitung des Verfassers. VAHL entwickelte in den Jahren 1925—26 einen Wandler[22]), der auf eine Drosselspule belastet war und im Gebiete höherer Induktionen, etwa $B = 5000$ bei Nennstrom, arbeitete. Diese Schaltung ist in Abb. 69 dargestellt

[22]) Dtsch. Patent Nr. 528349 Kl. 21e.

und stellt wie ersichtlich eine Serienschaltung zweier Stromwandler dar. Der zweite Wandler (Drossel) ist eine variable Bürde für den ersten. Durch die Verlegung des Arbeitsgebietes in ein Gebiet höherer Sättigung war eine günstige Permeabilität erreicht worden, und dadurch waren die Stromfehler und Fehlwinkel viel geringer als bei den normalen Stromwandlern.

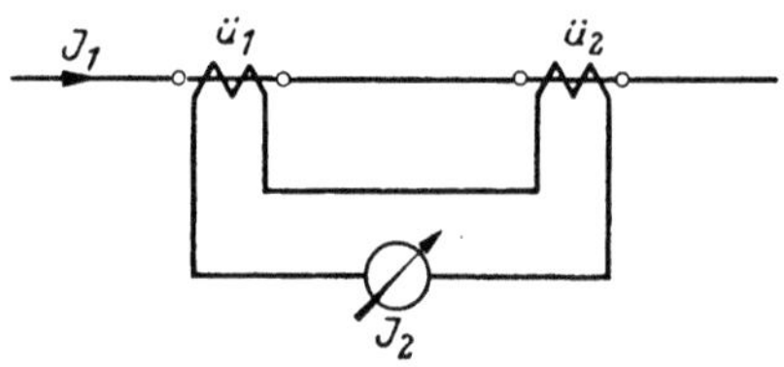

Abb. 69. Hintereinanderschaltung zweier Stromwandler mit angenähert gleichem Übersetzungsverhältnis nach H. VAHL †.

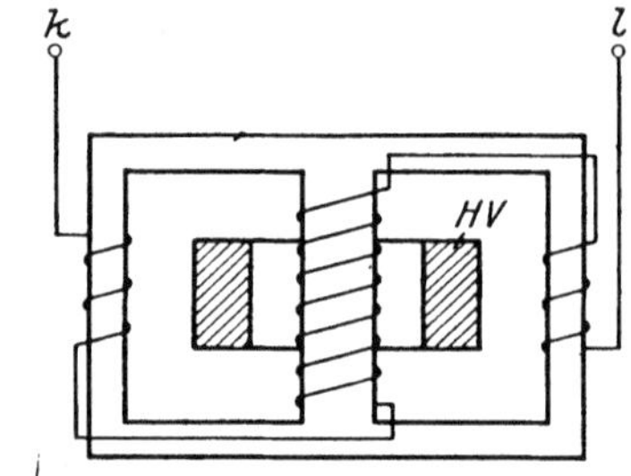

Abb. 70. Stromwandler mit verteilter Sekundärwicklung.

Die vom Verfasser im Jahre 1926–27 durchgeführten Untersuchungen über die Streuung in Abhängigkeit von der Verteilung der sekundären Wicklung führten zu einer neuen Wicklungsanordnung im Stromwandlerbau mit einer wesentlichen Verbesserung der Fehlerkurven. Die Verteilung der Windungen auf einem Mantelkern erfolgte dermaßen, daß auf dem Mittelsteg der überwiegende

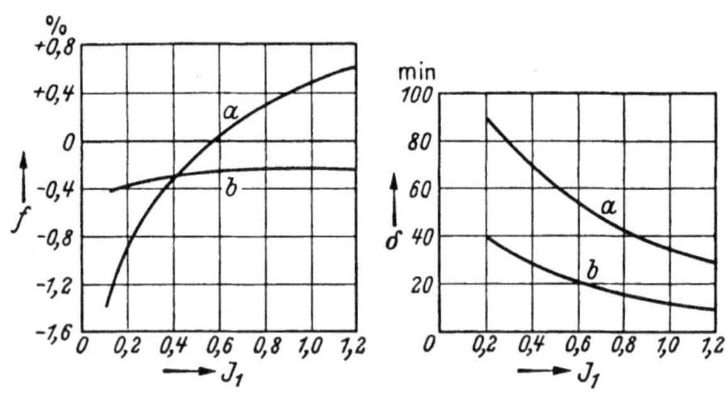

Abb. 71. Stromfehler (f%) und Fehlwinkel (δ). a) Sekundärwicklung konzentriert, b) Sekundärwicklung verteilt.

Teil, auf den Außenschenkeln nur geringe Anteile der sekundären Wicklung zu liegen kamen. Die primäre Wicklung umfaßte vollzählig den mittleren Steg. Die Aufteilung erfolgte nach dem Prinzip der optimalen Wirkung[23]). Gegenüber den Wandlern mit ausschließlich konzentrischer Wicklungsanordnung hatten die Wandler nach Abb. 70 wesentlich bessere Fehlerkurven, die eine tiefgreifende Veränderung gegenüber den üblichen Fehlerkurven aufwiesen. Die Kurven der Abb. 71 kennzeichnen das Verhalten. Die Stromfehlerspanne (Δf) machte bei der neuartigen Anordnung nur etwa 20% der ursprünglichen aus, die Fehlwinkelspanne ($\Delta \delta$) etwa 40%. Die Kurven wiesen bei 100 VA $\cos \beta = 0{,}5 - 1{,}0$ gleichen Charakter auf. Dieses Verhalten konnte man bei AW-Zahlen von 1200–1800 immer realisieren.

[23]) Österr. Patentschr. 115977.

Die Erklärung der tiefgreifenden Änderung wurde in der Wirkung der stark verminderten Streuung einerseits und in der Wirkung der Streufelder andererseits gesucht. Die präzisere Erklärung ist später von R. WILLHEIM[4]) gegeben worden. WILLHEIM erkannte richtig, daß bei der Anordnung nach Abb. 70 ein Übergewicht der primären Amperewindungen auf dem mittleren Steg die Ursache für vormagnetisierende Flüsse abgibt. Diese Flüsse schließen sich im Luftraum und verleihen der Magnetisierung, der sich die Nutzmagnetisierung überlagert, einen geradlinigen Verlauf. Die Induktion des Kernes rückt durch die vormagnetisierenden, zum Teil gegensinnigen Flüsse in ein Gebiet höherer Permeabilität.

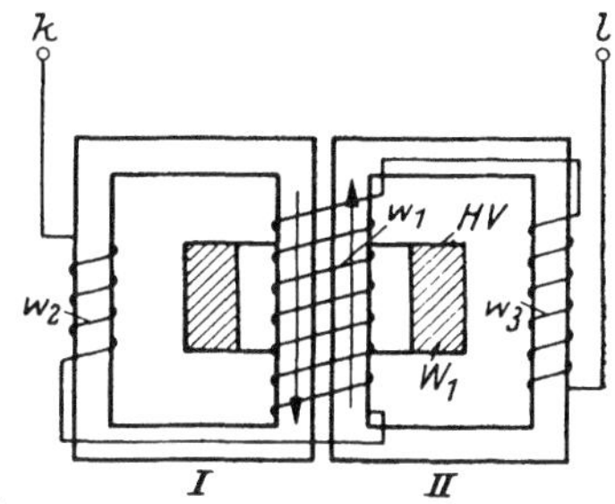

Abb. 72. AEG-Schaltung mit „Gegenmagnetisierung".

Die Wicklungsanordnung (Abb. 70) mit lose gekoppelten Anteilen der Sekundärwicklung war im Transformatorenwerk der AEG die Wegbereiterin für die AEG-Schaltung (Abb. 72) mit „Gegenmagnetisierung". Darüber berichtet R. KÜCHLER[24]) wie folgt: „Die Wandlerfehler konnten durch eine besondere Ausbildung des Eisenkernes und eine neuartige Verteilung der Sekundärwicklung bedeutend verringert werden. Ursprünglich verwendete man einen gewöhnlichen Mantelkern, bei dem die Sekundärwicklung in einem optimalen Verhältnis auf den Mittel- und die beiden Außenschenkel verteilt worden war. Durch einen Kunstgriff wurde diese an sich schon günstige Ausführungsform nochmals wesentlich verbessert. Wie die Abbildung zeigt, ist der Mantelkern durch eine Trennfuge in der Mitte in zwei selbständige magnetische Kreise zerlegt worden, in denen gegensinnige Kraftflüsse erzeugt werden, deren Summe den Nutzfluß ergibt."

Daß die „Gegenmagnetisierung" auch eine Eigenvormagnetisierung ist, ist klar, und es kann höchstens die Anordnung als solche nach Abb. 72 als neu gegenuber der Anordnung in Abb. 68 bezeichnet werden. Ein deutsches Patent konnte daher für die AEG-Schaltung mit „Gegenmagnetisierung" nicht erwirkt werden.

Die Erklärung der Wirkungsweise und das Diagramm (Abb. 73) der Stromwandler mit „Gegenmagnetisierung" ist vom Verfasser[21]) im Jahre 1932 veröffentlicht worden. Die „Gegenmagnetisierung" der beiden Teilkerne stellt sich in dieser Anordnung selbsttätig durch die sekundären und primären Amperewindungen der beiden Kernhälften ein. Man kann an Hand der Abb. 72 für den linken und rechten Kern folgende Gleichungen hinschreiben:

Kern links:

$$J_1 W_1 \mp J_2(w_1 + w_2) = \mathrm{AW_I}\,,$$

Kern rechts:

$$J_2(w_1 + w_3) \mp J_1 W_1 = \mathrm{AW_{II}}.$$

[24]) KÜCHLER, R.: Meßwandler für Höchstspannungen. VDE-Fachberichte **1931**, 40.

Die Windungszahlen w_1, w_2 und w_3 sind derart gewählt, daß die größte Meßgenauigkeit erzielt wird, wobei die Windungszahl des mittleren Schenkels w_1 überwiegend größer sein muß als w_2 und w_3. Im Kern links überwiegen die primären, im Kern rechts die sekundären Amperewindungen; daher sind die Flüsse in den Kernen entgegengesetzt gerichtet. Sieht man zunächst vom Leerlaufstrom ab, so kommt man auf das AW-Diagramm der Abb. 73. Die einzelnen Vektoren haben folgende Bedeutung:

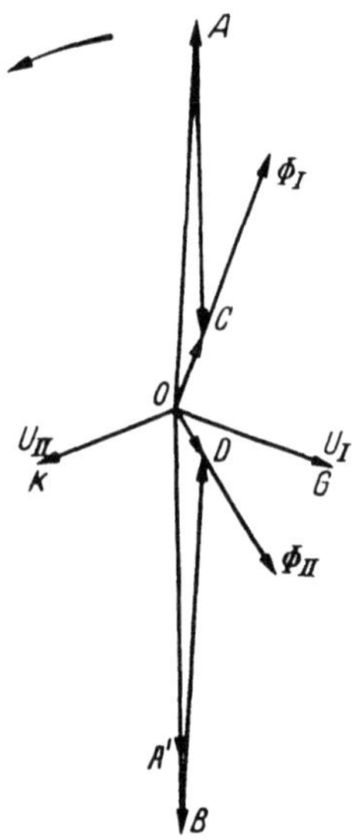

Abb. 73. Diagramm eines Stromwandlers mit „Gegenmagnetisierung".

$$\left.\begin{aligned} OA &= J_1 W_1 = BD \\ AC &= J_2 (w_1 + w_2) \\ OA' &= J_2 \left[w_1 + \frac{w_2 + w_3}{2} \right] \\ OB &= J_2 (w_1 + w_3) \end{aligned}\right\} \quad (45)$$

$$OC = \mathrm{AW_I},\ OD = \mathrm{AW_{II}},\ OG = U_\mathrm{I},\ OK = U_\mathrm{II}.$$

Wie man aus diesen Beziehungen sieht, bleibt für den Stromwandler als ganzes das Gleichgewicht der Amperewindungen bestehen, wenn für die sekundären Amperewindungen das Mittel OA' aus den sekundären Amperewindungen beider Kerne genommen wird. Es werden daher die magnetischen Flüsse Φ_I und Φ_II nahezu entgegengesetzt gerichtet sein. Der Kern I wird bei Nennstrom auf eine Induktion, die oberhalb des Punktes der maximalen Permeabilität liegt, gesättigt, Kern II etwa 20% tiefer. Die Magnetisierung hat in diesem Gebiet nahezu geradlinigen Verlauf, daher ändern sich die Leerlaufströme angenähert proportional mit dem Nennstrom. Dazu kommt noch, daß der Kern I auf Plusfehler, der Kern II auf Minusfehler eingestellt ist und daß sich daher ein Mittelwert als Stromfehler einstellen muß. In bezug auf die Stromfehler ist also diese Methode eine Differentialmethode. Die Fehlwinkel sind von der Windungsabgleichung unabhängig, sind aber an und für sich wegen der geringen Leerlaufströme auch gering. Es stellt sich auch ein mittlerer Fehlwinkel ein. Die Spannungen, die in den Einzelkernen induziert werden, U_I und U_II, sind angenähert entgegengesetzt gerichtet und betragen ein Mehrfaches der Bürdenspannung im Sekundärkreis. In Abb. 74 sind die Fehlerkurven eines Hochspannungs-Stromwandlers der Reihe 100 mit „Gegenmagnetisierung" bei einer Bürde von 100 VA dargestellt.

Die Erhöhung der Leistungsfähigkeit der Einleiterstromwandler hat in den Jahren 1927–1932 weitere Fortschritte gemacht. H. VAHL †[25]) hat die Hintereinanderschaltung zweier Stromwandler nach Abb. 75 durch eine Bemessungsregel der sekundären Windungszahlen beider Wandler beschrieben mit dem Ziel, die Wandler in einem Gebiete der Magnetisierungskurve arbeiten zu

[25]) Österr. Patentschr. Nr. 115961, Juli 1927.

lassen, in welchem der Kern c (Zusatzdrossel) einen höheren Scheinwiderstand besitzt als der Kern b (eigentlicher Wandler). Er erzielte dadurch ein Arbeits-

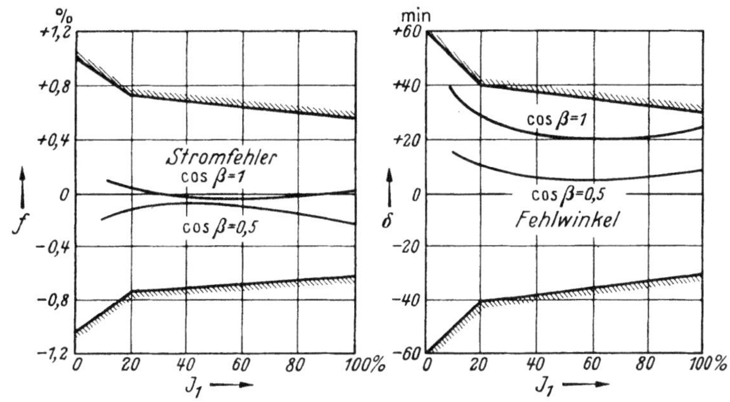

Abb. 74. Fehlerkurven bei einer Bürde von 100 VA.

gebiet im linearen Teil der Magnetisierungskurve und dadurch eine Verringerung der Stromfehler und Fehlwinkel des Wandlers.

Ungefähr zur gleichen Zeit gelangte man im Transformatorenwerk der AEG nach einer Reihe von Versuchen mit Wechselstrom-Vormagnetisierung (Fremderregung) zu günstigen Stromwandler-Fehlerkurven. Gegenstand der Untersuchung waren Einleiterstromwandler 100/5 A. Die Kerne (Ringe) aus Siliziumblech entsprachen den Abmessungen, die für 110 kV Nennspannung ausreichen müßten. Die Versuchsschaltung ist in Abb. 76 dargestellt. Wie

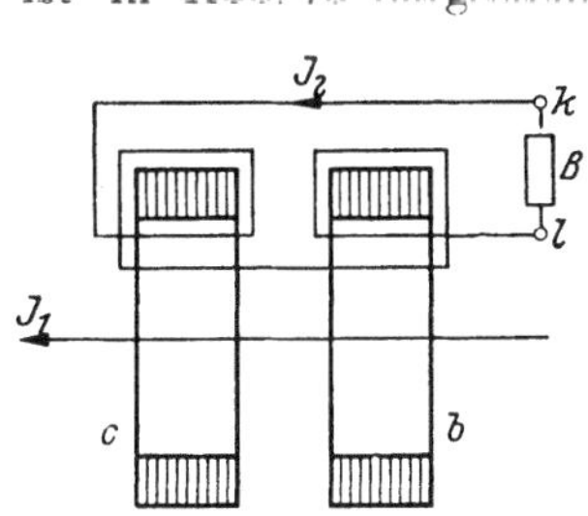

Abb. 75. Hintereinanderschaltung zweier Stromwandler nach H. VAHL †.

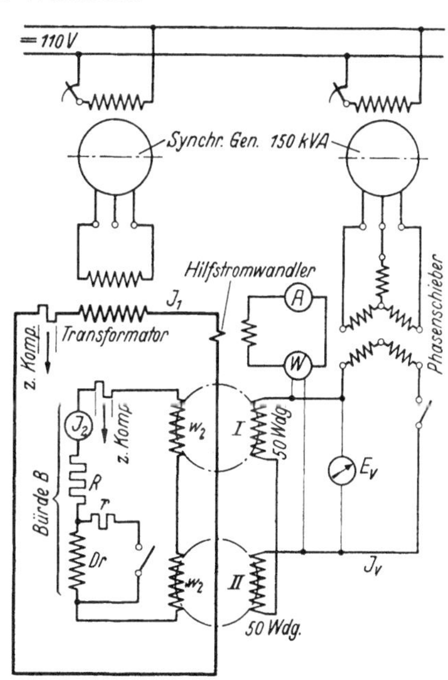

Abb. 76. Stromwandler-Versuchsschaltung mit Fremdvormagnetisierung.

daraus ersichtlich, wurden die beiden Stromwandler I und II über eine in Kreuzschaltung geschaltete Hilfswicklung (50 Windungen) mit Wechselstrom (50 ~) vormagnetisiert. Die Phase der Vormagnetisierungsspannung (E_v) wurde mit Hilfe eines Phasenschiebers reguliert. Die Phasenlage der

Spannung E_v zum Strom J_1 wurde mit Hilfe eines Wattmeters (W) als auch mit Hilfe eines Schleifenoszillographen bestimmt.

Die diesen Versuchen vorangegangenen Versuche mit einer Gleichstrom-Vormagnetisierung ergaben ein negatives Resultat. Die Leser finden im Literaturverzeichnis unter „Zusätzliche Magnetisierung" Hinweise auf Spezialarbeiten auf diesem Gebiete.

Die oben geschilderten Versuche mit Wechselstrom-Fremdvormagnetisierung konnten keine praktischen Anwendungsmöglichkeiten zeitigen, da der Anschluß der Stromwandler an eine fremde Stromquelle sich als nachteilig erweist. Diese Versuche ließen aber (und wie jetzt bekannt, ohne Prioritätsanspruch) den Gedanken der Eigenvormagnetisierung aufkommen. In dieser Richtung wurden unter der Leitung des Verfassers eine Anzahl Schaltungen untersucht, die z. T. später in Patentschriften[26]) ihren Niederschlag gefunden hatten. Nachdem die Doppelkernwandler mit verteilter Sekundärwicklung (nach Abb. 72) bereits fabrikationsmäßig eingeführt waren, lag es nahe, auch für Einleiterstromwandler die Schaltung mit Gegenmagnetisierung zu erproben. Bei Einleiterstromwandlern mußte man mit besonderen Schwierigkeiten rechnen. Interessant waren nur die Fälle mit geringer AW-Zahl, etwa von 500 A und abwärts. Jede Gewichtsersparnis war von praktischer Bedeutung. Ferner ist bei Einleiterstromwandlern der Effekt der Verteilung der Sekundärwicklung keineswegs so ausgeprägt wie bei Wandlern mit Mantelkernen. In der Schaltung nach Abb. 77 konnte die Windungszahl der Teilkerne nach den Gesichtspunkten der Eigenvormagnetisierung bemessen werden.

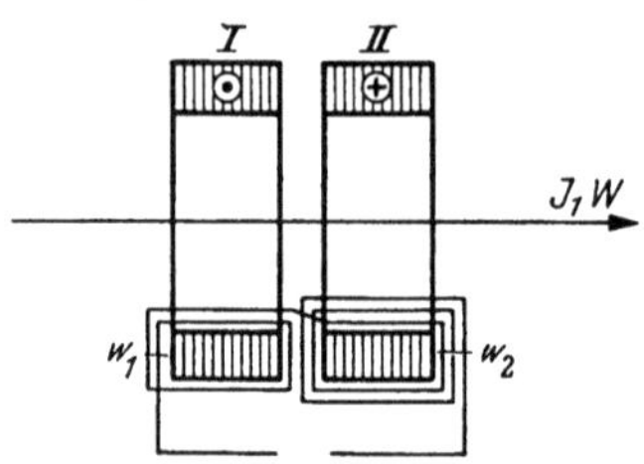

Abb. 77. Einleiterwandler mit Gegenmagnetisierung.

Das Diagramm und die Arbeitsweise dieser Wandler mit „Gegenmagnetisierung" wurden vom Verfasser in früheren Abhandlungen[27]) eingehend dargestellt. Das Wichtigste sei hier zusammengefaßt.

Es seien die Windungszahlen für

Kern I w_1,

Kern II w_2,

wobei w_1 und w_2 nach besonderen, weiter zu erörternden Gesichtspunkten zu bemessen sind.

Wenn man mit w die der theoretischen Übersetzung entsprechende Windungszahl bezeichnet, so muß $w_1 < w$, $w_2 > w$ sein.

Infolge einer derartigen Anordnung der Wicklung wird der Kern I von den überschüssigen primären Amperewindungen, der Kern II von den überschüssigen sekundären Amperewindungen magnetisiert.

[26]) Schwed. Patentschr. Nr. 95148 (1932). — Österr. Patentschr. Nr. 140127. — Schweiz. Patentschr. Nr. 167222.

[27]) Bull. schweiz. elektrotechn. Ver. Nr. 5 (1933), Vortrag an der Tagung in der Eidgen. Technischen Hochschule, 10. Dez. 1932. — Neue Wege im Stromwandlerbau. Elektrotechnik u. Maschinenbau **1933**, H. 37.

Die Amperewindungsgleichungen lauten:

$$\left.\begin{aligned} &\text{Kern I:} \qquad && J_1 W \hat{+} J_2 w_1 = \mathrm{AW_I} \\ &\text{Kern II:} \qquad && J_1 W \hat{+} J_2 w_2 = \mathrm{AW_{II}} \end{aligned}\right\}, \tag{46}$$

wobei W die Windungszahl der Primärwicklung bedeutet. (Für Einleiterstromwandler $W = 1$.)

In den Abb. 78 sind die Diagramme der Amperewindungen für den gewöhnlichen und für den gegenmagnetisierten Stromwandler dargestellt.

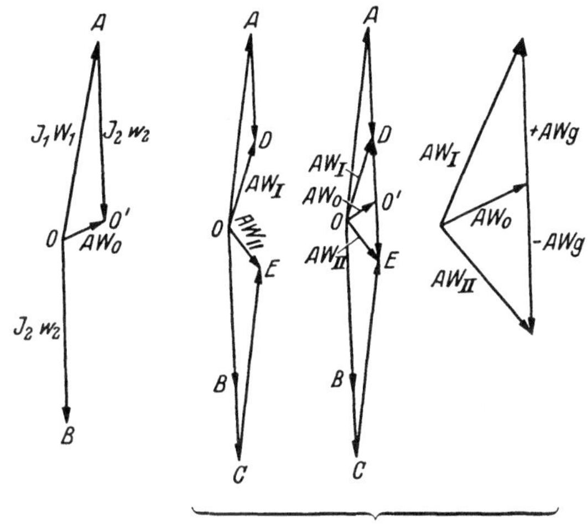

Abb. 78. Links AW-Diagramm eines gewöhnlichen Stromwandlers. Rechts (3 Diagramme) AW-Diagramme eines Stromwandlers mit Gegenmagnetisierung.

Bei dem gegenmagnetisierten Wandler ergeben sich für jeden Kern, wenn man die primären und sekundären Amperewindungen geometrisch addiert, die Größen $OD = \mathrm{AW_I}$ und $OE = \mathrm{AW_{II}}$. Wie man sieht, erscheint im ersten Kern die sekundäre AW-Zahl (AD) verkürzt, im zweiten Kern (OC) vergrößert.

Die Gleichungen (16) können auch folgendermaßen geschrieben werden:

$$\left.\begin{aligned} J_1 W \hat{+} J_2 \frac{w_1 + w_2}{2} \hat{+} J_2 \frac{w_1 - w_2}{2} &= \mathrm{AW_I}, \\ J_1 W \hat{+} J_2 \frac{w_1 + w_2}{2} \hat{-} J_2 \frac{w_1 - w_2}{2} &= \mathrm{AW_{II}}. \end{aligned}\right\} \tag{47}$$

Durch diese Gleichungen erhält die Arbeitsweise des Stromwandlers mit Gegenmagnetisierung eine sinnvolle Deutung. Offenbar sind die ersten beiden Summanden nichts anderes als die Leerlauf-Amperewindungen des gewöhnlichen Stromwandlers $\mathrm{AW_0}$, der dritte Summand ist identisch mit den Amperewindungen der Gegenmagnetisierung AW_g, $\frac{w_1 - w_2}{2}$ ist die zugehörige Windungszahl. Danach können die Gleichungen (47) auch so geschrieben werden:

$$\left.\begin{aligned} \mathrm{AW_0} \hat{+} \mathrm{AW}_g &= \mathrm{AW_I}, \\ \mathrm{AW_0} \hat{-} \mathrm{AW}_g &= \mathrm{AW_{II}}. \end{aligned}\right\} \tag{48}$$

Wie leicht zu erkennen, heben sich die Komponenten der Gegenmagnetisierung gegenseitig auf und nehmen an der Stromübersetzung keinen Anteil.

Die Gegenmagnetisierung müßte zwei Aufgaben erfüllen, wenn ein idealer Stromwandler geschaffen werden soll. Erstens müßten die Fehler gering sein,

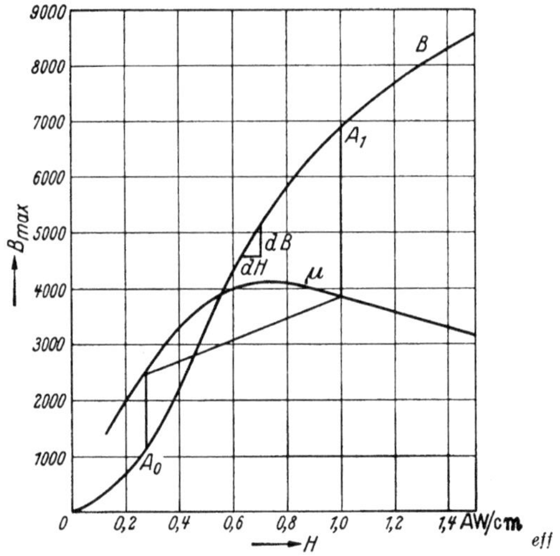

Abb. 79.

zweitens müßten sie konstant sein. Die Magnetisierung der Kerne nach Abb. 77 und Abb. 78 wird, wie wir gesehen haben, durch die Amperewindungszahl

$$J_2 \frac{w_1 - w_2}{2}$$

bewerkstelligt, und zwar sind die Flüsse in den Kernen entgegengesetzt gerichtet. Wir müssen nun unser Augenmerk auf den Verlauf dieser Magnetisierung in Abhängigkeit von J_1 richten. Unterstellen wir zunächst, daß das oben gesteckte Ziel erreicht ist, so wird J_2 proportional mit J_1 wachsen, und somit wäre auch die zusätzliche Magnetisierung proportional zu J_1. An Hand der Magnetisierungskurve und der μ-Kurve für hochlegiertes Transformatorenblech, die in Abb. 79 dargestellt sind, läßt sich zeigen, daß es vorteilhaft ist, die Magnetisierung in das durch $A_0 - A_1$ gekennzeichnete Gebiet der Kurve zu verlegen. Durch eine entsprechende Wahl der Windungszahlen w_1 und w_2 hat man es in der Hand, den Anfangspunkt etwa beim Strom $0{,}1\, J_1$ — der Punkt der Fehlerkurven, der die größten Schwierigkeiten bietet — in einen bestimmten Punkt der Magnetisierungskurve zu legen. Nun wandert dieser Punkt bei zunehmendem Primärstrom längs der Kurve etwa von A_0 nach A_1.

Es seien im Punkte A_0 der Stromfehler und der Fehlwinkel nach den Gleichungen (8):

$$\left.\begin{aligned} \underset{\text{in } \%}{f} &= \frac{B}{a}\frac{1}{\mu}\cos(\beta_0-\beta)\cdot 100\,, \\ \underset{\text{in Minuten}}{\delta} &= 3450\,\frac{B}{a}\frac{1}{\mu}\sin(\beta_0-\beta)\,, \end{aligned}\right\} \quad (8)$$

infolge eines günstigen Wertes von μ, der durch die Vormagnetisierung erzielt wurde, innerhalb der zulässigen Grenzen. Der Wert für μ in diesem Punkt muß schon genügend groß sein, damit die Fehler im Ausgangspunkt A_0 klein bleiben. Für das Weitere kommt es auf die Fehler- und Fehlwinkeländerungen Δf und $\Delta\delta$ an. Offensichtlich muß man beim Fortschreiten auf der Magnetisierungskurve um dB ein geringstes dJ_0 bzw. dH als günstiges Verhalten anstreben. Daraus ergibt sich die Forderung: dB/dH soll konstant und möglichst groß sein, d. h. es ist das steilste Gebiet der Magnetisierungskurve für die zusätzliche Magnetisierung zu wählen. Praktisch reicht das gekennzeichnete Gebiet in der Abb. 79 nicht aus. Man muß bedenken, daß, wenn man bei 0,1 J_1 eine Liniendichte von etwa 1000 hat, sich naturgemäß beim Nennstrom eine Liniendichte von 10000 ergeben muß. Das ist aber eine viel zu hohe Sättigung, da dabei dB/dH wieder klein wird. Die Gegenmagnetisierung ist für den Nennstrom durch die AW-Zahl

$$J_2\,\frac{w_1-w_2}{2}$$

gegeben. Hieraus läßt sich die Feldstärke in Amperewindungen pro cm ermitteln und schließlich aus der μ-Kurve der Wert $1/\mu$. Die Unmöglichkeit, mit der Schaltung nach Abb. 77 und 72 eine angenähert konstante Vormagnetisierung einzuhalten, bedeutet eine Beschränkung der Gütesteigerung. In Abb. 80 sieht man Durchführungsstromwandler mit Kernen aus Nickel-Eisen, die unter dem Deckel auf den Isolatoren eines Ölschalters für 60 kV Betriebsspannung eingebaut sind. Bei einer Übersetzung von 200/5 A konnte mit Hilfe der „Gegenmagnetisierung" eine Leistung von 15 VA in Klasse 0,5 pro Pol erzielt werden. Abb. 81 zeigt den Ölschalter-Isolator mit dem eingebauten Stromwandler.

Über das Verhalten der Stromwandler mit „Gegenmagnetisierung" im Überstromgebiet kann folgendes gesagt werden.

Durch den immer größer werdenden negativen Stromfehler wird der Vektor AW_{II} seiner Größe nach immer mehr gegen AW_I zurückbleiben. Es tritt ein Zustand ein, bei welchem die Magnetisierung des Kernes II nicht mehr durch den Sekundärstrom erfolgen kann. Der Vektor AW_{II} führt eine Drehung aus und nimmt eine dem Vektor AW_I ähnliche Phasenlage ein.

Beide Kerne arbeiten von nun an wie der gewöhnliche magnetisierte Stromwandler, und man erhält bei Stromwandlern mit „Gegenmagnetisierung" bei gleichem Eisengewicht eine nur wenig reduzierte „Überstromziffer" (Siehe Abschnitt A/IV/1). Die Abb. 82 zeigt das AW-Diagramm im Überstromgebiet.

Die Erklärung der Arbeitsweise der AEG-Wandler unter Zuhilfenahme des Begriffes der Eigenvormagnetisierung wurde später auch von der deutschen Fachliteratur der Jahre 1934–1937 übernommen[28]) u. [20]).

Die Stromwandler mit „Gegenmagnetisierung" bzw. mit „Eigenvormagnetisierung" weisen in den Fehlerkurven bei 0,1 J_1 und Nennstrom Zunahmen

Abb. 80. Ölschalter-Stromwandler mit „Gegenmagnetisierung" der Firma Laur. Knudsen, Kopenhagen.

Abb. 81. Ölschalter-Isolator mit eingebautem Stromwandler.

der Fehlergrößen auf (s. Abb. 74), die nachteilig wirken und die Vorausberechnung erschweren. Für Einleiterstromwandler ist man bei 250 A Nennstrom und 30 kV Nennspannung an der Grenze angelangt, bei welcher Kerne aus Trafoblech ansehnliche Gewichte aufwiesen, selbst bei Leistungen von nur 15 VA und darunter. Die AEG-Schaltung konnte durch den Einbau weiterer Kompensationselemente verbessert werden. Es würde zu weit führen, über die verschiedenen Möglichkeiten zu berichten.

Die Leser, die sich dafür interessieren, werden auf die AEG-Patente (Deutschland) verwiesen, in welchen diese Kompensationsschaltungen, die vom Verfasser und seinen Mitarbeitern, Dr. Stein und Dr. Billig entwickelt wurden, enthalten sind.

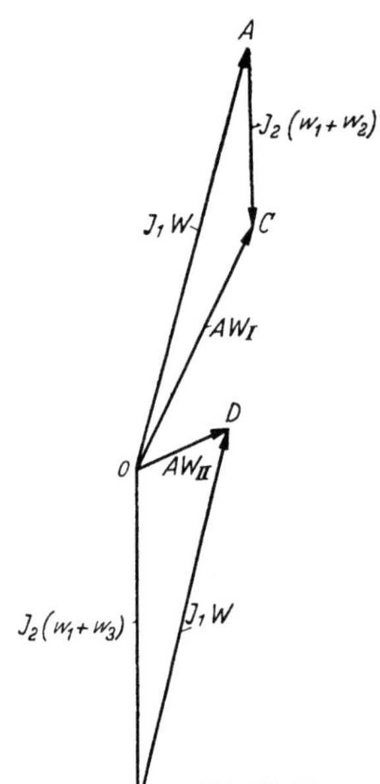

Abb. 82. Diagramm des Stromwandlers mit „Gegenmagnetisierung" im Überstromgebiet.

[28]) Vahl, H.: Vor- und Gegenmagnetisierung bei Stromwandlern. VDE-Fachberichte 1034.
[20]) Erich, M.: Gütesteigerung von Stromwandlern. ETZ. **1937**, H. 27.

Stromwandler mit gesteuerter Eigenvormagnetisierung nach GOLDSTEIN-STEIN

Die Eigenvormagnetisierung durch den Sekundärstrom ändert sich mit diesem. Auch wenn durch die Zusammenwirkung beider Kerne in der AEG-Schaltung ein gewisser Ausgleich als resultierende Wirkung erzielt wird, ist keineswegs zu erwarten, daß in jedem der Kerne ein Gebiet auch nur annähernd konstanter Permeabilität im ganzen Strombereich eingehalten werden kann. Somit harrte das Problem der Steuerung der Eigenvormagnetisierung noch seiner Lösung. Nicht der totale Sekundärstrom, sondern nur ein Teil desselben (J_v), der durch eine variable Hilfsbürde (Z_H) angenähert konstant gehalten wird, kann eine gesteuerte Eigenvormagnetisierung zur Folge haben.

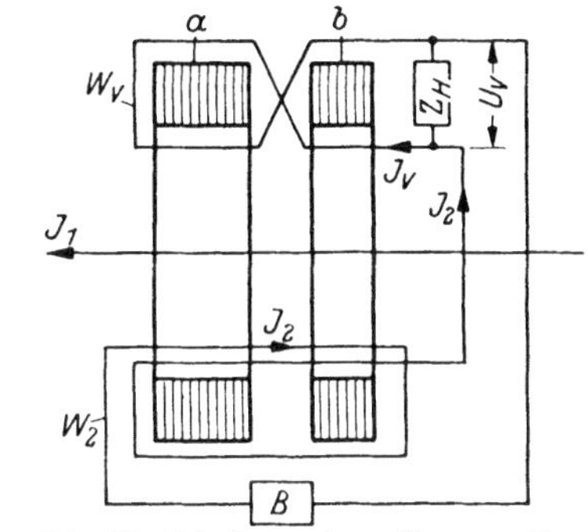

Abb. 83. Schaltung eines Stromwandlers mit gesteuerter Eigenvormagnetisierung. B = Bürde, Z_H = variable Impedanz.

Ein weiteres Problem bestand in folgendem. Für die Vormagnetisierung wird im Sekundärkreis eine gewisse Spannung absorbiert. Durch die im folgenden zu beschreibenden Hilfsmittel wird diese Spannung durch eine zweckmäßige Querschnittsbemessung der Teilkerne geschaffen. Die Schaltung der gesteuerten Eigenvormagnetisierung ist in Abb. 83 dargestellt[29]). Der Kern wird in zwei Teile zerlegt, welche vom Vormagnetisierungsstrom J_v (einem Teilstrom des Sekundärstromes J_2) mit Hilfe einer kreuzweise angeordneten Hilfswicklung (w_v) entgegengesetzt magnetisiert werden. Dadurch wird die Wirkung dieses Stromes auf die Nennübersetzung aufgehoben. Das Ziel dieser Vormagnetisierung ist, dem Eisen eine möglichst hohe und möglichst konstante Permeabilität zu verleihen. Mit H_v seien die Vormagnetisierungs-AW/cm, mit H_n die AW/cm zur Erzeugung der der Belastungsspannung des Wandlers entsprechenden Magnetisierung B_n des Wandlerkerns bezeichnet. B_n ist proportional der Sekundärspannung des Wandlers, während H_n die Ursache der Wandlerfehler ist. Es wird angestrebt, bei gegebenen B_n die Größe H_n möglichst klein zu machen. Betrachten wir in Abb. 84 die Magnetisierung der Teilkerne. Bei kleiner Belastung sind beide Kerne durch J_v auf den Arbeitspunkt W magnetisiert. Bei Belastung verschiebt sich gemäß der erforderlichen Nutzmagnetisierung B_n der Arbeitspunkt des Kernes a nach oben, derjenige des Kernes b nach unten. Die zu dieser Verschiebung nötige H_n-Zahl ist minimal, wenn der Arbeitspunkt W in den steilsten Bereich der Magnetisierungskurve gelegt wird (Abb. 84c).

Offenbar sind die Verhältnisse am günstigsten, wenn W der Wendepunkt der Wechselstrom-Magnetisierungskurve ist. Wir bezeichnen die differentielle Permeabilität dB/dH mit μ_v. Im Wendepunkt ist

$$\left(\frac{dB}{dH}\right)_W = \mu_v \tag{49}$$

ein maximaler Wert.

[29]) Dtschr. Patentschr. Nr. 682792. — Schweiz. Patentschr. Nr. 174384.

Bei Belastung des Wandlers (Nutzmagnetisierung) muß man im ganzen Strombereich in diesem Gebiet bleiben. Dies wird durch die Impedanz Z_H besorgt. Bei zunehmender sekundärer Stromstärke verkleinert diese Impedanz ihren Wert und nimmt den Reststrom $J_2 \mathrel{\hat{=}} J_v$ auf, so daß J_v angenähert konstant bleibt. Wir haben dabei den Vorteil, daß der nun angeforderte Mehrbedarf der Magnetisierung bei einer sehr günstigen Permeabilität erfolgen kann, und bekanntlich sind die Fehlergrößen bei gleichem Wert der

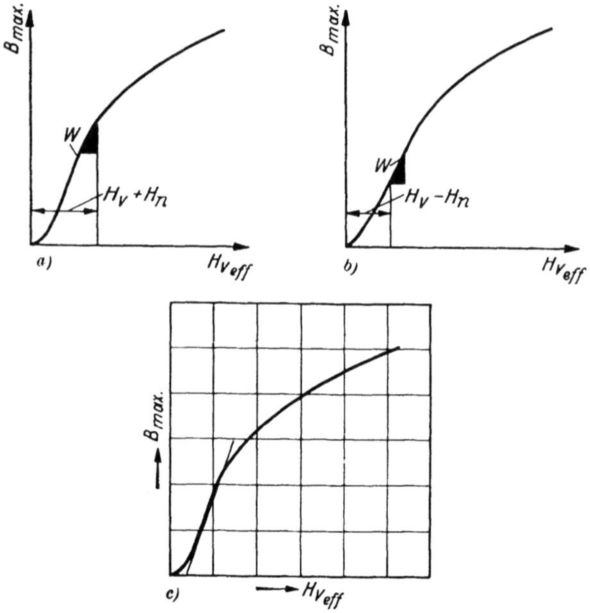

Abb. 84. Eigenvormagnetisierung auf dem steilsten Bereich der Wechselstrom-Magnetisierungskurve.

Induktion B_n umgekehrt proportional zum Permeabilitätswert. Dieses Verhalten gibt den Grund dafür ab, warum man durch den kleinen H_n-Bedarf mit einer reduzierten AW_n auskommen kann. Einem weiteren Umstand muß bei einer gesteuerten Eigenvormagnetisierung Rechnung getragen werden.

Die Magnetisierungen H_v und H_n sind nicht phasengleich. Der Phasenwinkel beider Magnetisierungen bzw. ihrer Amperewindungen sei φ_μ. Man erzielt offenbar den maximalen Effekt mit der Eigenvormagnetisierung, wenn $\varphi_\mu = 0$, den minimalen, wenn $\varphi_\mu = 90°$. Die entsprechenden Permeabilitäten im Wendegebiet der Wechselstrom-Magnetisierungskurve bezeichnen wir mit $\mu_{v_1 (\varphi_\mu = 0)}$ und $\mu_{v_2 (\varphi_\mu = 90°)}$.

G. STEIN[30]) hat diese Permeabilitätskurven in Funktion der Nutzmagnetisierung B_n für hochsiliziertes Trafoblech in der 2-Kernschaltung mit Wechselstrom-Vormagnetisierung im Wendepunkt ($H_v = 0{,}3$ AW/cm) aufgenommen. In Abb. 85 sind diese Kurven dargestellt und mit der gewöhnlichen (totalen) Wechselstrom-Permeabilität μ verglichen.

[30]) STEIN, G.: Z. techn. Phys. **1933**, H. 11.

Die Werte der Permeabilitäten in der Abb. 85 sind noch mit dem Faktor $4\pi/10 \cdot \sqrt{2} = 1{,}78$ zu multiplizieren, damit diese Werte mit denjenigen nach der Definitionsgleichung (6) verglichen werden können.

Wie aus den Figuren in Abb. 84 ersichtlich, ist die Nutzinduktion $2\Delta B = B_n$ im steilsten Gebiet der Vormagnetisierungskurve $B = f(H_v)$ zu entnehmen. Die Einstellung auf eine günstige Vormagnetisierung bezüglich Größe und Phase erfolgt mittels der Hilfsimpedanz Z_H. Diese ist am zweckmäßigsten eine

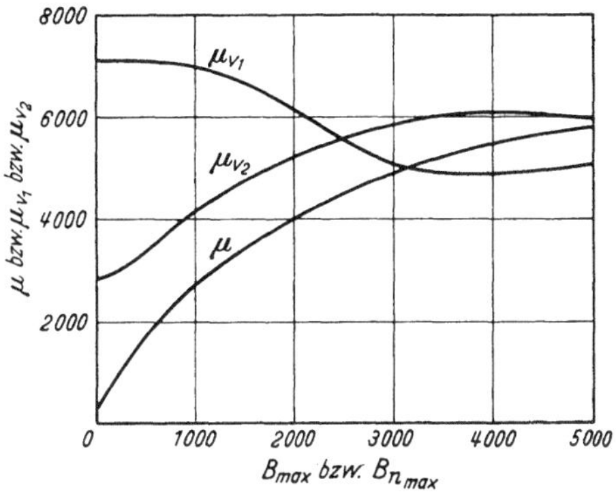

Abb. 85. Permeabilitätskurven μ, μ_{v_1}, μ_{v_2}.

Kombination aus einer Eisendrossel und ohmschem Widerstand. Wird mit Hilfe der Impedanz Z_H ein noch genügender Teil des Sekundärstromes J_v entsprechend der Gleichung

$$J_2 = J_v \mathbin{\hat{+}} J_{Z_H} \tag{50}$$

für ein günstiges Verhalten der Fehlerkurven im unteren Gebiet bewerkstelligt, so sorgt die Sättigung der Eisendrossel dafür, daß J_v beim Anstieg des sekundären Stromes angenähert konstant bleibt. Die ohmsche Spannungskomponente der Impedanz Z_H, welche durch die Größe des zusätzlichen ohmschen Widerstandes bestimmt ist, bestimmt auch den Phasenwinkel zwischen der sekundären Spannung U_B und der Spannung an der Hilfswicklung U_v. Je geringer der Phasenunterschied dieser beiden Spannungen bzw. ihrer EMK-Größen, desto kleiner der Winkel φ_μ zwischen Nutzmagnetisierung H_n und der Vormagnetisierung H_v. Die Abb. 86 und 87 veranschaulichen durch Diagramme die Sachlage. In der Abb. 86 ist der Phasenwinkel φ_μ groß, die Impedanz Z_H hat überwiegend induktiven Charakter. In der Abb. 87 ist durch eine Impedanz aus Drosselspule und ohmschem Widerstand eine Annäherung der beiden Magnetisierungen erzielt worden, und dadurch ist die wirksame Permeabilität dem Werte im Idealfall μ_{v_1} nähergebracht worden.

Eine neuere Untersuchung der Vorgänge bei Wechselstrom-Vormagnetisierung bei Stromwandlern ist von R. Risch[31]) durchgeführt worden. Durch Einführung von Verlustwinkeln zwischen den Größen H und B gelangt Risch

[31]) Brown-Boveri-Mitteilungen, Juni/Juli-Heft 1946, S. 129—132.

unter Zugrundelegung der Phasenunterschiede der Nutz- und Vormagnetisierung zu einer expliziten Formel für die *wirksame* Permeabilität (μ_w) bei mit Wechselstrom vormagnetisierten Stromwandlern. Mit den Bezeichnungen des Verfassers und einer geringen Vernachlässigung lautet die Formel nach RISCH folgendermaßen:

$$\mu_w = \sqrt{\frac{1}{\frac{\cos^2\varphi_\mu}{\mu^2_{v_1}} + \frac{\sin^2\varphi_\mu}{\mu^2}}}, \tag{51}$$

wobei mit μ_w die wirksame Permeabilität bezeichnet wird. Für den Grenzfall $\varphi_\mu = 0$ ergibt sich $\mu_w = \mu_{v_1}$, d. h. die wirksame Permeabilität wird der differentiellen Permeabilität gleich, und wenn die Eigenvormagnetisierung im

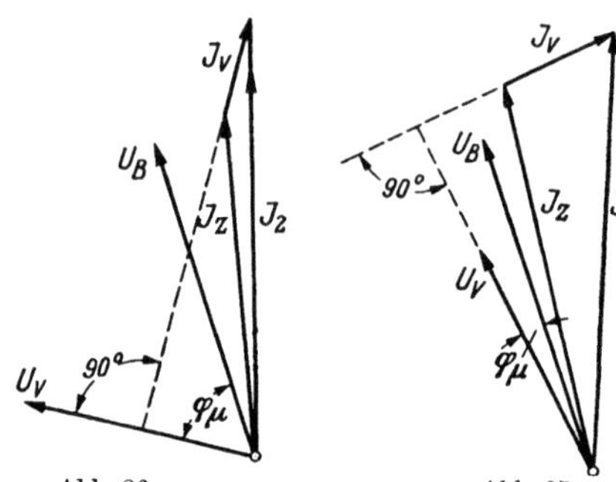

Abb. 86. Abb. 87.
Sekundäre Spannungsdiagramme.

Wendepunkt (w) der Magnetisierungskurve bleibt, so hat man die geringsten Wandlerfehler. Praktisch läßt sich dieser Fall nicht verwirklichen. Der andere Grenzfall $\varphi_\mu = 90°$ liefert nach RISCH $\mu_w = \mu$. Nach den Erfahrungen des Verfassers erreicht man bei ungesteuerter oder schlecht gesteuerter Eigenvormagnetisierung immer noch einen besseren Wert, nämlich denjenigen von μ_{v_2} (s. Abb. 85). Es sei noch bemerkt, daß die Diagramme in den Abb. 78 ihre Gültigkeit auch für Stromwandler mit gesteuerter Eigenvormagnetisierung beibehalten und daß durch die Steuerung die Nutzmagnetisierung (AW_0) einen linearen Verlauf in Abhängigkeit des Stromes J_1 erhält.

Wir wollen uns jetzt den Bemessungsfragen der Wandler nach Abb. 83 zuwenden.

a) Querschnittsbemessung

Wir bezeichnen die effektiven Querschnitte der Teilkerne in der Abb. 83 mit
q_1 für den Kernteil a und
q_2 für den Kernteil b.

Unter der Annahme, daß die Induktion der Vormagnetisierung in beiden Kernen die gleiche ist (B_v), erhalten wir für die Differenz der Spannungen der Teilkerne folgende Beziehung:

$$U_a - U_b = B_v\,(q_1 - q_2)\,w_2 \cdot \text{Konstante}. \tag{52}$$

Die Teilspannungen U_a und U_b sind nahezu um 180° phasenverschoben.

Die obige Spannung soll zur Deckung der Bürdenspannung U_B und der Spannung an der Hilfswicklung U_v dienen.

Da der Wickelsinn der Hilfswicklung und B_v in jedem der Teilkerne entgegengesetzt gerichtet sind, gilt die Beziehung:

$$U_v = B_v\,(q_1 + q_2)\,w_v \cdot \text{Konstante}. \tag{53}$$

Die Kompensation soll folgender Bedingungsgleichung für den kurzgeschlossenen Wandler genügen:

$$U_a - U_b = U_v. \tag{54}$$

Diese Bedingung besagt folgendes:

Die an der Hilfswicklung und der Impedanz Z_H benötigte Spannung wird vom Kernsystem geliefert.

Setzen wir die Werte aus (52) und (53) in (54) ein, so erhalten wir folgende Gleichung:

$$B_v\,(q_1 - q_2)\,w_2 = B_v\,(q_1 + q_2)\,w_v. \tag{55}$$

Hieraus erhält man:

$$\frac{q_1 - q_2}{q_1 + q_2} = \frac{w_v}{w_2}$$

und schließlich

$$\frac{q_1}{q_2} = \frac{w_2 + w_v}{w_2 - w_v}. \tag{56}$$

Es erfolgen in den weiteren Ausführungen Angaben für w_v. Liegt diese Größe für einen bestimmten Stromwandler fest, so kann man mit Hilfe von Gleichung (56) das Verhältnis der Querschnitte der Teilkerne ermitteln. Die Hauptgleichung für die Querschnittsbemessung

$$E_0 = 4{,}44\,f\,w_2\,q\,B_{max}\,10^{-8} \tag{12}$$

erhält für die Verwendung bei Stromwandlern nach Schaltung in Abb. 83 einen Reduktionsfaktor, der sich aus der Verkettung der Windungszahlen $w_2 + w_v$ und $w_2 - w_v$ mit den Teilkernen und einer Umrechnung auf den Gesamtquerschnitt $q = q_1 + q_2$ ergibt.

Dieser Reduktionsfaktor lautet

$$1 - \left(\frac{w_v}{w_2}\right)^2. \tag{57}$$

Mit diesem Wert muß der effektive Querschnitt q multipliziert werden.

Die Bemessungsgleichung lautet dann wie folgt:

$$E_0 = 4{,}44\,f\,w_2\,q \cdot \left[1 - \left(\frac{w_v}{w_2}\right)^2\right] B_{n_{max}}\,10^{-8}, \tag{58}$$

wobei für $B_{n_{max}}$ die Induktion der Nutzmagnetisierung einzusetzen ist.

Wie aus Gleichung (58) ersichtlich, reduziert sich der wirksame effektive Querschnitt um so mehr, je größer der Quotient w_v/w_2 ist. Praktisch ist w_v

nur ein Bruchteil von w_2. Dieser Bruchteil wird, wie wir sehen werden, um so größer, je kleiner die Größe

$$a = \frac{J_2 w_2}{l} \tag{22}$$

ist.

b) Die Fehler- und Bemessungsformeln

Den Ausgangspunkt für die Betrachtungen bilden die Formeln (8) für den Übersetzungsfehler f und für den Fehlwinkel δ. Diese lauten:

$$\begin{aligned} \underset{\text{in }\%}{f} &= \frac{B}{a}\,\frac{1}{\mu w}\cos(\beta_0 - \beta)\,100\,, \\ \underset{\text{in Minuten}}{\delta} &= 3450\,\frac{B}{a}\,\frac{1}{\mu w}\sin(\beta_0 - \beta)\,. \end{aligned} \tag{59}$$

Es bedeuten:

B Induktion (Nutzwert),

a die AW-Zahl pro cm,

μ_w die wirksame Permeabilität bei der Vormagnetisierung, wobei $\mu_w < \mu_{v_1}$.

Wir bezeichnen die sekundäre Leistung in Voltampere mit VA. Dann ist $J_2 = VA/U_2$, wobei U_2 die sekundäre Bürdenspannung bedeutet.

Unter Umständen wird dieser Wert U_2 um die sekundären Spannungsabfälle erhöht werden müssen (vektoriell). Somit wird:

$$\frac{B}{a} = B \cdot \frac{U_2}{(VA)} \cdot \frac{l}{w_2}\,; \tag{60}$$

aus
$$U_2 \cong -E_0 = 4{,}44 \cdot 10^{-8} f\, B\, w_2\, q_{eff} \left[1 - \left(\frac{w_v}{w_2}\right)^2\right]$$

folgt
$$B = \frac{U_2\, 10^8}{4{,}44\, f\, w_2\, q_{eff} \left[1 - \left(\frac{w_v}{w_2}\right)^2\right]}\,.$$

Da $U_2^2 = \left(\frac{VA}{J_2}\right)^2$, so wird

$$\frac{B}{a} = \frac{l \cdot 10^8}{4{,}44\, f\, q_{eff}\left[1 - \left(\frac{w_v}{w_2}\right)^2\right]} \cdot \frac{VA}{w_2^2\, J_2^2}\,. \tag{61}$$

Aus der Fehlerformel (59) folgt

$$\frac{f\%}{100}\,\frac{\mu w}{\cos(\beta_0 - \beta)} = \frac{B}{a}\,.$$

Setzt man für B/a den Ausdruck (61) ein, so ergibt sich:

$$\frac{f\%}{100}\,\frac{\mu w}{\cos(\beta_0 - \beta)} = \frac{l \cdot 10^8\, VA}{4{,}44\, f\, q_{eff}\left[1 - \left(\frac{w_v}{w_2}\right)^2\right] w_2^2\, J_2^2}\,.$$

Bezeichnen wir mit v die Voltamperezahl pro Kilogramm, so ist, wenn G das

Gewicht in Kilogramm bedeutet,

$$VA = v \cdot G \quad \text{und} \quad G = q_{eff}\, l \cdot 7{,}5 \cdot 10^{-3}.$$

Eingesetzt in die letzte Gleichung ergibt sich:

$$\frac{f\%}{100} \frac{\mu_w}{\cos(\beta_0 - \beta)} = \frac{v \cdot 7{,}5 \cdot 10^5}{a^2 \cdot 4{,}44\, f \left[1 - \left(\frac{w_v}{w_2}\right)^2\right]};$$

somit wird

$$\frac{v}{a^2} \leqq \mu_w \frac{f\%}{100} \frac{1}{\cos(\beta_0 - \beta)} \frac{f\left[1 - \left(\frac{w_v}{w_2}\right)^2\right]}{22{,}5 \cdot 7{,}5 \cdot 10^3}. \tag{62}$$

Führt man die analoge Rechnung für den Fehlwinkel durch [zweite Gleichung (59)], so ergibt sich

$$\frac{v}{a^2} \leqq \mu_w \frac{\delta_{\min}}{3450} \frac{1}{\sin(\beta_0 - \beta)} \frac{f\left[1 - \left(\frac{w_v}{w_2}\right)\right]^2}{22{,}5 \cdot 7{,}5 \cdot 10^3}. \tag{63}$$

Das $<$ ist mit Rücksicht auf eine minimale Leistung eingeführt. Man kann die beiden letzten Formeln (62) und (63) schon als Bemessungsformeln ansehen.

Der übersichtlichen Behandlung wegen führen wir folgende Bezeichnungen ein:

$$C_1 = \mu_w \frac{f\%}{100} \frac{1}{\cos(\beta_0 - \beta)} \frac{f}{22{,}5 \cdot 7{,}5 \cdot 10^3}, \tag{64}$$

$$C_2 = \mu_w \frac{\delta_{\min}}{3450} \frac{1}{\sin(\beta_0 - \beta)} \frac{f}{22{,}5 \cdot 7{,}5 \cdot 10^3}. \tag{65}$$

Setzt man C_1 und C_2 in die Gleichungen (62) und (63) ein, so ergibt sich:

$$\left.\begin{aligned} \frac{v}{a^2} &\leqq C_1\left[1 - \left(\frac{w_v}{w_2}\right)^2\right], \\ \frac{v}{a^2} &\leqq C_2\left[1 - \left(\frac{w_v}{w_2}\right)^2\right]. \end{aligned}\right\} \tag{66}$$

Eine Umrechnung auf die Nennbürde VA_N und Nenn-AW/cm a_n ergibt folgende Beziehungen:

$$VA_N = v_N\, G \quad \text{und} \quad v_N = a_n^2 \frac{v}{a^2}.$$

Setzt man die obigen Werte für v/a^2 aus (66) ein, so erhält man

$$v_N \leqq C_1\left[1 - \left(\frac{w_v}{w_2}\right)^2\right] a_n^2, \tag{67}$$

$$v_N \leqq C_2\left[1 - \left(\frac{w_v}{w_2}\right)^2\right] a_n^2. \tag{68}$$

C_1 und C_2 sind zahlenmäßig für ein bestimmtes Material und für eine bestimmte Frequenz auszurechnen.

Wichtig ist die Erkenntnis, daß nicht die zulässige Fehlergrenze für einen bestimmten Stromwert entscheidend für die Dimensionierung ist, sondern die für die betreffende Klasse zulässige Differenz der Größen $f\%$ bzw. δ zwischen den kritischen Punkten der Fehlerkurve.

Bei vormagnetisierten Stromwandlern liegt die kritische Spanne bei 100% Strom bei 1/4 und 1/1 Bürde.

Bei 1/4 Bürde soll der Plusfehler für Klasse 0,5 höchstens + 0,5%, bei 1/1 Bürde der Minusfehler höchstens − 0,5% sein. Die Fehlerspanne beträgt also 1%. Um noch eine Sicherheit zu haben, rechnet man mit einer Spanne von 0,8%. Diesen Wert setzt man in Gleichung (64) für $f\%$ ein. Für die Werte $\cos(\beta_0 - \beta)$ und $\sin(\beta_0 - \beta)$ setzt man die aus der Berechnung gewöhnlich magnetisierter Stromwandler entnommenen Mittelwerte:

$$\cos(\beta_0 - \beta) = 0{,}8\,,$$
$$\sin(\beta_0 - \beta) = 0{,}7$$

ein.
Es fehlt noch in den Gleichungen (64) und (65) der Zahlenwert für μ_w.

Handelt es sich um gutes Trafoblech (0,93 USS, 0,93 Armco oder gleichwertiges Material), so kann man aus den Wechselstrommagnetisierungskurven für $f = 50$

$$\mu_{v_1} = 13000 \text{ bis } 15000$$

ermitteln.

Diesen Wert für dB/dH erhält man bei $H_{eff} = 0{,}25$ AW/cm.

Nun gelingt es nicht, den vollen Wert μ_{v_1} durch Steuerung längs der ganzen Stromkurve zu erhalten. Man muß sich mit einem kleineren Wert μ_w begnügen. Die Steuerung mit Hilfe der Impedanz (Z_H in Abb. 83) ermöglicht die Einhaltung eines Wertes $\mu_w = 10000$.

Jetzt sind wir in der Lage, für 0,93 Watt-Blech zahlenmäßig C_1 und C_2 nach (64) und (65) zu bestimmen.
Es wird

$$C_1 = 10000 \frac{0{,}8}{100} \frac{1}{0{,}8} \frac{50}{22{,}5 \cdot 7{,}5 \cdot 10^3} = 0{,}027\,.$$

Für die Fehlwinkelkurve ist bei vormagnetisierten Stromwandlern der kritische Punkt bei 100% Strom und 1/1 Bürde. Für Klasse 0,5 ist ein Fehlwinkel von 30 Min. zugelassen. Um Sicherheit zu haben, setzen wir

$$\delta = 27'\,.$$

Somit ergibt sich

$$C_2 = 10000 \frac{27}{3450} \frac{1}{0{,}7} \frac{50}{22{,}5 \cdot 7{,}5 \cdot 10^3} = 0{,}033\,.$$

Wie ersichtlich, ist hier $C_1 < C_2$. Somit muß mit C_1 gerechnet werden. Die Bemessungsformel (67) lautet in diesem Falle:

$$v_N = 0{,}027 \left[1 - \left(\frac{w_v}{w_2}\right)^2\right] a_n^2\,. \tag{69}$$

Hat man den Wert v_N (Voltamperezahl pro Kilogramm) ermittelt, so ergibt sich für die verlangte Leistung VA_N das Kerngewicht G aus der Beziehung

$$VA_N = v_N \cdot G.$$

Es sei noch bemerkt, daß, wenn man eine ähnliche Berechnung für die Fehler im unteren Stromgebiet der Fehlerkurve macht, man zum Resultat gelangt, daß sowohl die Übersetzungsfehler als auch die Fehlwinkel mit großer Sicherheit innerhalb der zulässigen Grenzen liegen.

Die Bemessung der Windungszahl w_v erfolgt nach folgendem Gesichtspunkt. Im unteren Stromgebiet soll der Sekundärstrom hauptsächlich durch die Hilfswicklung (w_v) fließen, während die Hilfsimpedanz Z_H so bemessen ist, daß nur geringer Stromdurchgang möglich ist. Dies ändert sich mit zunehmender Stromstärke durch die Sättigung der Drossel, die dadurch einen immer größeren Stromanteil absorbiert.

Bezeichnen wir die Feldstärke der Vormagnetisierung mit H_v, so gilt offensichtlich

$$H_v = \frac{w_v}{w_2} a_n, \tag{70}$$

wobei a_n die Nenn-AW/cm bedeuten.

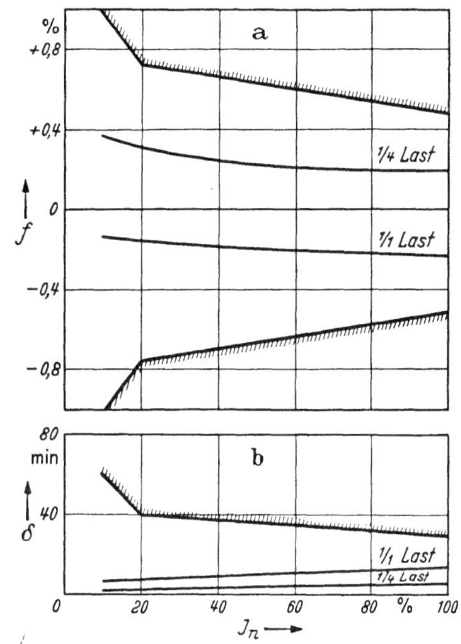

Abb. 88. Fehlerkurven bei Stromwandlern mit gesteuerter Eigenvormagnetisierung. a) Stromfehler, b) Fehlwinkel. ⫽⫽⫽ Fehlergrenzwerte der Klasse 0,5.

Es erweist sich bei Verwendung von 0,93 Watt- oder ähnlichem Blech als zweckmäßig, den Wendepunkt der Wechselstrom-Magnetisierungskurve bei 15% von a_n zu erreichen.

Bezeichnen wir die Feldstärke der Vormagnetisierung im Wendepunkt mit H_{v_w}, so wird

$$H_{v_w} = \frac{w_v}{w_2} 0{,}15\, a_n .$$

Hieraus ergibt sich für jeden Wert von a_n, die Bemessungsformel für w_v, nämlich

$$\frac{w_v}{w_2} = \frac{H_{v_w}}{0{,}15\, a_n}. \tag{71}$$

Je kleiner a_n, desto größer $\frac{w_v}{w_2}$.

Der Verlauf der für diese Vormagnetisierung charakteristischen Fehlerkurven ist durch die Abb. 88a und b dargestellt.

Eine sehr ausgedehnte Fabrikation der Stromwandler mit gesteuerter Eigenvormagnetisierung bei der Firma Moser-Glaser & Co., A.G., Basel, hat obige Berechnungsmethoden bestätigt[32]). Es ist klar, daß analoge Überlegungen für die Bemessung auch für andere Kernmaterialien (eingeschlossen Nickel-Eisen-Legierungen) prinzipiell richtig sind. In jedem Falle muß die Wechselstrom-Magnetisierungskurve und das Gebiet des Wendepunktes den Ausgangspunkt für die Bemessungsformeln bilden. Ob die Vormagnetisierung lohnend ist, muß Gegenstand einer speziellen rechnerischen Untersuchung sein.

Die Größe μ_w muß stets kleiner als μ_{v_1} eingesetzt werden, wobei die Güte der Steuerung eine ausschlaggebende Rolle spielt.

Vormagnetisierung mit einem zusätzlichen Strom dreifacher Frequenz

Eine interessante Neuerscheinung auf dem Gebiete vormagnetisierter Zweikern-Stromwandler stellt die Einführung eines Fremdstromes dreifacher Frequenz zur Speisung einer kreuzweise angeordneten Hilfswicklung dar. Diese von A. BOYAJIAN* und C. CAMILLI** entwickelte Schaltung verwendet Fremdvormagnetisierung. Man kann den Strom dreifacher Frequenz bekanntlich aus einer sekundären offenen Dreieckwicklung eines primär in ⅄ geschalteten Drehstrom-Transformators erhalten, und BOYAJIAN und CAMILLI verwenden diese Quelle zur Vormagnetisierung. Mit zunehmender Sättigung des Transformatoreisens nimmt die Amplitude der dritten Harmonischen zu, und dadurch wird die Zufuhr einer genügenden Blindleistung für die Vormagnetisierung der Stromwandler gewährleistet. Es hat sich ein sehr interessantes Verhalten im Voltampereverbrauch gezeigt. Der Erregerstrom der dritten Harmonischen ersetzt den Erregerstrom normaler Frequenz annähernd zur Hälfte. Zugleich verschwindet die Krümmung der Magnetisierungskurve bei 50 Hz. Diese erhält in Abhängigkeit von der Induktion linearen Charakter. Somit werden auch die Fehlergrößen des Stromwandlers — Stromfehler und Fehlwinkel — zum Verschwinden gebracht. Die Schaltung dieser Zweikernwandler hat eine große Ähnlichkeit mit derjenigen der fremdvormagnetisierten Wandler der „Compagnie pour la Fabrication des Compteurs" (siehe Abb. 67). Der prinzipielle Unterschied besteht wie gesagt darin, daß die Fremdquelle einen Strom dreifacher Frequenz liefern muß. Diese Wandler haben gegenüber den eigenvormagnetisierten Stromwandlern den Nachteil eine fremde Quelle zu benötigen. Ungeachtet dessen scheint sich diese Stromwandler-Konstruktion in den USA einzuführen. Sie wird von der General Electric Company als Einleitertype mit Nennstrombereich von 100 A und aufwärts ausgeführt. Mit geringen Kernabmessungen ist nach Literaturangaben bei einer Bürde von 15 VA eine Präzision innerhalb der Klasse 0,5 zu erreichen.

[32]) HAUCK, TH.: Bull. schweiz. elektrotechn. Ver. **1942**, H. 24, 697. — GOLDSTEIN, J.: Bull. schweiz. elektrotechn. Ver. **1937**, H. 16.

* BOYAJIAN, A.: Orthomagnetic Bushing Current Transformer for Metering. AIEE Transact. **1945** p. 137—140.

** CAMILLI, G.: AIEE Transact. **1950** p. 429—440.

II. Die verschiedenen Stromwandlerausführungen

1. Allgemeines

Im Stromwandlerbau haben sich in den letzten 20 Jahren große Veränderungen vollzogen. Die Bestrebungen, die Gewichte und Abmessungen zu reduzieren, sind in Erfüllung getreten. Neben der Kernfrage, in welcher, wie geschildert, große Fortschritte erzielt worden sind, war es die Isolationsfrage, die grundlegende Änderungen erfahren hatte.

Der Drang nach öllosen oder ölarmen Stromwandlern kennzeichnete die Entwicklung. Erschwerend wirkte der Umstand, daß die Anforderungen an die Isolationsfestigkeit und die Prüfspannungen während der gleichen Periode wesentlich gestiegen sind.

Die folgende Tabelle der Nennspannungen (Reihenspannung) und der dazugehörigen Prüfspannungen, die nach der Formel (VDE)

$$U_{Prüf} = 2{,}2\, U_n + 20\,\text{kV}$$

zusammenhängen, ist auch in der schweizerischen Praxis zur Anwendung gelangt.

U_n kV	$U_{Prüf}$ kV
10	42
20	64
30	86
60	152
110	262
150	350
220	504

Es hat wesentliche Verbesserungen und Neuentwicklungen im Isolierverfahren und im Aufbau der Stromwandler gebraucht, um den Anforderungen der Isolationsfestigkeit bei gedrängtem Aufbau zu genügen. Im folgenden werden die wichtigsten Stromwandlerausführungen kurz besprochen.

2. Wicklungsstromwandler mit konzentrischem Spulenaufbau

Die Abb. 89a und b zeigen Stromwandler mit Porzellanisolation der Firma Moser-Glaser A.G., Basel, der Reihe 10 und 20 kV. Die Oberspannungswicklung liegt im Porzellankörper und ist durch die Wandungen dieses Körpers von der Unterspannungswicklung und vom Kern getrennt. Die Abb. 90a und b zeigen die Porzellankörper der beiden Wandler. Die Ableitungen der Osp.-Wicklung sind durch die Gestaltung und Bemessung der Porzellanüberwürfe gegen Überschläge gegen den Körper geschützt. Die Prüfspannungen betragen 42 bzw. 64 kV.

Man kann diese Wandler als zu den von der Firma Koch & Sterzel in Deutschland entwickelten Querlochwandlern angehörend bezeichnen, jedoch sind die Konstruktionen neuartig. Die Kerne dieser Wandler gehören zur Manteltype.

Als Beispiel sollen hier die Fehlergrößen eines 10-kV-Stromwandlers ohne Vormagnetisierung nach Abb. 91 berechnet und mit denen in einer Präzisionsbrückenschaltung gemessenen Werten verglichen werden. Die Bürde hatte 15 VA bei $\cos\beta_2 = 0{,}8$ betragen.

Der sekundäre Widerstand bzw. die Streuinduktivität wurden rechnerisch ermittelt und ergaben folgende Werte:

$$r_2 = 0{,}254\ \Omega, \text{ bei einer Temperatur von } 15^\circ\ \text{C}.$$

a)

b)

Abb 89. Trockenstromwandler (Querlochtyp) der Firma Moser-Glaser & Co. A. G. a) Reihe 10 kV, Prüfspannung 42 kV, b) Reihe 20 kV, Prüfspannung 64 kV.

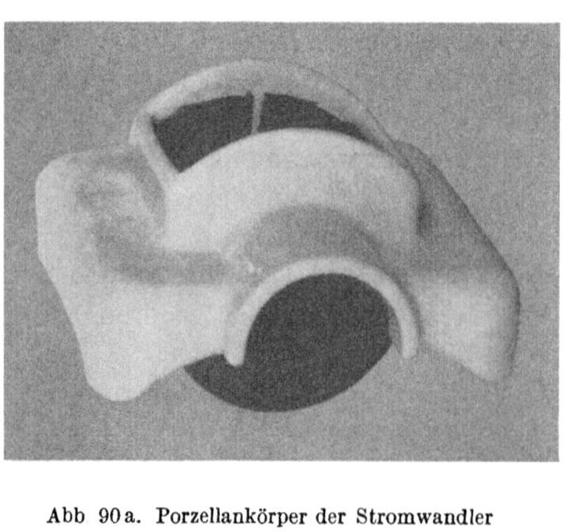

Abb 90a. Porzellankörper der Stromwandler

Abb. 90b. Porzellankörper der Stromwandler.

Für die sekundäre Streuinduktivität wurde nach Formel (15) bei folgenden Abmessungen

$$\Delta/2 = 0{,}7\ \text{cm}\,, \qquad \Delta_2/3 = 0{,}28\ \text{cm}\,,$$

$$w_2 = 240\,, \qquad h = 13\ \text{cm}\,,$$

und bei einem mittleren Umfang des sekundären Teiles des Streukanals $U = 21{,}2$ cm folgender Wert ermittelt:

$$\underset{\text{in Henry}}{\lambda_2} = 4\,\pi\,\varkappa\,w^2 \frac{U}{h}\left(\frac{\Delta}{2} + \frac{\Delta_2}{3}\right) 10^{-9} =$$

$$4\,\pi \cdot 0{,}89 \cdot 240^2 \frac{21{,}2}{13} (0{,}7 + 0{,}28)\, 10^{-9} = 0{,}00103$$

und somit ergibt sich als sekundäre Streureaktanz bei 50 ~ der Wert

$$\omega\lambda_2 = 314 \cdot 0{,}00103 = 0{,}324\ \Omega\,.$$

Die Größen des Bürdenkreises bei 3 V Klemmenspannung und $\cos\beta_2 = 0{,}8$ ergeben sich zu

$$R_2 = 0{,}6 \cdot 0{,}8 = 0{,}48\ \Omega\,,$$

$$\omega L_2 = 0{,}6 \cdot 0{,}6 = 0{,}36\ \Omega\,.$$

Nach Formel (11) erhält man für die EMK bei Nennstrom folgenden Wert:

$$E_0 = J_2 \sqrt{(r_2 + R_2)^2 + (\omega\lambda_2 + \omega L_2)^2} =$$

$$5 \sqrt{(0{,}734)^2 + (0{,}684)^2} = 5{,}0\ \text{V}\,.$$

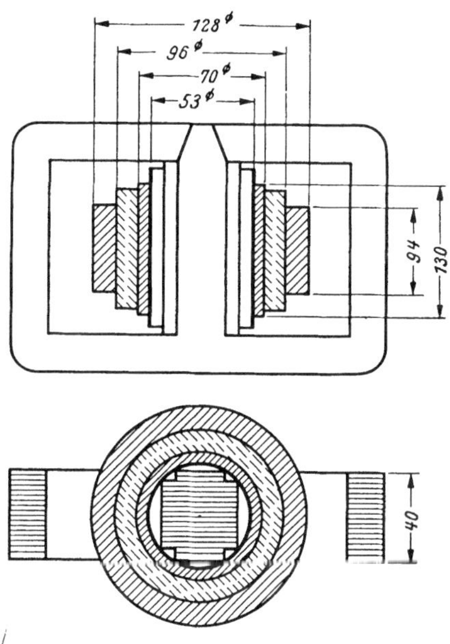

Abb. 91. Querlochwandler der Firma Moser-Glaser A. G. mit Porzellanisolation. Prüfspannung 42 kV. //// Osp.-Wicklung \\\\ Untersp.-Wicklung, —— Hartpapierzylinder, ⁄⁄⁄⁄ Porzellankörper.

Nach Formel (12) ergibt sich eine Nenninduktion bei einem Kernquerschnitt $q_{eff} = 13{,}5\ \text{cm}^2$

$$B_{max} = \frac{5 \cdot 108}{4{,}44 \cdot 50 \cdot 240 \cdot 13{,}5} = 695 \cong 700\ \text{Gs.}$$

Für $\operatorname{tg}\beta$ erhält man nach Formel (3)

$$\operatorname{tg}\beta = \frac{\omega\lambda_2 + \omega L_2}{r_2 + R_2} = \frac{9{,}684}{0{,}734} = 0{,}93$$

und somit $\beta = 42°\,55'$.

Die Fehlergrößen bei 100, 20 und 10% des Nennstromes können jetzt ermittelt werden, wenn die magnetischen Größen des Kernmaterials (Stromwandlerblech deutscher Provenienz) zu Hilfe genommen werden. Das Material ist im unteren Gebiet durch die Werte der folgenden Tabelle gekennzeichnet.

B_{max} in Gs	H in AW/cm_{eff}	Permeabilität $\mu_{\sim}$	$\cos\beta_0$	β_0
700	0,132	5300	0,301	72° 30′
350	0,094	3700	0,228	76° 50′
140	0,054	2600	0,171	80° 10′
70	0,032	2200	0,152	81° 30′

Die Größe $a = \frac{J_n w_n}{l}$ ergibt bei einem mittleren Kraftlinienweg für den Kern nach Abb. 91 von $l = 48$ cm den Wert $a = 1200/48 = 25$.

Eine Zusammenstellung aller für die Fehlerberechnung wichtigen Größen ergibt folgende Tabelle:

Betriebsstrom in %	$\frac{B}{a}$	$\mu\sim$	$\beta_0 - \beta$	$\cos(\beta_0 - \beta)$	$\sin(\beta_0 - \beta)$
100	25	5300	29° 35′	0,871	0,494
20	25	2600	37° 15′	0,796	0,603
10	25	2200	38° 35′	0,781	0,635

Die Ermittlung der Fehlergrößen nach den Formeln (8)

$$\underset{\text{in }\%}{f} = \frac{B}{a}\,\frac{1}{\mu}\cos(\beta_0 - \beta)\cdot 100$$

und

$$\underset{\text{in Minuten}}{\delta} = 3450\,\frac{B}{a}\,\frac{1}{\mu}\sin(\beta_0 - \beta)$$

ergibt folgende Resultate:

Betriebsstrom in %	Stromfehler in %	Stromfehler korrigiert in %	Fehlwinkel in Min.
100	— 0,47	+ 0,03	+ 9,1
20	— 0,79	— 0,29	+ 22,2
10	— 0,98	— 0,48	+ 27,8

Die korrigierten Stromfehler erhält man nach Berücksichtigung einer Windungsabgleichung von 0,5%.

In Abb. 91a sind die errechneten und die in der Brückenschaltung gemessenen Fehlerkurven dargestellt.

Die Stromwandler mit dem Aufbau nach Abb. 90 können für Leistungen bis 30 VA in Klasse 0,5 bemessen werden. Höhere Leistungen oder höhere

Präzision, wenn diese erforderlich sind, können durch die Anwendung der Schaltung mit gesteuerter Eigenvormagnetisierung erreicht werden.

Eine interessante Neuerung scheint im Bau von Trocken-Stromwandlern durch die Verwendung von neuartigen Kunstharzen mit hochwertigen dielektrischen Eigenschaften Bedeutung zu erlangen. Die Einführung dieser sog. „Gießharze" erlaubt es, Stromwandler auch für höhere Spannungen, als dies bei Stromwandlern mit keramischem Isolierstoff möglich ist, als Trockentypen zu bauen. A. IMHOF* hat Stromwandler mit Kunstharzisolation in verschiedenen Ausführungsformen bis zu 60 kV Nennspannung entwickelt. Abb. 92a zeigt einen Kunstharzstützerstromwandler 60 kV Nennspannung. Die Meßleistung beträgt 100 VA in Klasse 0,5. Bemerkenswert ist die Mannigfaltigkeit der Gestaltung dieser Wandlerkonstruktionen. Es sind sowohl Stabwandler als auch Wicklungswandler entwickelt worden. Hängestromwandler und Stützerstromwandler für 60 kV Nennspannung scheinen noch nicht die obere Grenze zu markieren. In der neuartigen, durch ein besonderes Verfahren gehärteten Kunstharzisolation eingebettet, haben die Wicklungen dieser Wandler eine große mechanische Festigkeit, und die Stromwandler dieser Bauart besitzen daher eine hohe Kurzschlußsicherheit. Es mußte noch eine neue Technik der Behandlung der Gießharze geschaffen werden. So mußten die Blasenfreiheit der Gießmasse, die Vermeidung innerer mechanischer Spannungen gewährleistet werden. Nur dadurch ist es gelungen, den Ansprüchen der Elektrizitätswerke auf große thermische und dynamische Kurzschlußsicherheit der Stromwandler zu entsprechen. Über die Brennbarkeit der Kunstharzisolation äußert sich A. IMHOF wie folgt:

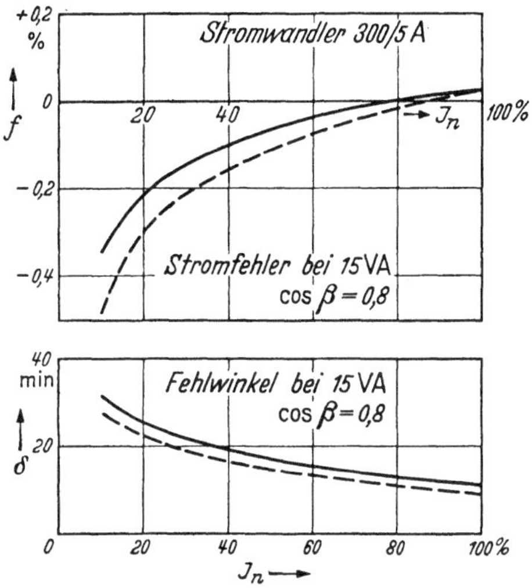

Abb. 91a. ——— Gemessene Fehlergrößen, — — — berechnete Fehlergrößen.

„Das verwendete Kunstharz ist brennbar, aber nicht leicht entflammbar. In Klotzform – wie immer an Meßwandlern – brennt es, an einer Stelle entzündet, nicht leicht weiter. Es schmilzt nicht, sondern verkohlt. Da also kein sich ausbreitender Brennstoff vorliegt wie bei Ölwandlern, besteht nicht die Ausbreitungsgefahr des Brandes."

Eine simultane Entwicklung von Kunstharzstromwandlern hat auch bei der Maschinenfabrik Oerlikon stattgefunden**). Die Abb. 92b zeigt einen Stützerstromwandler dieser Firma mit Kunstharzisolation für 45 kV Nenn-

*) Bull. schweiz. elektrotechn. Ver. **1950**, H. 19, 716.
) KOLLER, H.: Bull. schweiz. elektrotech. Ver. **1950, H. 1, 8.

spannung. Der gegossene Isolierkörper umfaßt auch die primäre und sekundäre Wicklung des Stromwandlers und bildet so eine homogene mechanische Einheit. Solche Gußkörper besitzen eine große mechanische Festigkeit. Die

Abb. 92 a. Kunstharzstromwandler Moser-Glaser A. G. für 60 kV.

Abb. 92 b. Kunstharzstromwandler für 45 kV, primär umschaltbar, 100—200/5 A. (Maschinenfabrik Oerlikon.)

Wicklungen, die in der Kunstharzmasse eingebettet sind, erhalten eine natürliche Abstützung. Der Kern wird in den Isolierkörper nachträglich eingeschichtet und verkeilt.

Wegen der gedrängten Bauform dieser Wandler sind die magnetischen Kraftlinien kürzer, die AW-Zahl kann dementsprechend kleiner gehalten werden. Nach Angaben der Herstellerfirma haben diese Wandler eine thermische Sicherheitsziffer (n-facher Nennstrom während einer Sekunde) von 100. Die dynamische Sicherheit wird durch einen Amplitudenwert, der 500 × Nennstrom ist, charakterisiert.

Die Trockenwandler mit Kunstharzisolation baut die Maschinenfabrik Oerlikon zunächst bis zu Nennspannungen von 60 kV. Die Herstellung von Typen für höhere Spannungen ist in der Entwicklungsphase.

Bezüglich der Klassenleistungen gelten für die neuen Stromwandlerarten die gleichen Gesichtspunkte, wie sie vom Verfasser in verschiedenen Abschnitten in diesem Buch entwickelt werden, und es ist speziell die Berechnung der Fehlergrößen für Wicklungswandler mit auf engem Raum konzentrierten Wicklungen zu berücksichtigen.

Man baut noch heute Stromwandler mit Ölisolation oder soweit als möglich ölarm und verwendet dabei in den meisten Fällen Einfensterkerne. Eine Nachrechnung der Fehlergrößen und ein Vergleich mit den in der Brückenschaltung gemessenen Werten für einen Aufbau nach Abb. 93 dürfte deshalb noch von großem Interesse sein. Die Belastung sei 15 VA bei $\cos \beta_2 = 0{,}5$. Diese Be-

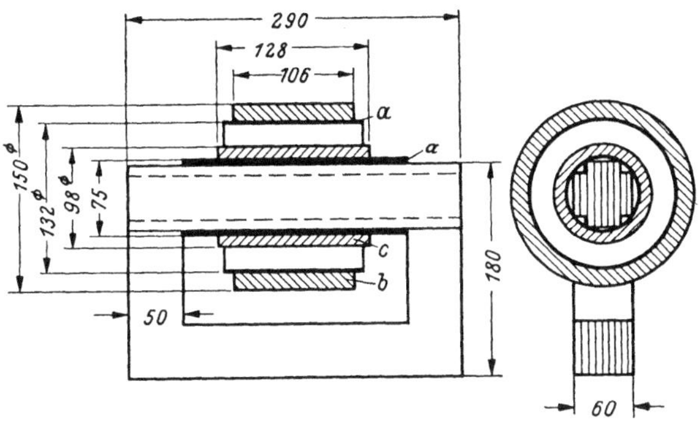

Abb. 93. Stromwandler der Reihe 20 kV.
a —— Isolation
b \\\\ Osp.-Wicklung
c //// Usp.-Wicklung.

dingung wird oft als Spezialbedingung gestellt und ist in den französischen Meßwandlervorschriften enthalten.

Wir wollen zunächst die Streuinduktivität berechnen. Es ist nach der Formel (15)

$$\lambda_2 = 4\pi\varkappa w^2 \frac{U}{h}\left(\frac{\Delta}{2} + \frac{\Delta_2}{3}\right) 10^{-9} \text{ in Henry.}$$

Aus der Abb. 93 sind folgende Größen zu entnehmen:

$$\frac{\Delta}{2} = 0{,}85 \text{ cm}, \quad U = \pi \cdot 10{,}6 = 33{,}4 \text{ cm}, \quad h = 12{,}8 \text{ cm}, \quad \frac{\Delta_2}{3} = 0{,}4 \text{ cm}.$$

Ferner ist

$$\varkappa = 1{,}24, \; w_2 = 240$$

und somit

$$\lambda_2 = 4\pi \cdot 1{,}24 \cdot 240^2 \cdot \frac{33{,}4}{12{,}8} \cdot 1{,}25 \cdot 10^{-9} = 0{,}00294 \text{ H}.$$

Die Streureaktanz ist demnach:

$$\omega\lambda_2 = 314 \cdot 0{,}00294 = 0{,}922\ \Omega$$

und die Streuspannung bei einem Strom von 5 A

$$U_{s_2} = J_2\omega\lambda_2 = 5 \cdot 0{,}922 = 4{,}6 \text{ V}.$$

Die Messung der Streuung nach den in Kap. 8 beschriebenen Methoden ergab einen Wert von 4,5 V. Wir wollen den weiteren Berechnungen den Wert von 4,6 V zugrunde legen.

Der ohmsche Widerstand der Sekundärwicklung bei 15° C wurde rechnerisch für einen Kupferdrahtquerschnitt von 3,14 mm² und eine mittlere Windungslänge von 27,2 cm zu $r_2 = 0{,}353\ \Omega$ ermittelt. Entsprechend einer Bürde von 15 VA bei $\cos\beta_2 = 0{,}5$ erhält man für die Komponenten der äußeren Belastung

$$R_2 = Z_2 \cos\beta_2 = 0{,}6 \cdot 0{,}5 = 0{,}3\ \Omega$$

und

$$\omega L_2 = Z_2 \sin\beta_2 = 0{,}6 \cdot 0{,}86 = 0{,}52\ \Omega\,,$$

wobei

$$Z_2 = \sqrt{R_2^2 + \omega^2 L_2^2} = 0{,}6\ \Omega.$$

Für die Größe der EMK E_0 ergibt sich

$$E_0 = J_2 \sqrt{(r_2 + R_2)^2 + (\omega\lambda_2 + \omega L_2)^2} = 5 \cdot \sqrt{0{,}653^2 + 1{,}444^2} = 7{,}93\ \mathrm{V}.$$

Bei einem effektiven Eisenquerschnitt von 27,0 cm² und einer tatsächlichen Windungszahl von 236 Windungen ergibt sich nach Gleichung (12) bei Nennstrom eine Induktion von

$$B_{max} = \frac{7{,}93 \cdot 10^8}{4{,}44 \cdot 50 \cdot 236 \cdot 27} = 558\ \mathrm{Gs}.$$

Ferner wird nach Gleichung (3)

$$\operatorname{tg}\beta = \frac{\omega\,(\lambda_2 + L_2)}{r_2 + R_2} = \frac{1{,}445}{0{,}65} = 2{,}226$$

und $\beta = 65°\ 50'$.

Nach den Abmessungen der Abb. 93 ergibt sich ein Kerngewicht von 15 kg.

Wir wollen jetzt die Fehlergrößen diesmal nach den Gleichungen (4) und (5) unter Zuhilfenahme der Voltamperekurven der Abb. 9 ermitteln. Das Kernmaterial nach diesen Kurven müßte man heute als ungeeignet für Stromwandlerzwecke bezeichnen, ungeachtet dessen ist die Berechnung der Fehlergrößen lehrreich.

Die Durchrechnung der Fehler kann für den Stromwandler mit einer Übersetzung 5/5 A durchgeführt werden. Die Fehler werden für 10, 20, 50 und 100% des Stromes berechnet. Die Induktion nimmt proportional mit dem Betriebsstrom zu. Unter Zuhilfenahme der Voltampereverbrauchskurve (Abb. 9) ermittelt man bei der jeweiligen Induktion den Wert VA/kg. Die Multiplikation mit dem Gewicht des Kernes ergibt den totalen Voltampereverbrauch, aus dem dann der Leerlaufstrom für die zugehörige EMK bestimmt wird. In den Gleichungen

$$\underset{\text{in }\%}{f} = -\frac{J_0 \cos(\beta_0 - \beta)}{J_1}\,100 \tag{4}$$

und

$$\underset{\text{in Min.}}{\delta} = 3450\,\frac{J_0 \sin(\beta_0 - \beta)}{J_1} \tag{5}$$

muß man die Größe J_1 durch den Sollwert des sekundären Stromes J_{2_s}

ersetzen, da J_0 entsprechend den früheren Angaben auch auf die sekundäre Wicklung bezogen wird.

Die Größen cos β_0 und β_0 werden aus der entsprechenden cos β_0-Kurve ermittelt, und somit ergeben sich die Werte der nachstehenden Tabelle.

Betriebsstrom in %	B_{max}	E_0 in Volt	VA/kg	VA	J_0 in mA	cos β_0	β_0
100	558	7,930	0,0306	0,4598	54,1	0,270	74° 20′
50	279	3,975	0,0098	0,1468	34,8	0,222	77° 10′
20	111,5	1,590	0,0022	0,0330	19,65	0,168	80° 20′
10	55,8	0,795	0,0007	0,01048	12,01	0,150	81° 22′

Mit Hilfe der obigen Werte und des Wertes $\beta = 65° 50'$ kann man die Werte $\cos(\beta_0 - \beta)$, $\sin(\beta_0 - \beta)$ ermitteln und schließlich die Stromfehler und Fehlwinkel.

Die Werte sind in folgender Tabelle zusammengestellt.

Betriebsstrom in %	$\beta_0 - \beta$	cos ($\beta_0 - \beta$)	sin ($\beta_0 - \beta$)	Stromfehler in %	Stromfehler korrigiert	Fehlwinkel in Min.
100	8° 30′	0,9890	0,1478	— 1,14	+ 0,525	6′
50	11° 20′	0,9805	0,1965	— 1,45	+ 0,215	10′
20	14° 30′	0,9681	0,2504	— 2,00	— 0,335	18′
10	15° 32′	0,9635	0,2678	— 2,56	— 0,897	24,5′

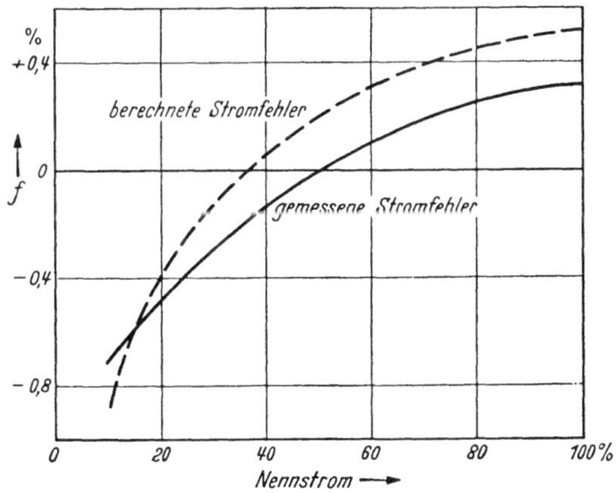

Abb. 94. Stromfehler.
——— gemessen, — — — berechnet.

In den Abb. 94 und 95 sind die berechneten und die aus der Messung in der Brückenschaltung resultierenden Fehlerkurven dargestellt. Wegen des ungeeigneten Kernmaterials ist die Windungsabgleichung 1,6%, also wesentlich höher als normal.

Die Abb. 96 zeigt Stromwandler moderner Bauart für Freiluft der Maschinenfabrik Oerlikon. Wie man sieht, liegen Kern und Wicklungen im Isolator, der dadurch auch den Ölkasten der alten Ausführungen ersetzt, und daraus resultiert ein wesentlich reduziertes Ölvolumen. Der Stromwandler rechts ist ein Stromwandler für 30 kV Nennspannung, 86 kV Prüfspannung, derjenige links ein Stromwandler für 60 kV Nennspannung, 152 kV Prüfspannung, Meßleistung 30 VA in Klasse 0,5.

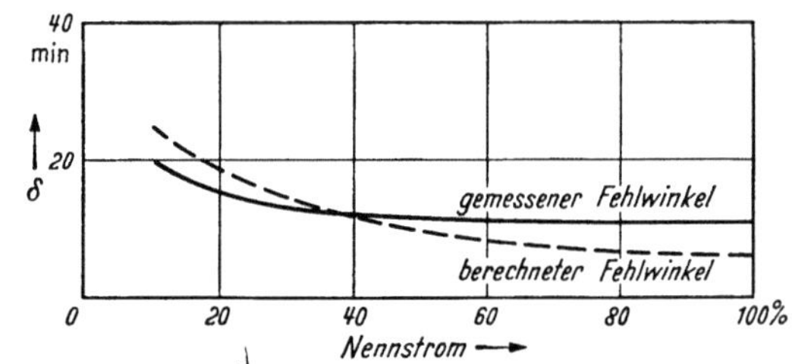

Abb. 95. Fehlwinkel. ——— gemessen, — — — berechnet.

Auch bei Stromwandlern für Höchstspannungen ist man zu sehr gedrängten Konstruktionen gelangt ohne Einbuße der Betriebssicherheit und Leistungsfähigkeit. Die Abmessungen der Wandlerkessel sind klein gegenüber denjenigen der Isolatoren.

Abb. 96. Freiluftstromwandler für 60, 45 und 30 kV.

Abb. 97 zeigt einen ölarmen Freiluftstromwandler der Maschinenfabrik Oerlikon für 150 kV Nennspannung, 350 kV Prüfspannung. Solche Stromwandler werden von der gleichen Firma auch für 220 kV Netzspannung gebaut. Der Stromwandler in Abb. 97 hat zwei Kerne, einen Meßkern für 80 VA in Kl. 0,5 und einen Relaiskern für 120 VA in Kl. 1,0.

Abb. 98 zeigt einen ölarmen Ringwickel-Stromwandler für Freiluft der Firma Brown Boveri für 220 kV Nennspannung, 505 kV Prüfspannung. Der Meßkern ist für 60 VA in Kl. 0,5, der Relaiskern für 60 VA in Kl. 1,0 bemessen.

Abb. 97. Freiluftstromwandler der Maschinenfabrik Oerlikon für 150 kV Nennspannung, 350 kV Prüfspannung.

Beide Wandler haben am Isolatorkopf ein Ölausdehnungsgefäß mit Ölstandsanzeiger. Die Isolatoren der Stromwandler sind mit Schutzfunkenstrecken ausgerüstet, die bei Überspannungen, die 10 % höher als die Prüfspannung liegen, ansprechen. Die Innenisolation der Osp.-Wicklung gegen Usp.-Wicklung und Kern ist hochwertig und ist nach dem Koordinationsprinzip der Isolationen derart bemessen, daß sie die obenerwähnten Überspannungen aushält. Daß solche Wandler, die über ihre Relaiskerne verschiedene Schutzeinrichtungen speisen, selbst den höchsten Grad der Sicherheit besitzen müssen, ist einleuchtend.

3. Schleifenstromwandler

Die sog. Schleifenstromwandler haben als Trockenwandler eine große Bedeutung erlangt. Die Ausführung der Osp.-Wicklung als Schleife stellt an die Konstruktion hohe Anforderungen. Innerhalb der Schleife wirken bei hohen

Abb. 98. Freiluftstromwandler der Firma Brown, Boveri für 220 kV Nennspannung, 505 kV Prüfspannung.

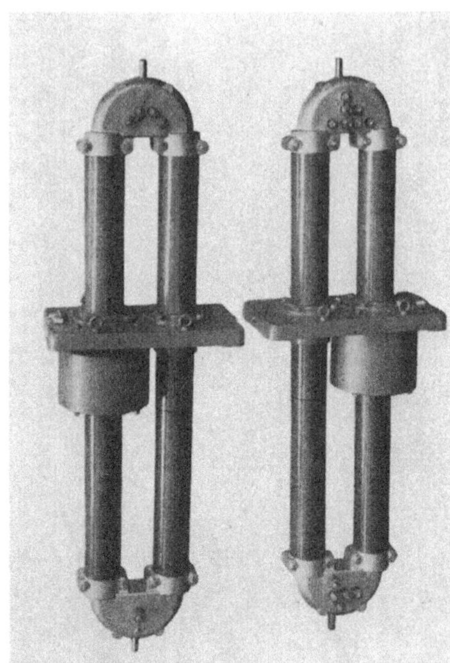

Abb. 99. Schleifenstromwandler der Maschinenfabrik Oerlikon für 60 kV Nennspannung.

Strömen (Kurzschlußströme) erhebliche dynamische Kräfte. Im Abschnitt über dynamische Festigkeit wird die Frage eingehender behandelt.

Wie aus der Abb. 99 ersichtlich (Schleifenwandler der Maschinenfabrik Oerlikon für 60 kV Nennspannung, 152 kV Prüfspannung), sind die Durchführungen, die die Stromleiter aufnehmen, in der Mitte und an den Enden mit soliden Haltekonstruktionen versehen. Der Kern umfaßt nur eine Durchführung und ist in einen Meßkern (60 VA, Kl. 0,5) und einen Relaiskern (60 VA, Kl. 1,0) aufgeteilt, die jeder ihre eigene Sekundärwicklung haben. Man kann die AW-Zahl der Oberspannungsschleife einem primären Strom gleichsetzen und erhält auf diese Art die magnetischen Verhältnisse des Einleiterstromwandlers. Die sekundäre Streuung einer auf einem Ring gleichmäßig verteilten

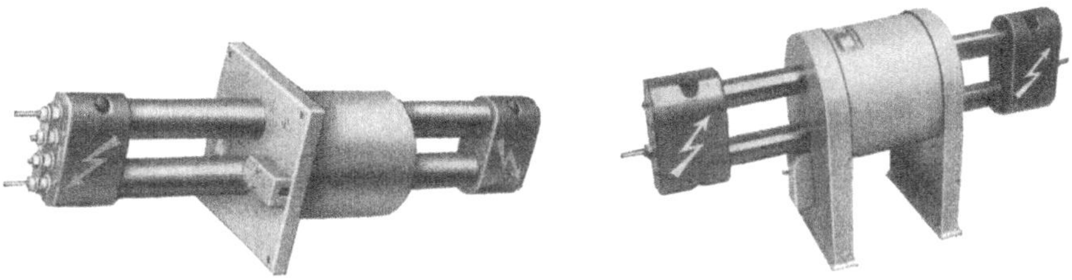

Abb. 100. Schleifenstromwandler der Moser-Glaser A. G.
a) Durchführungs-Schleifenstromwandler b) Schleifen-Stützerstromwandler.

Wicklung ist bekanntlich null. Praktisch muß man durch eine Verteilung der Wicklung in Gruppen eine gewisse Streuung erzielen, sonst werden die Fehlwinkel unnötig vergrößert (s. Abb. 38a und 38b).

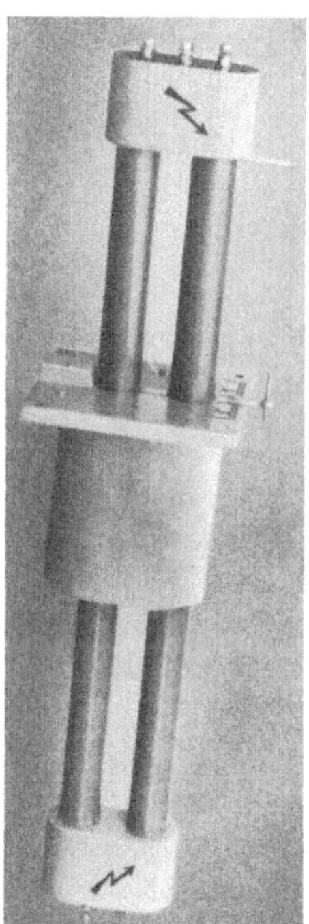

Abb. 101. Schleifenstromwandler der Moser-Glaser A.G. für 60 kV Nennspannung, 60 VA in Kl. 0,5.

Die Abb. 100 und 101 zeigen Schleifenstromwandler der Firma Moser-Glaser A.G. Auch diese Schleifenwandler weisen eine in der Abb. 99 dargestellte ähnliche Befestigungskonstruktion auf. In der Mitte sind die Kondensator-Durchführungen durch eine starke Stahlbride gehalten, an den Enden sind starke metallische Abstützungen vorhanden. Die Anordnung des Kernes bzw. mehrerer Kerne und ihrer Sekundärwicklungen entspricht der bereits obenerwähnten Darstellung nach Abb. 102. Die Verkettung der Sekundärwicklung mit den Stromleitern der einen Seite der Schleife hat auch den Vorteil, daß man durch entsprechende Umschaltung von Teilen der Oberspannungsschleife in Parallel- oder Serienschaltung die Stromwandler ohne Zusatzwindungen für zwei oder drei Übersetzungsverhältnisse bauen kann. Die Bemessung der Kerne muß in Funktion der Amperewindungszahl durch Vorausberechnung nach den in früheren Abschnitten behandelten Methoden erfolgen.

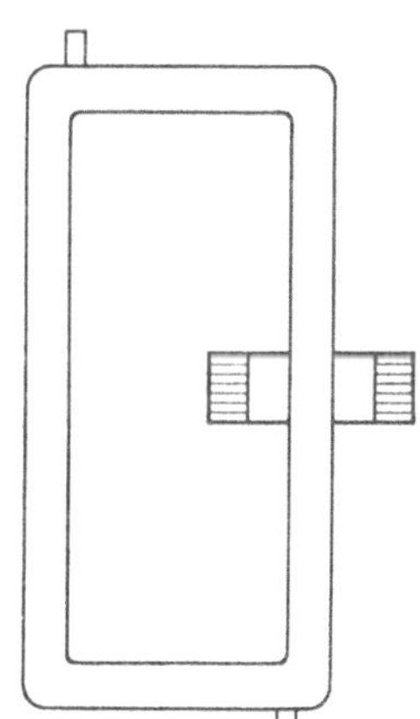

Abb. 102.

Werden größere Leistungen in Kl. 0,5 oder in Kl. 0,2 verlangt, so kann man mit Hilfe der gesteuerten Eigenvormagnetisierung, wie dies bei den Konstruktionen in den Abb. 100 und 101 des öfteren vorkommt, noch zulässige Kernhöhen einhalten.

Für die Bestätigung der theoretischen Unterlagen der früheren Kapitel mag es von Bedeutung sein, eine heute als „historisch" anmutende Anordnung

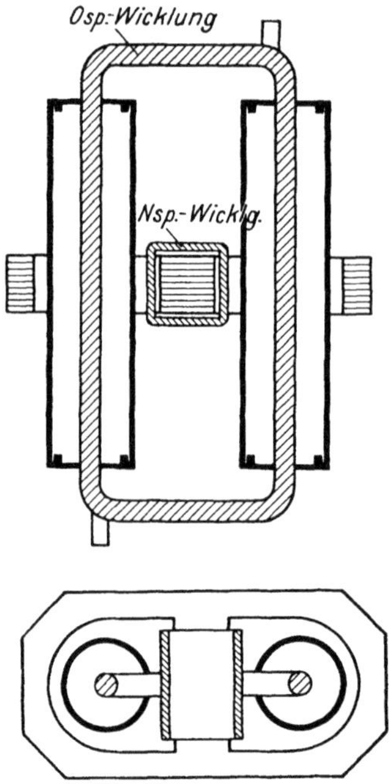

Abb. 103.

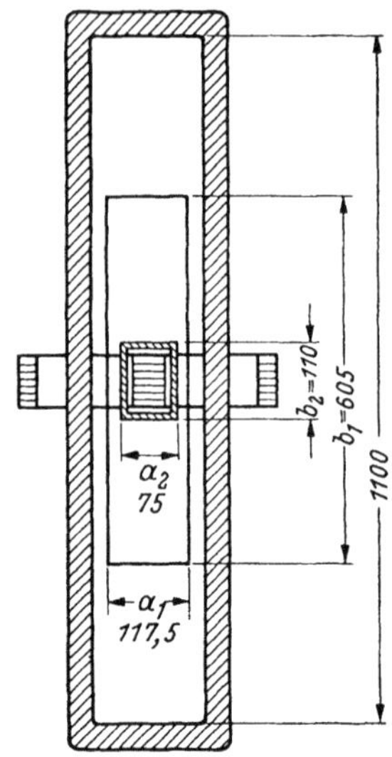

Abb. 104.

bei einem Schleifenwandler nach Abb. 103 nachzurechnen und mit den experimentellen Resultaten zu vergleichen.

Von besonderem Interesse ist die Nachrechnung der Streuung bei diesen Wandlern. Wir wollen für die Anordnung nach Abb. 104 die Streuinduktivität nach der Formel (19)

$$\lambda_2 = 4\,\pi\,w^2 \left(\frac{F_1}{h_1} + \frac{F_2}{h_2}\right) 10^{-9} \text{ in Henry}$$

berechnen. Abb. 104 enthält die Dimensionen für einen Durchführungsstromwandler für 35 kV Betriebsspannung. In obiger Formel war nach Abb. 23:

$$F_1 = 2 a_1 \frac{b_1 - b_2}{2}$$

$$= 2 \cdot 11{,}7 \frac{60{,}5 - 11{,}0}{2} = 577 \text{ cm}^2,$$

$$F_2 = 2 b_2 \frac{a_1 - a_2}{2}$$

$$= 2 \cdot 11 \frac{11{,}75 - 7{,}5}{2} = 46{,}2 \text{ cm}^2,$$

$$h_1 = h + \frac{b_1 - b_2}{2} + 2\Delta_2 = 14{,}0 + \frac{60{,}5 - 11{,}0}{2} + 2 \cdot 1{,}5 = 41{,}7 \text{ cm},$$

$$h_2 = h + \frac{a_1 - a_2}{2} + 2\Delta_2 = 14{,}0 + \frac{11{,}75 - 7{,}5}{2} + 2 \cdot 1{,}5 = 19{,}1 \text{ cm}.$$

Bei einer Windungszahl $w_2 = 236$ ergibt sich eine Streuinduktivität von

$$\lambda_2 = 4\pi \cdot 236^2 \left(\frac{577}{41{,}7} + \frac{46{,}2}{19{,}1}\right) \cdot 10^{-9} = 0{,}01135 \text{ H}.$$

Die sekundäre Streuspannung wird hiernach

$$U_{s_2} = J_2 \omega \lambda_2 = 5 \cdot 314 \cdot 0{,}01135 = 17{,}8 \text{ V}.$$

Messungen nach den früher angegebenen Methoden ergaben Werte von etwa 15 V. Vergleicht man diesen Wert mit dem Wert der Streuspannung des Wicklungswandlers mit konzentrischer Spulenanordnung der gleichen Serie, so ergibt sich ein Verhältnis von ungefähr 3:1.

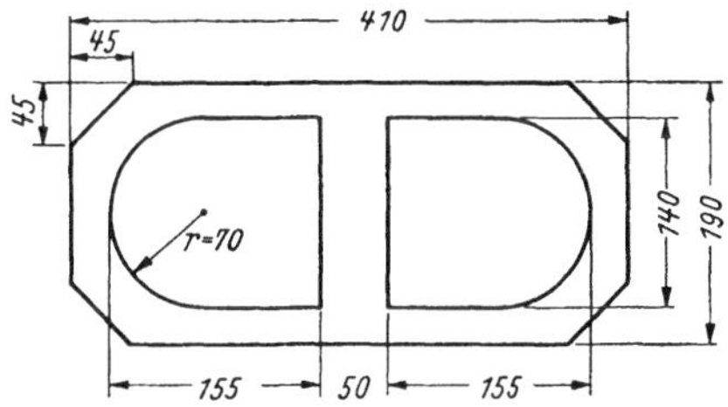

Abb. 105. Schichthöhe 80 mm. $q_{eff.} = 35$ cm², Kerngewicht 18 kg.

Wir wollen nun weiter sehen, wie sich diese hohe Streuspannung im Charakter der Fehlerkurven äußert. Zu diesem Zwecke legen wir der Berechnung den Mantelkern nach Abb. 105 zugrunde. Wir wollen sehen, ob man mit einem Kerngewicht von 18 kg noch zufriedenstellende Fehlerkurven erhalten kann. Der Rechnungsgang ist der gleiche wie im letzten Abschnitt. Bei einem ohmschen Widerstand der Sekundärwicklung von 0,48 Ω und einer Streureaktanz von 3 Ω erhalten wir, bei einer Belastung von 15 VA und cos $\beta_2 = 1$, eine EMK

$$E_0 = 5 \sqrt{(0{,}48 + 0{,}6)^2 + 3^2} = 15{,}92 \text{ V},$$

und als höchste Linienzahl bei einem effektiven Eisenquerschnitt von 34 cm²

$$B_{max} = \frac{15{,}92 \cdot 10^8}{4{,}44 \cdot 50 \cdot 240 \cdot 35} = 880 \text{ Gs}.$$

Der Wert für den Winkel β ergibt sich aus der Gleichung

$$\operatorname{tg} \beta = \frac{\omega \lambda_2}{r_2 + R_2} = \frac{3{,}0}{1{,}08} = 2{,}77$$

zu 70° 10′.

Unter Benutzung der entsprechenden Kurven ergeben sich alle Werte der folgenden Tabellen.

Tabellen für 15 VA, $\cos \beta_2 = 1$

Betriebsstrom in %	B_{max}	E_0 in Volt	VA/kg	VA	J_0 in mA	$\cos \beta_0$	β_0
100	880	15,92	0,0620	1,115	70,0	0,330	70° 43′
50	440	7,96	0,0216	0,389	48,8	0,256	75° 10′
20	176	3,18	0,0045	0,081	25,4	0,193	78° 53′
10	88	1,59	0,0015	0,0276	17,3	0,163	80° 37′

Betriebsstrom in %	$\beta_0 - \beta$	$\cos(\beta_0 - \beta)$	$\sin(\beta_0 - \beta)$	Stromfehler in % f	f korrigiert	Fehlwinkel in Min. δ'
100	0° 33'	1,0000	0,0095	— 1,40	+ 0,68	0,5′
50	5° 0'	0,9962	0,0872	— 1,04	+ 0,14	5,9′
20	8° 43'	0,9884	0,1516	— 2,51	— 0,43	13,3′
10	10° 27'	0,9834	0,1814	— 3,40	— 1,32	21,6′

Die 240 Windungen sind zur Verteilung des Übersetzungsfehlers auf 235 abzugleichen, was eine Korrektur der Fehler um + 2,08% ergibt.

Bei einer Belastung von 15 VA und $\cos \beta_2 = 0,5$ ergibt sich entsprechend den Werten der äußeren Belastung $R_2 = 0,3$ und $\omega L_2 = 0,52\ \Omega$ eine EMK

$$E_0 = 5 \sqrt{(0,48 + 0,3)^2 + (3 + 0,52)^2} = 18,2 \text{ V}.$$

Mit den Werten der Höchstinduktion

$$B_{max} = \frac{18,2 \cdot 10^8}{4,44 \cdot 50 \cdot 240 \cdot 34} = 1002 \text{ Gs}$$

und

$$\operatorname{arctg} \beta = \operatorname{arctg} \frac{3,52}{0,78} = 77^\circ\, 30'$$

ergeben sich folgende Tabellen.

Tabellen für 15 VA, $\cos \beta_2 = 0,5$

Betriebsstrom in %	B_{max}	E_0 in Volt	VA/kg	VA	J_0 in mA	$\cos \beta_0$	β_0
100	1002	18,2	0,0780	1,405	77,0	0,355	69° 10′
50	501	9,1	0,0270	0,486	52,8	0,264	74° 20′
20	200,4	3,64	0,0058	1,042	28,4	0,202	78° 20′
10	100,2	1,82	0,0020	0,036	19,7	0,168	80° 20′

Betriebsstrom in %	$\beta_0 - \beta$	$\cos(\beta_0 - \beta)$	$\sin(\beta_0 - \beta)$	Stromfehler in % f	f korrigiert	Fehlwinkel in Min. δ'
100	— 8° 20'	0,9894	— 0,1449	— 1,53	+ 0,55	— 7,7′
50	— 3° 10'	0,9985	— 0,0552	— 2,11	— 0,03	— 4,0′
20	+ 0° 50'	1,000	0,0145	— 2,84	— 0,76	+ 1,4′
10	+ 2° 50'	0,9988	0.0494	— 3,87	— 1,79	+ 6,7′

In Abb. 106 sind die Fehlerkurven dargestellt. Man erkennt die starke Steigung der Stromfehlerkurven, das „Gefälle" der Kurven beträgt 2,47%, während man beim normalen Wicklungswandler gleicher Serie bei Verwendung eines gleichwertigen Kernes ein Gefälle von 1,2% erhält. Will man bei der üblichen koaxialen Anordnung der Wicklungen günstige Stromfehlerkurven erhalten, so muß man den Eisenquerschnitt wesentlich erhöhen. Mit einem Kerngewicht von 40 kg gleichen Kernmaterials konnten die Stromfehler in die zulässigen Grenzen der Klasse 0,5 gebracht werden. Ein ganz anderes Verhalten zeigen die Fehlwinkelkurven dieses Schleifenstromwandlers. Die Fehlwinkel sind wesentlich kleiner und werden bei induktiver Bürde sogar negativ. Daß dieses Verhalten auf die höhere Streuinduktivität zurückzuführen ist, ist bereits auseinandergesetzt worden. Während die amtlichen Beglaubigungsvorschriften Fehlwinkel bis 60′ zulassen, beträgt in unserem Falle der höchste Fehlwinkel bloß 22′.

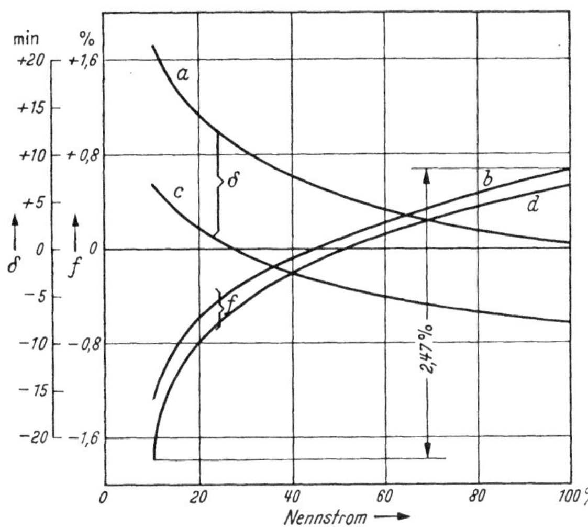

Abb. 106. Fehlwinkel und Stromfehler. a und b 15 VA, $\cos\beta_2 = 1$, c und d 15 VA, $\cos\beta_2 = 0{,}5$.

Durch die Verteilung der Sekundärwicklung kann man die Fehlerkurven verbessern.

Die Ausbildung der Oberspannungswicklung als Schleife findet man auch bei neuzeitlichen ölarmen Topfstromwandlern. Die Abb. 107 zeigt einen solchen Stromwandler der Firma Laur. Knudsen für 132 kV Betriebsspannung, 300 kV Prüfspannung. Die Osp.-Wicklung hat U-Form und ist mit starker Papierisolierung umgeben. Eingelegte Metallfolien steuern das Potentialgefälle gegen die Ringkerne mit ihren jeweiligen Sekundärwicklungen. Die Abbildung zeigt 3 Stromwandler, links einen Meß- und Relaiskern zum Anschluß eines hochempfindlichen Erdschlußrelais, rechts einen Kern gewöhnlicher Ausführung. Der Meßkern links ist für eine Leistung von 40 VA in Kl. 0,5. Die Leistung kann mit Hilfe der „Gegenmagnetisierung" oder durch Verwendung neuzeitlicher Kernmaterialien erhöht werden. Zur Aufnahme der dynamischen Kräfte ist die Stromschleife durch

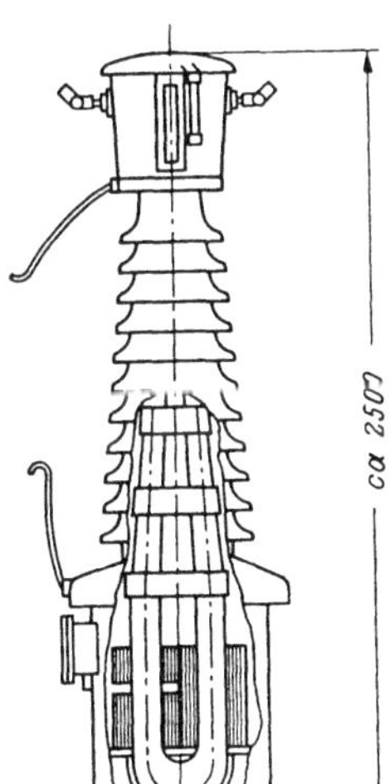

Abb. 107. Ölarmer Topfstromwandler der Firma Laur. Knudsen für 132 kV Betriebsspannung.

mehrere Bandagen stark abgestützt. Oben am Isolator sieht man das Ausdehnungsgefäß mit Ölstandsanzeiger und Entfeuchter.

Es seien noch die von der Firma Siemens & Halske entwickelten *Kreuzringwandler* erwähnt, die als Höchstspannungsstromwandler eine gewisse Bedeutung erlangt haben. Die Sekundärwicklung liegt auf einem ringförmigen Eisenkern, um 90° gedreht gegen die Ebene des Eisenringes liegt als Kreuzring die primäre Wicklung, umgeben mit einer starken Papierumwicklung. Die Isolationsschichten der Papierbewicklung liegen in Äquipotentialflächen des elektrischen Feldes und erleiden keine tangentiale Beanspruchung, andererseits kann man durch die Dicke der Papierumwicklung, die gegen die Kreuzungsstelle immer zunimmt, sehr hohe Spannungen beherrschen. Diese Stromwandler haben als äußere Hülle einen Porzellanisolator (Stützer), der mit Öl gefüllt wird.

4. Kaskadenstromwandler

Mit steigender Betriebsspannung nehmen die Gewichte der verwendeten Isolierstoffe in weit stärkerem Maße zu als das Kern- und Wicklungsgewicht des Stromwandlers. Die Idee, einen Stromwandler in mehrere Stromwandler zu zerlegen und durch eine Serienschaltung der Elemente einen Stromwandler für Hochspannung aufzubauen, stammt von E. PFIFFNER[33]). Isolationstechnisch hat man den Vorteil der Aufteilung der Spannung in Teilspannungen. Kern und Wicklung eines Elementes sind äquipotential, und die Spannung gegen Erde verteilt sich auf eine Anzahl Isolatoren. Die Wirtschaftlichkeit dieser Konstruktion liegt auf der Hand.

Anderseits muß bei der Serienschaltung mit einer Einbuße der Leistung gerechnet werden, da für jedes vom Sekundäranschluß weiter liegende Glied der Stromwandlerkette die Spannungsverluste – ohmsche und Streuspannung – des vorhergehenden als Bürde zu betrachten sind derart, daß der an die Hochspannung angeschlossene Stromwandler ein Mehrfaches der Nutzleistung abgeben muß. Die Fehler der Serienschaltung setzen sich additiv aus den Fehlern der Einzelwandler zusammen. Dies gilt für die Stromfehler wie für die Fehlwinkel.

Die Abb. 108 zeigt schematisch einen Kaskadenstromwandler der Firma Koch & Sterzel. Wie ersichtlich, sind zwei Kerne in Serie geschaltet. Die primäre Wicklung w_1 übersetzt auf die Wicklung w_2', und diese speist die primäre Wicklung w_3' des zweiten Kernes. Die sekundäre Wicklung w_3 dieses Kernes arbeitet auf den Verbraucherkreis. Um die Streuspannungen zu reduzieren, hat PFIFFNER bereits im ursprünglichen Patent eine Ausgleichswicklung j angegeben. Diese Wicklung wird durch die Verschiedenheit der Streufelder der beiden Schenkel induziert und nimmt einen Strom auf, der die Streufelder ausgleicht.

Abb. 109 zeigt das Schema eines Stromwandlers der Firma Pfiffner & Cie., Hirschthal. Magnetisch enthält die Anordnung nur eine Stufe, da aber der

[33]) DRP. 386211, Kl. 21d, 7. Dez. 1921.

Isolator zweiteilig ist und beide Hälften in der Aufnahme der Spannung gegen Erde sich teilen, so wird der Stromwandler nach Abb. 109 als zweistufiger Kaskadenstromwandler nach PFIFFNER bezeichnet. Im Schema nach Abb. 109 sind die gleichen Elemente vertreten:

w_p primäre Wicklung,

w_k Ausgleichswicklung,

w_s sekundäre Wicklung.

R bedeutet einen Schutzwiderstand gegen Überspannungen (Bedeutung wird später erörtert).

Nach analogem Prinzip wurden Kaskadenstromwandler auch für hohe und höchste Spannungen gebaut.

Die Kaskadenstromwandler benötigen neben den Porzellanisolatoren noch einen anderen Isolierstoff als Füllmittel. Je nach der Beschaffenheit des letzteren können diese Wandler als Trockenwandler oder ölarme Wandler bezeichnet werden. In ihrer Leistungsfähigkeit als Präzisionswandler sind die Kaskadenstromwandler im Laufe der Zeit verbessert worden. Wenn sie auch heute noch hinter den anderen Wicklungsstromwandlern zurückstehen, so sind doch Leistungen bis 30 VA in Kl. 0,5 bei 4stufigen Kaskaden erreicht worden[34]).

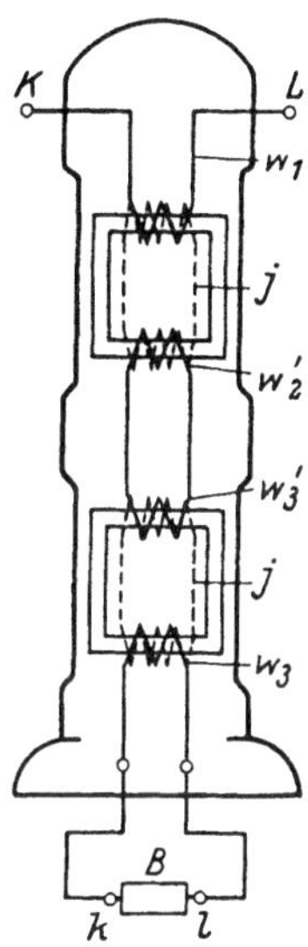

Abb. 108. Schematische Darstellung eines Kaskaden-Stromwandlers der Firma Koch & Sterzel. B = Bürde.

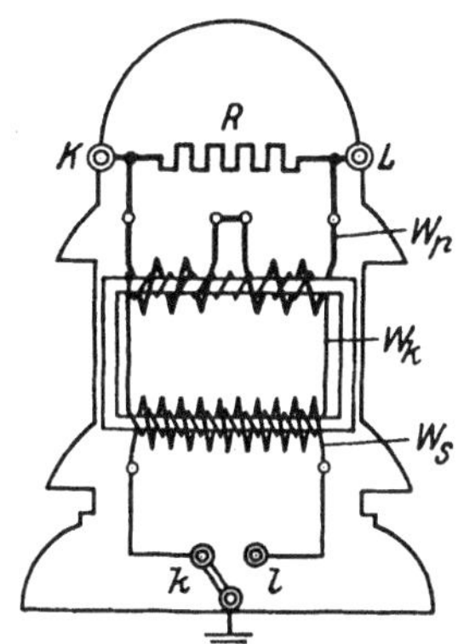

Abb. 109. Schaltschema. 2stufiger Kaskaden-Stromwandler der Firma Pfiffner.

5. Einleiterstromwandler

Als Einleiterstromwandler werden alle Stromwandler bezeichnet, deren Primärwicklung aus einem einzigen Leiter besteht. Diese Wandler haben aus verschiedenen Gründen eine große Bedeutung erlangt. Früher fanden sie in

[34]) REICHE, W.: Kaskadenstromwandler ATM. **1931**, Z. 287—1. — PFIFFNER, E.: Bull. schweiz. elektrotechn. Ver. **1945**, H. 14.

erster Linie dort Verwendung, wo es sich um große Ströme handelte. Wegen ihrer hohen Kurzschlußsicherheit, über die noch später die Rede sein wird, werden sie in Sammelschienen, in Generatorkreisen, in den Unterspannungskreisen von großen Transformatoren eingebaut. Der Osp.-Leiter dieser Stromwandler gehört oft nicht zum Stromwandler, sondern ist ein Teil der Anlage, in welcher der Stromwandler eingebaut werden soll.

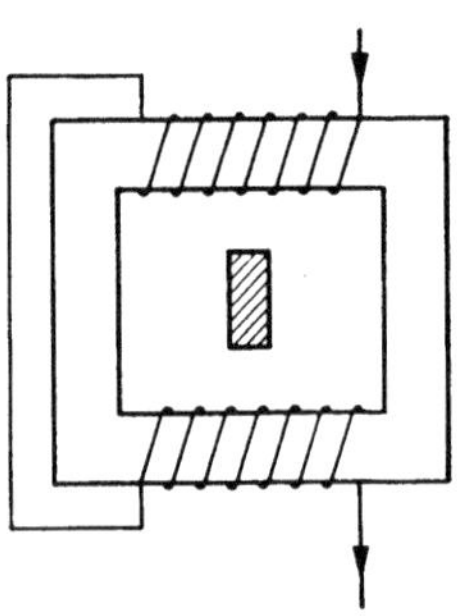

Abb. 110.

Die Amperewindungszahl bei einem Einleiterstromwandler ist der primären Stromstärke gleich. Ist der Nennstrom, der durch den in der Abb.110 schraffiert angedeuteten Querschnitt fließt, größer als 1000 A, so hat der Wandler eine Sekundärwicklung, die mehr als 200 Windungen besitzt und ist unter sonst gleichen Bedingungen in seiner Genauigkeit den Präzisionswandlern gleichwertig. So zeigt die Abb. 111 einen Schienenstromwandler der Maschinenfabrik Oerlikon für 2000/5 A, 50 Hz, der 60 VA in Kl. 0,5 als Meßleistung aufweist.

Anders verhält es sich bei niedrigen Stromstärken. Die Meßgenauigkeit der Wandler nimmt sehr stark mit der Stromstärke ab. Und doch ist man gezwungen, von diesen Wandlern Gebrauch zu machen. Sie werden in Ölschaltern

Abb. 111. Schienenstromwandler für 2000/5 A.

eingebaut und dienen dort hauptsächlich zum Anschluß von Sekundärrelais. Die Ringkerne werden um die Durchführungen des Ölschalters gelegt. Zur Erhöhung der Leistung kann man die Sekundärwicklungen zweier Kerne in Serie schalten.

Der Einbau von Einleiterstromwandlern wird überall angestrebt, doch muß die Einhaltung einer Präzisionsklasse bei genügender Leistung erfüllt sein. Es ist kein Wunder, daß die meisten Forschungsarbeiten auf dem Stromwandlergebiet sowohl in den USA als auch in Europa dem Problem des Einleiterstromwandlers in erster Linie galten.

Es soll hier als Beispiel ein Einleiterstromwandler 100/5 A für Relaisanschluß mit folgenden Annahmen durchgerechnet werden. Der vorgesehene Ringkern habe ein Gewicht von 50 kg, einen effektiven Eisenquerschnitt von 68 cm^2 und einen mittleren Ringdurchmesser von 965 mm.

Die Bürde sei mit 30 VA bei $\cos \beta_2 = 0{,}3$ angegeben, wie dies bei Relaisbelastung oft verlangt wird. Bei einer Übersetzung von 100/5 A ergibt sich die sekundäre Windungszahl $w_2 = 20$ und der ohmsche Widerstand unter Zugrundelegung eines Drahtquerschnittes von 3,14 mm^2 zu 0,045 Ω.

Wie bereits früher ausgeführt, kann man die sekundäre Streuspannung einer gleichmäßig verteilten Ringwicklung vernachlässigen. Für die Komponenten der äußeren Belastung erhalten wir für $\cos \beta_2 = 0{,}3$

$$R_2 = Z_2 \cos \beta_2 = 1{,}2 \cdot 0{,}3 = 0{,}36\ \Omega ,$$

$$\omega L_2 = Z_2 \sin \beta_2 = 1{,}2 \cdot 0{,}953 = 1{,}142\ \Omega .$$

Wir wollen die Fehlerrechnung nach den allgemeinen Formeln (39) bis (42) durchführen. Diese Formeln sind ohne Vernachlässigungen hergeleitet und ergeben das Verhalten der Stromwandlerfehler in Funktion der Sättigung. Die Rechnung ist allerdings etwas mühsam.

Zunächst stellen wir uns eine Tabelle für die wichtigsten Werte als Funktionen der Sättigung auf. Zu jeder Liniendichte B_{max} ergibt sich aus der Formel

$$E_0 = 4{,}44\, f w_2 q B_{max}\, 10^{-8} \text{ in Volt}$$

die entsprechende EMK. Unter Zuhilfenahme der Kurven der Abb. 9 und 12 erhält man die Voltamperezahl pro Kilogramm und den Wert für $\cos \beta_0$. Aus der Voltamperezahl für den ganzen Kern (50 kg) und der EMK erhält man den der jeweiligen Linienzahl entsprechenden Leerlaufstrom J_0. Und schließlich gelangt man zu den mit den Gleichungen (23) eingeführten Größen

$$r_0 = \frac{E_0}{J_0} \cos\beta_0 \text{ und } \omega\lambda_0 = \frac{E_9}{J_9} \sin\beta_0 ,$$

die nun jetzt auch als Funktionen der Linienzahl erscheinen. Durch diese Größen ist es uns gelungen, die Stromwandlerberechnung auf eine reine Stromverzweigungsaufgabe zurückzuführen. Bei einem Stromwandler wie dem vorliegenden, mit hohem Eisengewicht und geringer Windungszahl, sind die Werte für r_0 und $\omega\lambda_0$ klein. Dies will aber soviel besagen, daß vom Strom J_1 auf den Nutzstrom J_2 um so weniger entfällt, je kleiner r_0 und $\omega\lambda_0$ im Vergleich zu den Größen $r_2 + R_2$ und ωL_2 sind.

Tabelle für die Werte J_0, r_0 und $\omega\lambda_0$.

B_{max}	E_0 in Volt	VA	J_0 in Ampere	$\cos\beta_0$	$\sin\beta_0$	r_0 in Ω	$\omega\lambda_0$ in Ω
50	0,151	0,03	0,198	0,150	0,989	0,114	0,752
200	0,604	0,28	0,464	0,200	0,982	0,260	1,275
500	1,51	1,32	0,875	0,264	0,964	0,455	1,660
1000	3,02	3,80	1,255	0,350	0,936	0,851	2,258
2000	6,04	10,60	1,755	0,435	0,900	1,495	3,095

Zu jedem Wert von J_0 aus dieser Tabelle gehört ein bestimmter Wert J_1, der sich aus der Formel (39)

$$J_1 = J_0 \frac{\sqrt{(r_0 + r_2 + R_2)^2 + \omega^2 (\lambda_0 + \lambda_2 + L_2)^2}}{\sqrt{(r_2 + R_2)^2 + \omega^2 (\lambda_2 + L_2)^2}}$$

ergibt.

Ferner gehört zu J_1 ein Wert J_2 nach der Formel (40)

$$J_2 = J_1 \frac{\sqrt{r_0^2 + \omega^2 \lambda_0^2}}{\sqrt{(r_0 + r_2 + R_2)^2 + \omega^2 (\lambda_0 + \lambda_2 + L_2)^2}},$$

und endlich ermittelt man die Fehlergrößen nach den Formeln (42)

$$f = \frac{J_2}{J_1} - 1 = \frac{\sqrt{r_0^2 + \omega^2 \lambda_0^2}}{\sqrt{(r_0 + r_2 + R_2)^2 + \omega^2 (\lambda_0 + \lambda_2 + L_2)^2}} - 1$$

$$\underset{\text{in Min.}}{\delta} = \frac{1}{0{,}00029} \cdot \frac{(r_2 + R_2)\,\omega\,\lambda_0 - r_0\,\omega\,(\lambda_2 + L_2)}{r_0 (r_0 + r_2 + R_2) + \omega^2 \lambda_0 (\lambda_0 + \lambda_2 + L_2)}. \tag{42a}$$

Wie man sieht, sind jetzt für den Stromwandler alle Größen nur noch Funktionen der Belastung R_2 und ωL_2. Wir führen für die in den Formeln vorkommenden Ausdrücke folgende Abkürzungen ein:

$$\left.\begin{aligned} &\sqrt{r_0^2 + \omega^2 \lambda_0^2} = a, \\ &\sqrt{(r_0 + r_2 + R_2)^2 + (\omega\lambda_0 + \omega\lambda_2 + \omega L_2)^2} = b, \\ &(r_2 + R_2)\,\omega\lambda_0 - r_0\omega\,(\lambda_2 + L_2) = c, \\ &r_0 (r_0 + r_2 + R_2) + \omega\lambda_0 (\omega\lambda_0 + \omega\lambda_2 + \omega L_2) = d. \end{aligned}\right\} \tag{72}$$

Der Ausdruck $\sqrt{(r_2 + R_2)^2 + \omega^2 (\lambda_2 + L_2)^2}$ hat einen konstanten Wert, nämlich

$$\sqrt{(r_2 + R_2)^2 + \omega^2 (\lambda_2 + L_2)^2} = \sqrt{(0{,}045 + 0{,}36)^2 + 1{,}142^2} = 1{,}232\ \Omega.$$

Die ermittelten Werte sind in folgender Tabelle zusammengestellt.

Tabelle für 30 *VA*, cos $\beta_2 = 0{,}3$

B_{max}	a	b	c	d	$J_1 = J_0 \frac{b}{1{,}232}$ in Amp.	J_1 als n-facher Nennstrom	$J_2 = J_0 \frac{a}{1{,}232}$ in Amp.	J_2 als n-facher Nennstrom	f in %	δ in Min.
200	1,30	2,60	0,214	4,153	0,556	0,111	0,278	0,0557	— 50,0	+ 177
500	1,72	2,96	0,144	5,08	2,10	0,410	1,22	0,245	— 41,9	+ 98
1000	2,41	3,64	— 0,067	8,77	3,71	0,74	2,458	0,492	— 33,9	— 26
2000	3,44	4,67	— 0,488	16,01	6,65	1,33	4,90	0,98	— 26,4	— 105

Der tatsächliche primäre Strom ist durch Multiplikation mit 20 zu errechnen.

Durch die Einführung des n-fachen Nennstromes macht man sich von der jeweiligen primären Stromstärke unabhängig.

Die großen Stromfehler in der Tabelle zeigen, daß der Wandler auch nicht den Anforderungen, die an einen Relaiswandler gestellt werden müssen, genügt.

Es ist lehrreich, den gleichen Wandler bei einer geringen Bürde, etwa bei 10 VA, $\cos \beta_2 = 0{,}8$, auf Genauigkeit zu berechnen. Wir bedienen uns der Fehlergleichungen nach (8) und ermitteln zunächst nach Gleichung (12) die Induktion bei 10 VA, d. h. bei 2 V.

Für 10 VA und $\cos \beta_2 = 0{,}8$ erhält man

$$R_2 = 0{,}4 \cdot 0{,}8 = 0{,}32\ \Omega\,,$$

$$\omega L_2 = 0{,}4 \cdot 0{,}6 = 0{,}24\ \Omega\,,$$

und da der ohmsche Widerstand zu 0,045 Ω ermittelt wurde, ergibt sich

$$\operatorname{tg} \beta = \frac{0{,}24}{0{,}365} = 0{,}66 \qquad \beta = 33^\circ\, 44'\,.$$

Aus Gleichung (12) wird

$$B_{max} = \frac{2{,}0 \cdot 10^8}{4{,}44 \cdot 50 \cdot 20 \cdot 68} = 660 \text{ Gs.}$$

Wir errechnen die Fehlergrößen bei 100, 50 und 10% Nennstrom. Die Werte sind in den folgenden Tabellen dargestellt.

Tabelle für 10 VA, $\cos \beta_2 = 0{,}8$

Betriebsstrom in %	Indukton	a in AW/cm	$\mu \sim$	β_0
100	660	1,03	4800	71°
50	330	0,501	3000	77°
10	66	0,103	1800	82°

Tabelle für 10 VA, $\cos \beta_2 = 0{,}8$

Betriebsstrom in %	$\beta_0 - \beta$	$\cos(\beta_0 - \beta)$	$\sin(\beta_0 - \beta)$	f in %	δ in Min.
100	37° 20′	0,795	0,606	— 10,5	+ 281
50	43° 20′	0,727	0,686	— 15,4	+ 534
10	48° 20′	0,665	0,747	— 23,5	+ 915

Daß eine Windungsabgleichung an der sekundären Windungszahl die Stromfehler verbessert und in solchen Fällen unbedingt vorgenommen werden muß, braucht nicht besonders hervorgehoben zu werden. Indessen ist klar, daß man einen solchen Stromwandler für Meßzwecke nicht verwenden kann. Die Verwendbarkeit zum Anschluß von Relais ist bedingt. Wird ein „unabhängiges Überstrom-Zeitrelais“ an einen solchen Stromwandler angeschlossen und spricht das Relais bei 200% Strom an, also etwa bei 10 A, so muß man sich darüber klar sein, daß der Strom primärseitig etwa 220% beträgt. Es empfiehlt sich in solchen Fällen, die Relais primärseitig gemeinsam mit den Stromwandlern zu eichen. Man kann auch, wenn die Charakteristik des Stromwandlers festliegt, diese bei der sekundären Eichung berücksichtigen.

Der berechnete Stromwandler war für 60 kV Nennspannung bemessen. Der große Umfang des magnetischen Kraftlinienweges (96 cm) ist dadurch bedingt, daß ein gewöhnlicher Durchführungsisolator als Träger des Stromwandlers verwendet wurde. Man ist heute durch Verwendung von Kondensatordurchführungen in der Lage, beim obigen Stromwandler den mittleren magnetischen Weg auf etwa 40% der Länge zu reduzieren.

Aber selbst bei dieser günstigen Gestaltung der Größe a [s. Gleichung (22)] wäre der oben geschilderte Fortschritt im Bau von Durchführungsisolatoren für die Erfolge im Bau der Einleiterstromwandler während der letzten 20 Jahre nicht ausreichend. Die Sachlage soll an folgendem Beispiel erläutert werden:

Ein Einleiterstromwandler 180/5 A soll für 30 VA in Kl. 0,5 berechnet werden. Der Stromwandler ist für eine Nennspannung von 50 kV, Prüfspannung 130 kV bestimmt. Will man den Kern aus Trafoblech machen, so ist die Schaltung der gesteuerten Eigenvormagnetisierung nach Abb. 83 in einem solchen Falle am zweckmäßigsten.

Bei Verwendung einer Kondensator-Durchführung ergibt sich ein Kern von etwa 50 kg mit einem mittleren magnetischen Weg von 36 cm. Die Dimensionierung ergibt sich nach den Gleichungen (71) und (69). Bei einem gleichwertigen Kernmaterial, wie 0,93-Watt-Blech mit einer vormagnetisierenden Feldstärke im Wendepunkte von $H_{v_w} = 0{,}3$, ergibt sich aus Gleichung (71)

$$w_v = \frac{36 \cdot 0{,}3}{0{,}15\, a_n} = 14{,}5, \text{ wobei } a_n = \frac{180}{36} = 5\,.$$

Für den Reduktionsfaktor erhält man nach Gleichung (57)

$$1 - \left(\frac{w_v}{w_2}\right)^2 = 0{,}85$$

und schließlich ergibt sich nach Gleichung (69)

$$v_n = 0{,}027 \left[1 - \left(\frac{w_v}{w_2}\right)^2\right] a_n^2 = 0{,}575\ \mathrm{VA/kg} \text{ und } G = \frac{VA_N}{v_n} = \frac{30}{0{,}575} = 52\ \mathrm{kg}\,.$$

Die Aufteilung des Kernes in Teilkerne ergibt sich nach der Formel (56), nämlich wird

$$\frac{G_1}{G_2} = \frac{w_2 + w_v}{w_2 - w_v}\,,$$

wobei G_1 und G_2 die Gewichte der Teilkerne sind.

Der Kern muß noch mit einer Steuerimpedanz nach Abb. 83 versehen werden. Diese besteht für den obigen Stromwandler aus einer Parallelschaltung von Drosselspule und ohmschem Widerstand, wobei die Drosselspule ein

Gewicht von nur einigen Prozent des Kerngewichtes aufweist. Der nach obiger Bemessung bei der Firma Moser-Glaser & Co. A.G. ausgeführte Einleiterstromwandler hat bei Ausmessung in der Brückenschaltung die Fehlerkurven nach Abb. 112 (2) ergeben.

Zum Vergleich sind die Fehlergrößen in gewöhnlicher Schaltung nach den Formeln (8) ermittelt worden. Die Werte sind in folgender Tabelle zusammengestellt.

Tabelle für 30 VA, cos $\beta_2 = 0{,}8$

Betriebsstrom in %	B_{max}	$\mu\sim$	β_0	$\cos(\beta_0 - \beta)$	$\sin(\beta_0 - \beta)$
100	450	5800	72° 30′	0,812	0,583
50	225	4500	73° 50′	0,805	0,595
10	45	2750	75° 30′	0,781	0,625

Die errechneten Stromfehler und Fehlwinkel sind in der Abb. 112 (1) als Kurven dargestellt. Damit der Vergleich der Stromfehler in beiden Fällen richtig beurteilt werden kann, wurde die gleiche Windungsabgleichung (0,6%) vorausgesetzt. Die Werte der Kurven berechtigen zur Schlußfolgerung, daß man nahezu ein dreifaches Gewicht des gleichen Kernmaterials benötigen würde, um die gleiche Meßgenauigkeit bei einfacher Schaltung zu erreichen. Es muß noch betont werden, daß die Gütesteigerung für ein bestimmtes Kernmaterial keine konstante Größe ist, sondern von der Größe a und der verlangten Klassengenauigkeit abhängig ist. Bei Stromwandlern der Klasse 1 ist die Gütesteigerung geringer als bei Wandlern der Klasse 0,5 und insbesondere bei solchen der Klasse 0,2. Je größer also die Genauigkeit, um so höher die Gütesteigerung durch die Verwendung der gesteuerten Eigenvormagnetisierung. Für hochpermeable Kernmaterialien ist die Gütesteigerung wesentlich mehr vom Verlauf der Magnetisierungskurve des Kernmaterials abhängig. Die Abb. 113 und 114 zeigen Einleiterstromwandler mit Kernen aus Trafoblech der Firma Moser-Glaser & Co. mit relativ kleinen Primärströmen für 64 kV bzw. 42 kV Prüfspannung.

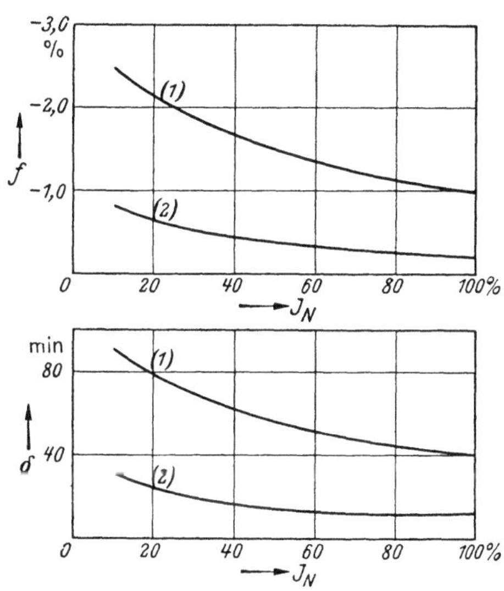

Abb. 112. Fehlerkurven bei 30 VA, cos $\beta_2 = 0{,}8$. (1) in gewöhnlicher Schaltung, (2) mit gesteuerter Eigenvormagnetisierung.

Die Klassenleistung ist in der entsprechenden Abbildung jeweils angegeben. Die in der Abb. 113 und 114 dargestellten Einleiterwandler sind als Konsolenwandler ausgebildet.

Für noch höhere Spannungen bietet die Anwendung der gesteuerten Eigenvormagnetisierung noch größere Vorteile.

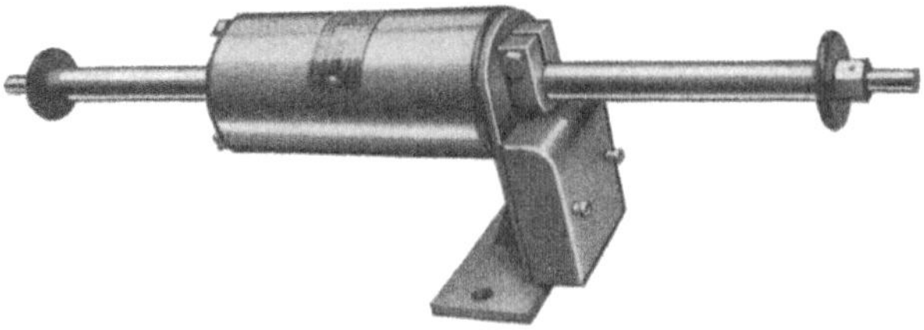

Abb. 113. Einleiterstromwandler 150/5 A. 15 VA in Kl. 0,5.

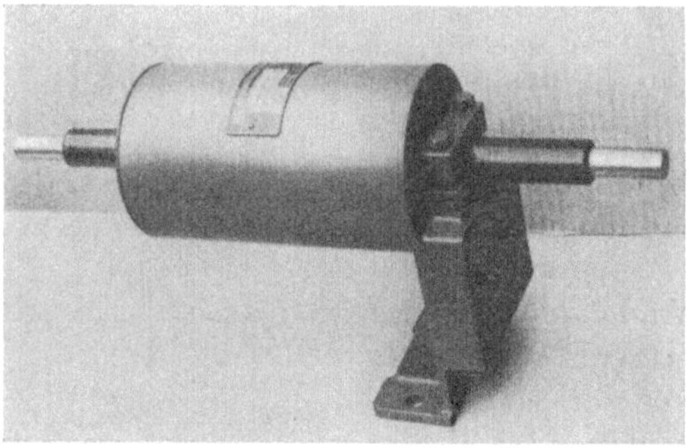

Abb. 114. Einleiterstromwandler 250/5 A. 30 VA in Kl. 0,5.

Abb. 115. Kabelendverschluß-Stromwandler, 150 kV Nennspannung.

Abb. 115 zeigt aus einer Freiluftanlage von 150 kV Nennspannung die Kabelendverschlüsse, eine Konstruktion der Kabelwerke Brugg, für ein Hochspannungsölkabel von 150 mm² Querschnitt. Über das Hochspannungskabel wird ein Stromwandler (Bauart Moser-Glaser) geschoben, der von einem feuerverzinkten Eisengehäuse umgeben ist (siehe Abb. 115a). Er hat eine Übersetzung 200/5 A und eine Leistung von 30 VA in Klasse 0,5. Die Anschlüsse der abgehenden Sekundärkabel sind in einem gleichfalls feuerverzinkten Kabelverschluß enthalten. Die Bauhöhe des Stromwandlers wurde, um die Kühlverhältnisse des Kabels nicht zu beeinträchtigen, limitiert. Der Stromwandler, der mit gesteuerter Eigenvormagnetisierung ausgeführt ist, hätte in gewöhnlicher Schaltung bei der verlangten Leistung eine mehr als doppelt so große Bauhöhe. Der Kern des Stromwandlers ist aus Transformatorenblech hergestellt. Das Hochspannungsölkabel gestattet die Wahl besonders geringer Durchmesser für den Stromwandlerkern.

Abb. 115a. Kabelstromwandler der Moser-Glaser A.G.

Abb. 116. Durchführungsstromwandler 150/5 A, 150 kV Nennspannung, 350 kV Prüfspannung.

Eine interessante Durchführungsstromwandlerkonstruktion 150/5 A der Firma Moser-Glaser & Co. ist in der Abb. 116 dargestellt. In diesem Falle wurde ein Kern aus einer hochpermeablen Nickeleisen-Legierung verwendet. In der Schaltung nach Abb. 83 ausgeführt, vergrößert der Kern, wie aus der Abbildung ersichtlich, die Längsabmessungen der Konstruktion in einem noch zulässigen Maße. Der Wandler ist für eine Nennspannung 150 kV bestimmt und hält eine Prüfspannung von 350 kV aus. Seine Leistung beträgt 50 VA in Kl. 0,5. Die Fortschritte in der Herstellung von hochpermeablen Kernstoffen versprechen weitere Möglichkeiten in der Entwicklung des Einleiterstromwandlers für Höchstspannungen.

III. Wichtige charakteristische Größen und Zustände beim Stromwandler

1. Dynamische Kurzschlußsicherheit

Die Wicklungen des Stromwandlers sind den gleichen elektrodynamischen Kräften wie beim Transformator ausgesetzt. Die Kraftwirkungen werden durch die Streufelder verursacht. Soweit es sich um den konzentrischen Spulenaufbau handelt, unterscheidet man auch bei Stromwandlern Kraftwirkungen

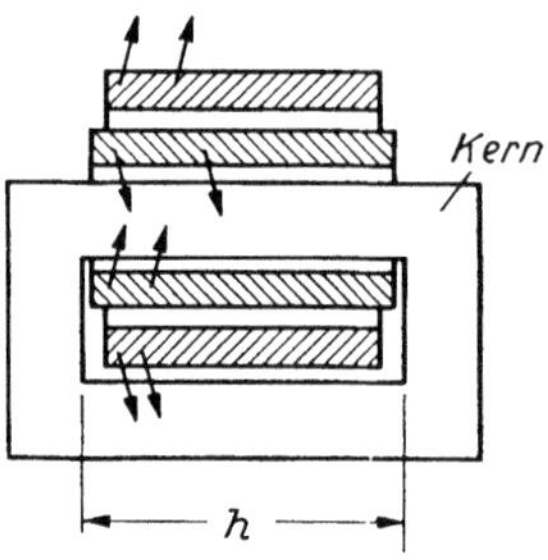

Abb. 117. Radiale Kurzschlußkräfte.

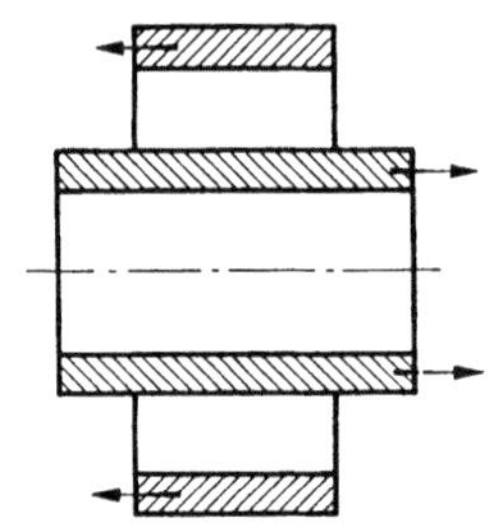

Abb. 118. Axiale Kurzschlußkräfte.

der Wicklungen gegeneinander in radialer und axialer Richtung. Von den Kräftewirkungen in den Wicklungen selbst kann abgesehen werden.

Die Radialkraft bewegt die Spulen in radialer Richtung auseinander. Die äußere Spule wird dabei auf Zug beansprucht, während die innere Spule eine Druckbeanspruchung gegen den Kern erfährt. Wo es sich um kreisrunde Spulen handelt, werden Deformationen von der Radialkraft herrührend selten auftreten.

In Abb. 117 ist die Wirkungsweise der radialen Kurzschlußkraft dargestellt. Nach E. C. WENTZ[35]) kann die Radialkraft mit Hilfe der Formel

$$\underset{\text{in Kilogramm}}{K} = \frac{11{,}3\,(w_1 J_1)^2 \cdot U}{10^7 \cdot h}\, 0{,}453 \tag{73}$$

ermittelt werden.

Für J_1 ist der Effektivwert des Kurzschlußstromes in Ampere einzusetzen, für U der mittlere Umfang der primären Wicklung, für h die Länge des Streukanals, wobei beide Größen in gleichen Längeneinheiten einzusetzen sind.

Es soll am folgenden Beispiel diese Kraft berechnet werden. Der Stromwandler übersetze 100/5 A. Zu berechnen sei die dynamische Radialkraft bei 150fachem Nennstrom. Es seien noch folgende Größen gegeben: $w_1 = 10$, $h = 30$ cm, $U = 15$ cm. Somit ergibt sich eine Kraft

$$\underset{\text{in Kilogramm}}{K} = \frac{11{,}3 \cdot 2{,}25 \cdot 10^{10} \cdot 15}{10^7 \cdot 30} \cdot 0{,}453 = 5750\,\text{kg}\,.$$

Die in der Praxis am häufigsten vorkommenden Deformationen sind Verschiebungen der Spulen in der axialen Richtung. Infolge der Unsymmetrie im Aufbau der Spulen in der Längsrichtung treten Kräfte auf, die die Spulen in axialer Richtung gegeneinander zu verschieben suchen. Auf ausreichende Befestigung der Spulen gegen Verschiebungen in der Längsrichtung muß deshalb beim Entwurf sehr geachtet werden.

Die Ermittlung der Axialkraft muß von der Unsymmetrie beider Wicklungen ausgehen. Wir bezeichnen die Größe der Unsymmetrie mit x. Die Kraft läßt sich bekanntlich durch folgenden Ausdruck darstellen:

$$K = \frac{J_{max}^2}{2} \frac{dM}{dx} 10^7 \text{ in Dyn},$$

wobei M den gegenseitigen Induktionskoeffizienten beider Wicklungen in Henry bedeutet. In der Abb. 118 sind schematisch die Richtungen der axialen

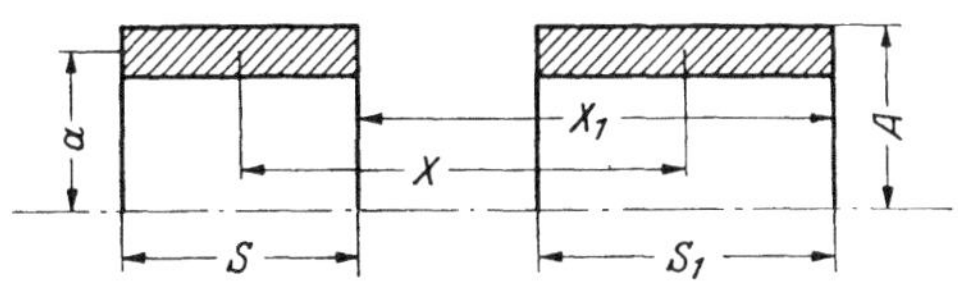

Abb. 119.

Kräfte eingezeichnet. Die Wicklungen werden durch diese Kräfte auseinandergeschoben, jede Unsymmetrie sucht sich zu vergrößern.

In der obenerwähnten Arbeit von WENTZ[35]) wird eine explizite Formel für die axiale Kraft angegeben, die sich auf eine sehr eingehende Untersuchung von J. E. CLEM[36]) stützt. Es werden 2 Solenoide von den Radien a und A angenommen. Die Solenoide seien vom Strom J durchflossen. Der Abstand der magnetischen Schwerpunkte der Wicklungen sei x. Die Abb. 119 dient zur Erläuterung.

Dann ist die Kraft, die den Abstand x zu vergrößern sucht, gegeben durch folgenden Ausdruck:

$$K = 1{,}776\, J^2 a^2 N_1 N_2 \cdot \frac{x}{A} F\, 10^{-6} \cdot 0{,}453 \text{ in Kilogramm}, \tag{74}$$

wobei N_1, N_2 die Windungszahlen pro cm Wickellänge bedeuten. Für F ist folgender Potenzausdruck einzusetzen:

$$\left.\begin{aligned} F = 1 &+ \left(\frac{a}{r_1}\right)^2 \frac{3}{8} \left(\frac{A}{r_1}\right)^2 + \left(\frac{a}{r_1}\right)^4 \frac{5}{64} \left(\frac{A}{r_1}\right)^2 \left[7\left(\frac{A}{r_1}\right)^2 - 4\right] + \\ &\left(\frac{a}{r_1}\right)^6 \frac{55}{1024} \left(\frac{A}{r_1}\right)^2 \left[33\left(\frac{A}{r_1}\right)^3 - 36\left(\frac{A}{r_1}\right)^2 + 8\right] + \cdots \text{ wobei } r_1 = \sqrt{A^2 + x_1^2} \text{ ist.} \end{aligned}\right\} \tag{75}$$

In der Gleichung (74) ist für J der Kurzschlußstrom (Effektivwert) in Ampere einzusetzen.

[35]) The Evolution of Standard Lines of Current Transformers for high overcurrent Capacity. Amer. Inst. Electr. Eng. Trans. **1944**, 658.

[36]) Mechanical Forces in Transformers. Amer. Inst. Electr. Eng. Trans. **1927**, 577.

Die Axialkraft läßt sich mit Hilfe obiger Formeln auch auf den Fall ineinanderliegender Wicklungen eines Stromwandlers ermitteln, es sind die entsprechenden Größen sinngemäß einzusetzen.

x ist jeweils die noch zulässige Unsymmetriegröße im oben erörterten Sinn.

Für die Betriebssicherheit des Stromwandlers ist neben der Befestigung der Wicklungen auch auf diejenige der Wicklungsenden zu achten. Die Ableitungen bzw. die Stromausführungen müssen besonders gut abgestützt werden, da Hin- und Rückleitung eine Schleife bilden; bekanntlich treten bei der Schleife dynamische Kräfte auf, die die Schleife zu erweitern suchen. Insbesondere kommen diese dynamischen Kräfte bei Schleifenstromwandlern zum Vorschein, wo sie infolge der mehrfachen Wirkung ansehnliche Beträge annehmen können. Die Kraft, mit der sich die Längsseiten der Stromschleife bei einem Strom J abstoßen (s. Abb. 120), kann nach folgender Formel berechnet werden. Es ist

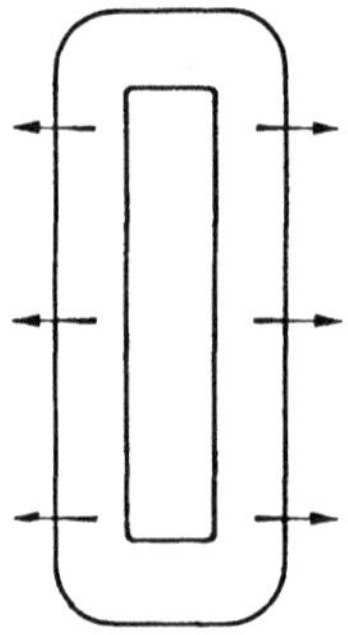

Abb. 120.

$$K = \frac{2 \cdot 10^{-7}\, l\, J^2 w^2}{9{,}81\, a} \text{ in Kilogramm,} \tag{76}$$

dabei bedeutet

w Windungszahl der Schleife,

l die Länge der Stromleiter in cm,

a die Breite der Schleife in cm,

J Kurzschlußstrom in Ampere.

Man erhält mit Hilfe der Gleichung (76) z. B. für Schleifenwandler 60 kV Nennspannung und einer Amperewindungszahl von 600 bei einem 200fachen Nennstrom eine abstoßende Kraft von etwa 3 Tonnen. Daraus ergibt sich die den im Abschnitt über Schleifenwandler erwähnten Halte- und Abstützkonstruktionen zukommende Bedeutung.

Zur Beurteilung der Kurzschlußsicherheit haben die REW-Regeln 1932 auf den Vorschlag von G. Keinath[37]) den Begriff des „dynamischen Grenzstromes" eingeführt. Dieser wird durch die erste Stromamplitude des sekundär kurzgeschlossenen Stromwandlers in Kiloampere gemessen (kA_{dyn}). Der Wandler soll den dynamischen Grenzstrom, für welchen er bemessen ist, ohne mechanischen Schaden aushalten. Beim betriebsmäßig mit seiner Bürde versehenen Wandler ist der dynamische Grenzstrom höher als der oben definierte Wert. Zur Bestimmung des dynamischen Grenzstromes benötigt man einen Generator großer Leistung, der bei voller Erregung auf den Wandler geschaltet wird. Die Stromstärke wird durch Abschalten von kurzschlußsicheren Drosselspulen im Stromkreis sukzessiv gesteigert. Abb. 121 zeigt ein bei solchen Versuchen aufgenommenes Oszillogramm. Die Stromkurve zeigt die bekannte einseitige Verlagerung, die eine zusätzliche Komponente (Gleichstromglied) eines abklingenden Gleichstromes enthält.

[37]) Keinath, G.: Erläuterungen zu den Regeln für Wandler (REW 1932).

Es muß die Auswertung des ersten Amplitudenstromes durch Vergleich mit der Amplitude des Normalstromes vorgenommen werden. Es ist neben dem Kurzschlußstrom i_k auch die Spannung u_k an den primären Klemmen des Stromwandlers aufzunehmen. Diese wird noch Gegenstand einer Erörterung in einem der folgenden Abschnitte sein.

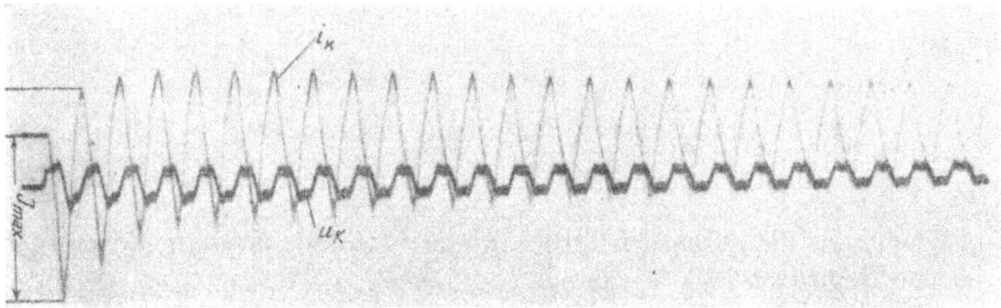

Abb. 121. Kurzschlußstrom und primäre Klemmenspannung bei einem sekundär kurzgeschlossenen Stromwandler.

Daß der Einleiterstromwandler wegen seiner praktisch unbegrenzten dynamischen Kurzschlußsicherheit eine Sonderstellung einnimmt, ist bekannt. Die dynamischen Kräfte üben auf den Primärleiter eine zentrierende Wirkung aus.

2. Thermische Kurzschlußsicherheit

Die thermische Beanspruchung der Wicklungen eines Stromwandlers ist im Normalbetrieb gering. Eine Überlastung mit 1,2fachem Nennstrom muß ein Stromwandler, ohne die Grenzerwärmung zu erreichen, aushalten. In der Regel ist die Primärwicklung bei Überlastungen empfindlicher. Dies trifft insbesondere für Schleifenstromwandler zu. Man ist im Wickelraum bei diesen Wandlern sehr beengt, andererseits sind die mittleren Windungslängen der Schleifenwicklung im Vergleich mit der normalen Ausführung beträchtlich. Man erhält bei diesen Konstruktionen notgedrungen wesentlich höhere Wicklungsverluste bei schlechterer Wärmeabfuhr. Diese kann in der Hauptsache in der Richtung der freiliegenden Teile der Schleifenwicklung erfolgen, während die Durchführungen aus Hartpapier nur den geringeren Teil der Wärme ableiten.

Die Bemessung des Leiterquerschnittes der sekundären Wicklung unter Zugrundelegung einer Stromdichte von $j = 1{,}8\ \mathrm{A/mm^2}$ bei Kupferdraht wird in der Regel richtig sein. Dagegen ist für die Dimensionierung des Leiterquerschnittes der primären Wicklung in erster Linie die verlangte thermische Sicherheit ausschlaggebend. Der gleichfalls in den REW-Regeln 1932 eingeführte Begriff vom „thermischen Grenzstrom", d. h. dem noch zulässigen Überstrom während einer Sekunde ohne schädliche Wirkung für die Isolation der Wicklung, muß der Rechnung zugrundegelegt werden. Da der Erwärmungsvorgang der Wicklung nur 1 Sek. dauert, kann von jedem Wärmeaustausch zwischen Wicklung und der Umgebung abgesehen werden. Die ganze Stromenergie wird sich in Wärme des Kupfers verwandeln. Wir wollen die momentane Erwärmung des Kupfers auf 200° C bei einer Anfangstemperatur von 20° C noch zulassen.

Die Wärmegleichung für das Kupfer der Primärwicklung lautet:

$$4{,}2 \cdot c \cdot \varDelta T \cdot G_1 = P \text{ in Kilowattsekunden.} \tag{77}$$

Hier ist

$c = 0{,}093$ kcal	die spez. Wärme des Kupfers,
$\varDelta T$ in Grad Celsius	Erwärmung des Kupfers,
G_1 in Kilogramm	Gewicht der Primärwicklung.

Andererseits ist die durch den Strom in einer Sekunde erzeugte Energie bei n-fachem Nennstrom:

$$P \text{ in Kilowattsekunden} = \frac{2{,}6 \cdot j^2\, n^2\, G_1}{1000}. \tag{78}$$

In dieser Formel, die zur Errechnung der Kupferverluste dient, bedeutet j die spezifische Strombelastung in Ampere pro mm² bei Nennstrom. Die Zahl 2,6 ist der Wattverlust pro Kilogramm Kupfer bei einer spezifischen Strombelastung $j = 1$ und einer Erwärmung $\varDelta T = 90°$ C bei 20° C Außentemperatur. Der Widerstand ändert bei der Temperaturzunahme von 20° C bis auf 200° stetig seinen Wert. Man kann für die Berechnung den mittleren Widerstand entsprechend einer Temperaturzunahme von 90° C zugrunde legen. Die Gleichsetzung beider Gleichungen (77) und (78) ergibt eine Gleichung für j. Es wird

$$4{,}2 \cdot c \cdot \varDelta T \cdot G_1 = \frac{2{,}6\, j^2\, n^2\, G_1}{1000}$$

und hieraus, da $c = 0{,}093$, $\varDelta T = 180$:

$$j = \frac{165}{n} \text{ oder } j\, n = \text{konstant.} \tag{79}$$

Aus dieser Gleichung kann man zu jedem Wert von n die Stromdichte j ermitteln. Für $n = 100$ ergibt die Formel eine Stromdichte $j = 1{,}65$ A/mm².

In den obenerwähnten Erläuterungen zu den REW 1932 von G. Keinath findet man die Angabe, daß für je 180 A Sekundenstrom ein Kupferquerschnitt des Primärleiters von 1 mm² notwendig ist. Die Bemessung nach Formel (79) ergibt 165 A/mm² und dürfte größere Sicherheit bieten, besonders in den Fällen, wo die Stromwandler bereits im Nennbetrieb eine nicht vernachlässigbare Erwärmung der Wicklung aufweisen.

Hat der primäre Kupferleiter einen Querschnitt von q mm², so ist der *Sekundenstrom*

$$J_{therm} = \frac{165\, q}{1000} \text{ in kA}. \tag{80}$$

Dieser thermische Grenzstrom (kA_{therm}) wird als der Sekunden-Dauerstrom in Kiloampere angegeben. Wird ein Dauerkurzschlußstrom während einer Zeitdauer von t Sek. verlangt, so muß der thermische Grenzstrom während einer Sekunde $J_{k_{\text{sek}}}$ entsprechend der Gleichung

$$J_{therm} = J_{k_{\text{sek}}} = J_k \sqrt{t} \tag{81}$$

umgerechnet werden.

3. Wanderwellenschutz

Zum Schutz gegen Wanderwellen werden Stromwandler mit einem ohmschen Widerstand überbrückt. Der Widerstand begrenzt die Spannung an der Osp.-Wicklung des Wandlers. Wir wollen zunächst den Vorgang in Anlehnung an die Darstellung der Wanderwellenerscheinungen durch RÜDENBERG[38]) unter Zugrundelegung von Rechteckwellen betrachten. Wir können den Wandler als eine konzentrierte Induktivität, zu der ein ohmscher Widerstand parallelgeschaltet ist, ansehen. Läuft an dieser Kombination eine Spannungswelle vorbei, so wird der Strom der Wanderwelle im ersten Moment durch den Widerstand gehen. Der Strom, der in die Wicklung eindringt, hat den Charakter eines Einschaltstromes und wächst exponentiell entsprechend der Zeitkonstanten der Induktivität an. Dieser Strom kann die Spannung an den Klemmen des ohmschen Widerstandes nur verkleinern. Wir rechnen deshalb so, als ob zwischen den Leitungen mit den Wellenwiderständen Z_1 und Z_2 sich nur der Schutzwiderstand R befindet. In Abb. 122 und 123 sind die Verhältnisse dargestellt, wie sie sich beim Auftreffen einer Wanderwelle u auf den Punkt A, den Sitz des Stromwandlers, ergeben. Der Punkt A ist ein Reflexionspunkt, die in diesem Punkt in die Leitung 1 zurückreflektierte Spannungswelle sei u_1. Die in die Leitung 2 eindringende Welle u_2 ist um den Spannungsabfall am ohmschen Widerstand u_R geringer als die Summe der Spannungen $u + u_1$.

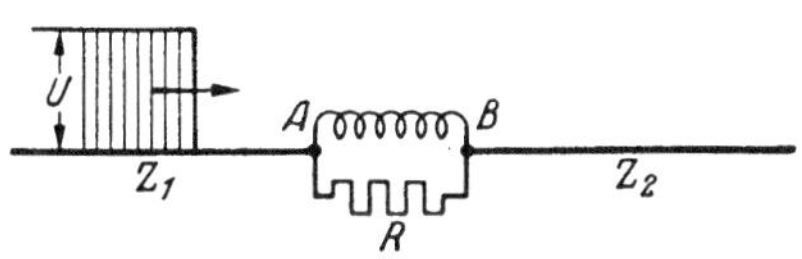

Abb. 122.

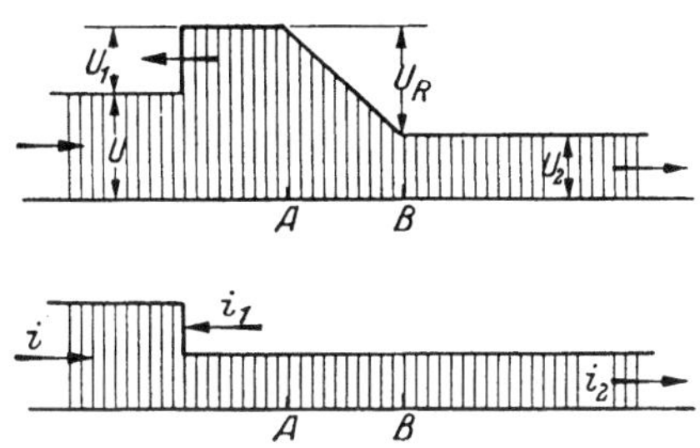

Abb. 123.

Für die Spannungen gilt die Beziehung

$$u + u_1 - u_2 = u_R. \tag{82}$$

Für den Strom gilt folgendes: Vom Punkt A bewegt sich in die Leitung 1 eine Entladewelle mit der Stromstärke

$$i_l = \frac{u_1}{Z_1}.$$

Der ursprüngliche Ladestrom $i = u/Z_1$ wird geschwächt um obigen Betrag i_1

[38]) RÜDENBERG: Elektrische Schaltvorgänge. 2. Aufl. Berlin: Julius Springer 1926.

und zieht als Strom i_2 in die Leitung 2 ein. Wir erhalten demnach folgende Stromgleichung

$$\frac{u}{Z_1} - \frac{u_1}{Z_1} = i_2 = \frac{u_2}{Z_2}. \tag{83}$$

Andererseits ist

$$\frac{u_2}{Z_2} = \frac{u_R}{R}. \tag{84}$$

Aus den Gleichungen (82) bis (84) können die Größen u_1 und u_2 eliminiert werden. So erhält man zunächst folgende Gleichungen:

$$\frac{u - u_1}{Z_1} = \frac{u_R}{R},$$

$$\frac{u + u_1 - u_R}{Z_2} = \frac{u_R}{R}.$$

Schließlich führt die Elimination von u_1 auf die Gleichung

$$R = \frac{u_R (Z_1 + Z_2)}{2u - u_R}. \tag{85}$$

Diese Gleichung gibt einen Anhaltspunkt für die Bemessung des Schutzwiderstandes R. Der Wert u wird als Scheitelwert der Spannung der Wanderwelle

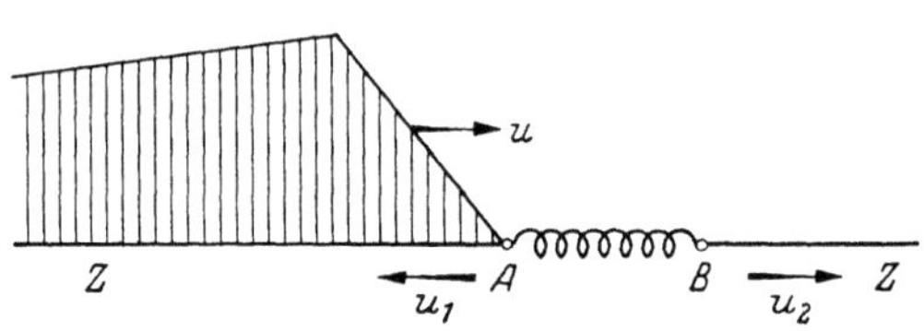

Abb. 124.

entsprechend den Netzverhältnissen einzusetzen sein. Für eine höhere Spannung wird auch die Isolation der Anlage nicht bemessen sein. Für u_R setzt man die Spannung ein, die man an den Klemmen des Widerstandes ohne Gefährdung des Wandlers noch zulassen kann.

Sind die Vernachlässigungen, die hier gemacht worden sind, im Lichte der neuesten Forschung noch heute zulässig? Mit dieser Frage müssen wir uns jetzt befassen. Zunächst muß die Rechteckform durch eine Wanderwelle mit steiler Stirnfront und flachem Rücken ersetzt werden, etwa der Form 1 μsec/50 μsec (s. Abb. 124). Die primäre Wicklung des Stromwandlers muß in ihrer kapazitiven und induktiven Wirkung während der Stirnzeit untersucht werden. Daß die Zeit, während welcher der Rücken der Wanderwelle abgewandelt wird, belanglos ist, ist einleuchtend. Während dieses Zeitabschnittes kann der Wanderwellenvorgang als Gleichstromstoß betrachtet werden. Die Spannung der Wanderwelle tritt durch die Wicklung ohne Spannungsabfall. Ferner leuchtet nach einiger Überlegung ein, daß die kapazitive Wirkung der Wicklung (Serien- und Parallelkapazität der Windungen,

Erdkapazität der Wicklung) zu gering sind, um den Stromvorgang zu beeinflussen.

Bei einer Freileitung mit einem Wellenwiderstand von etwa 500 Ω und einem Spannungsanstieg der Wanderwelle von 100 kV/μsec ergibt sich ein Wellenstrom von 100000/500 = 200 A.

Die kapazitiven Ströme durch die Wicklungselemente sind dagegen klein (etwa 2–3%). Diese können somit keine Überbrückung für den Wellenstrom darstellen. Die sonst in den Transformatorenwicklungen bekannte hyperbolische Spannungsverteilung mit hoher Beanspruchung der ersten Wicklungselemente findet beim Stromwandler nicht statt. Bleibt also die induktive Wirkung der Stromwandlerwicklung im Kurzschlußzustand zu untersuchen.

In Anlehnung an eine nicht veröffentlichte Abhandlung von R. WILLHEIM kann der Vorgang wie folgt untersucht werden:

Nach Abb. 123 bestehen beim Stromwandler, der von einer keilförmigen Wanderwelle $u = kt$ getroffen wird, unter der Bedingung $Z_1 = Z_2 = Z$ folgende Beziehungen.

Spannung in A: $u + u_1$

Spannung in B: u_2

Strom in A: $u/Z - u_1/Z$

Strom in B: u_2/Z

Spannungsabfall in AB: $L\, di/dt$.

Die Spannungsgleichung lautet somit

$$u + u_1 - u_2 = L\frac{di}{dt}. \tag{86}$$

Die Kirchhoffsche Stromgleichung für den Punkt A lautet

$$i = \frac{u - u_1}{Z} = \frac{u_2}{Z}. \tag{87}$$

Eine Zusammenfassung von (86) und (87) ergibt

$$\left.\begin{aligned} u + (u - u_2) - u_2 &= \frac{L}{Z}\frac{du_2}{dt}, \\ \text{oder } 2u_2 + \frac{L}{Z}\frac{du_2}{dt} &= 2u = 2kt; \end{aligned}\right\} \tag{88}$$

k ist dabei der Spannungsanstieg der Wellenfront in einer Mikrosekunde. Die letzte Gleichung von (88) stellt die Differentialgleichung des Problems dar.

Geordnet lautet die Gleichung:

$$\frac{du_2}{dt} + \frac{2Z}{L}u_2 = \frac{2Z}{L}kt.$$

Diese lineare Differentialgleichung mit Störungsfunktion hat folgende Lösung

$$u_2 = kt - \frac{Lk}{2Z} + C\,\varepsilon^{-\frac{2Z}{L}t}.$$

Mit Hilfe der Anfangsbedingung $u_2 = 0$, $t = 0$ ermittelt man die Integrationskonstante C.
Es ergibt sich

$$C = \frac{Lk}{2Z}$$

und somit erhält die Lösung folgende Form.

$$u_2 = kt - k\frac{L}{2Z}\left(1 - \varepsilon^{-\frac{2Z}{L}t}\right). \tag{89}$$

Subtrahiert man von $u = kt$ den Wert u_2 (89), so ergibt sich für die reflektierte Spannung u_1 folgende Gleichung:

$$u_1 = u - u_2 = k\frac{L}{2Z}\left(1 - \varepsilon^{-\frac{2Z}{L}t}\right). \tag{90}$$

Mit Hilfe der Stromgleichung in der Wicklung $i = u_2/Z$ erhält man den Spannungsabfall an den Wandlerklemmen

$$u_{AB} = L\frac{di}{dt} = k\frac{L}{Z}\left(1 - \varepsilon^{-\frac{2Z}{L}t}\right). \tag{91}$$

Wie aus der Gleichung hervorgeht, hängt der zeitliche Verlauf der Spannung an den Klemmen des Wandlers von der Zeitkonstante $T = L/2Z$ im Exponentialausdruck ab. Je größer die Zeitkonstante, um so wahrscheinlicher, daß die Spannung u_{AB} den maximalen Wert innerhalb der Frontzeit nicht erreichen wird.

Wie aus Gleichung (91) ersichtlich, ist der Maximalwert der Wandlerklemmenspannung

$$u_{AB_{max}} = k\frac{L}{Z}. \tag{92}$$

L bedeutet die totale Induktivität des kurzgeschlossenen Wandlers.
Somit ist der tatsächliche Wert dieser Spannung geringer als der Bruchteil L/Z des Scheitelwertes der Wanderwelle nach einer Mikrosekunde. Hat man eine Wanderwelle mit einer Front von 150 kV/μsec, so ergeben Zahlenbeispiele mit $L = 6{,}5 \cdot 10^{-5}$ Henry für eine Freileitung mit $Z = 500\ \Omega$ ein $u_{AB_{max}}$ von etwa 20000 V.

Für Kabel mit $Z = 50\ \Omega$ hat die Zeitkonstante $L/2Z$ den zehnfachen Wert, und dies hat zur Folge, daß der Anstieg der Wandlerklemmenspannung viel langsamer vor sich geht. Das besagt soviel, daß in einem solchen Falle die Wellenfront in den Rückenteil übergegangen sein wird, noch bevor ein ansehnlicher Teil der Klemmenspannung u_{AB} erreicht sein wird. In Abb. 125 sind die einfallende Spannung u (im Punkte A), die durchtretende Spannung u_2 (im Punkte B) und der Spannungsanstieg an den Wandlerklemmen u_{AB} in Funktion der Zeit t dargestellt.

Untersucht man mit Hilfe der Spannungs- und Stromgleichungen den Wanderwellenvorgang bei einem Stromwandler mit Schutzwiderstand R nach

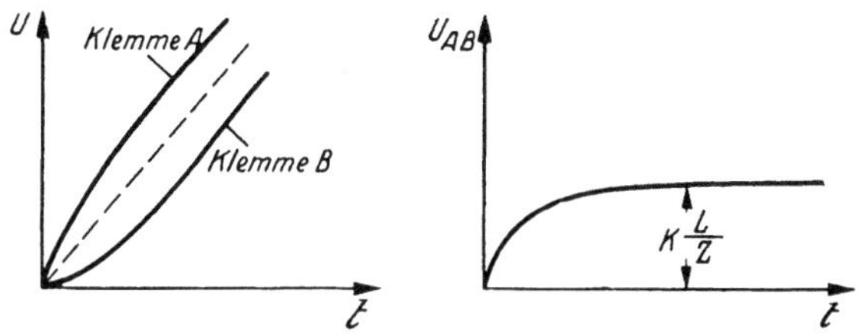

Abb. 125.

der Schaltung in Abb. 122 oben, nach den früher geschilderten Gesichtspunkten, so gelangt man zu folgenden Gleichungen. Die Spannung zwischen den Wandlerklemmen wird in diesem Falle

$$(u + u_1) - (u - u_1) = 2u_1 = u_R = u_{AB}. \tag{93}$$

Der Strom durch den Widerstand R ist $i_R = 2u_1/R$. Den Strom durch die Wandlerwicklung bezeichnen wir mit i_L.
Es ist

$$i_R + i_L = \frac{u_2}{Z_2} = \frac{u_2}{Z}$$

und hieraus

$$i_L = \frac{u_2}{Z} - i_R = \frac{u - u_1}{Z} - \frac{2u_1}{R}.$$

Die Spannung an den Wandlerklemmen ergibt sich zu

$$L\frac{di_L}{dt} = \frac{L}{Z}k - \frac{L}{Z}\frac{du_1}{dt} - \frac{2L}{R}\frac{du_1}{dt} = 2u_1.$$

Als Differentialgleichung des Problems erhält man folgende Gleichung:

$$\frac{d(2u_1)}{dt} + \frac{1}{L\left(\frac{1}{2Z} + \frac{1}{R}\right)}2u_1 = \frac{k}{L\left(\frac{1}{2Z} + \frac{1}{R}\right)}\frac{L}{Z}. \tag{94}$$

Eine partikuläre Lösung erhält man für $d(2u_1)/dt = 0$, nämlich folgt aus (94)

$$2u_1 = k\frac{L}{Z}.$$

Die vollständige Lösung der Differentialgleichung (94) lautet

$$2u_1 = u_{AB} = k\frac{L}{Z}\left(1 - \varepsilon^{-\frac{t}{L\left(\frac{1}{2Z} + \frac{1}{R}\right)}}\right). \tag{95}$$

Das Ausgleichsglied hat somit die Zeitkonstante

$$T = \frac{L}{2Z} + \frac{L}{R}. \tag{96}$$

Vergleicht man diese Zeitkonstante mit derjenigen in Gleichung (91), so sieht man, daß die Zeitkonstante des Vorganges durch den Schutzwiderstand um L/R zugenommen hat.

Je geringer der Widerstand R, um so größer die Zeitkonstante. Man kann somit mit geringem Parallelwiderstand den Spannungsanstieg an den Wandlerklemmen derart verzögern, bis schließlich die Sicherheit besteht, daß die

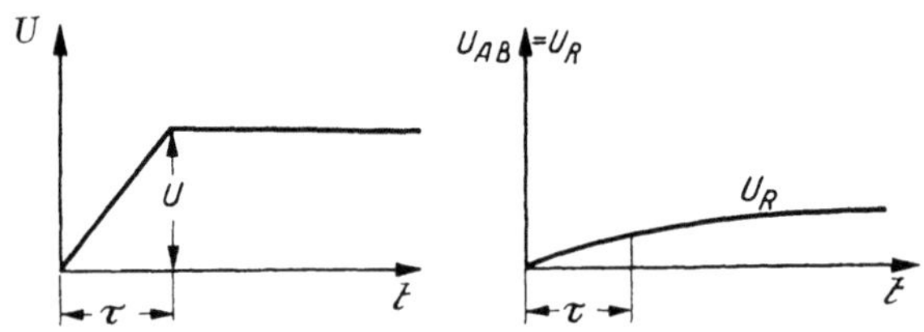

Abb. 126.

Frontdauer der Welle nicht ausreicht, um die Ausbildung gefährlicher Wandlerspannungsabfälle zu ermöglichen. Man kommt auf Grund folgender Überlegung zu einer Bemessungsformel für R.

Es sei u_R die maximal zulässige Wandlerspannung, U der Scheitelwert der ankommenden Wanderwelle. Dieser Wert soll nach der Zeit τ erreicht sein. Somit wird $k = U/\tau$ und nach Gleichung (95)

$$u_{AB} = k\frac{L}{Z}\left(1 - \varepsilon^{-\frac{t}{T}}\right).$$

In der Abb. 126 ist der Verlauf von u und u_{AB} dargestellt. Im linearen Teil von u_{AB} gilt $u_{AB} = k\frac{L}{Z}\frac{t}{T}$.

Setzt man den Wert für T (Gleichung 96) ein, so ergibt sich für $t = \tau$

$$u_{AB} = k\frac{L}{Z}\frac{\tau}{T} = k\frac{L}{Z}\frac{\tau}{\frac{L}{2Z} + \frac{L}{R}} = \frac{U}{\tau}\frac{L}{Z}\frac{\tau}{L\left(\frac{1}{2Z} + \frac{1}{R}\right)}.$$

Ist der Schutzwiderstand aus spannungsabhängigem Material, so sinkt R beim Auftreffen der Wanderwelle auf geringe Ohmwerte. Für eine Orientierung kann daher $1/2Z$ gegen $1/R$ vernachlässigt werden. Die letzte Gleichung vereinfacht sich wie folgt:

$$u_{AB} = \frac{U}{\tau}\frac{L}{Z}\frac{\tau R}{L} = U\frac{R}{Z}$$

und somit

$$R = \frac{u_{AB} Z}{U}. \tag{97}$$

Diese Gleichung tritt an Stelle der Gleichung (85). Setzt man in der letzteren $Z_1 = Z_2 = Z$ und $u_R = u_{AB}$, so wird

$$R = \frac{2 u_{AB} Z}{2u - u_{AB}}.$$

Der Wert der Wandlerspannung ist klein gegenüber dem doppelten Scheitelwert der Spannung der Wanderwelle, und daher wird angenähert $R = u_{AB} \frac{Z}{U}$ ein Resultat, welches sich mit der Gleichung (97) deckt.

Es ist klar, daß mit wachsender Spannungsabhängigkeit des Widerstandsmaterials der Schutz verbessert werden kann. Die Widerstandsabhängigkeit des Materials von der Spannung kann durch folgende Gleichung ausgedrückt werden.

$$\frac{R_1}{R_2} = \left(\frac{u_2}{u_1}\right)^n.$$

Je größer n, desto besser die Schutzwirkung. Die Widerstände werden aus einem Siliziumkarbid enthaltenden Material hergestellt und sind unter der Bezeichnung ,,Silit" oder ,,Thyrit" bekannt geworden. Für Stromwandler in Höchstspannungsnetzen ergeben sich wegen der höheren Werte für u_{AB} relativ hohe Werte für die Schutzwerte R. Man kann in solchen Grenzfällen den Spannungsschutz durch eine parallel zum Wandler geschaltete Funkenstrecke bewerkstelligen. Es ist klar, daß nur Überspannungen, die höher als die Ansprechspannung der Funkenstrecke liegen, von der Schutzeinrichtung abgefangen werden. Für darunterliegende Spannungen ist die Wicklung als stoßsicher vorausgesetzt. Die Funkenstrecke sollte eine Kugel- oder Zylinderfunkenstrecke sein. Letztere hätte den Vorzug einer kleineren Zeitverzögerung. Als Elektrodenmaterial ist Hartkupfer oder Kupfer mit vernickelter Oberfläche zu empfehlen. Der Abstand der Elektroden darf nicht zu klein gewählt werden (nicht unter 3 mm), da sonst die Gefahr der Verschmutzung und der Bildung eines stehenden Lichtbogens bei Netzkurzschlüssen bestehen kann. Die Gefahr der völligen Überbrückung des Stromwandlers wird durch die Schaltung eines Widerstandes in Reihe zur Funkenstrecke vermieden.

Wir müssen uns jetzt einer weiteren Frage der Bemessung der Schutzwiderstände zuwenden.

Wie bereits erwähnt, ist die Schutzwirkung um so größer, je geringer die Ohmzahl des Schutzwiderstandes R ist. Man muß von diesem Standpunkt aus bestrebt sein, möglichst niedrige Ohmzahlen zu wählen. Andererseits müssen auch andere Momente Beachtung finden, die eine Überschreitung einer unteren Grenze nicht zulassen. Beim Durchgang der Spannungswelle wird die Ohmzahl des Schutzwiderstandes automatisch kleiner als im normalen Betrieb, wodurch sich auch die Schutzwirkung automatisch erhöht. Über das Maß der Abhängigkeit des Widerstandes von der Spannung können nur ausgiebige Versuche mit dem in Frage kommenden Material Anhaltspunkte verschaffen. Für den normalen Betrieb soll der Parallelwiderstand so bemessen sein, daß eine Beeinträchtigung des Übersetzungsverhältnisses durch den Widerstand nicht eintritt. Der Widerstand darf von diesem Standpunkt aus betrachtet für

Wandler, die eine hohe Klemmenspannung besitzen, und letzteres trifft für Wicklungswandler bei hoher Betriebsspannung oft zu, nicht mit zu geringer Ohmzahl gewählt werden. Wir haben im Abschnitt I. 10 den Einfluß des Parallelwiderstandes auf die Meßgenauigkeit des Wandlers genau untersucht und haben gefunden, daß der Widerstand den Fehlwinkel verbessert und den Stromfehler verschlechtert. Bei der Abgleichung des Wandlers kann dieser Fehler kompensiert werden. Jene Überlegungen gelten für Parallelwiderstände aus Metall, wo man mit einer Konstanz des Widerstandes unbedingt rechnen kann. Dagegen ist es unzulässig, die Genauigkeit des Wandlers von der Konstanz eines Carborundumwiderstandes abhängig zu machen. Parallelwiderstände aus solchem Material sollen praktisch einen derart geringen Strom führen, daß die Meßgenauigkeit von diesem Strom nicht beeinflußt wird.

Ein für die Praxis noch wichtigerer Umstand, von dem die Betriebssicherheit des Wandlers abhängt, ist die Beachtung des Verhaltens des Widerstandes bei Netzkurzschlüssen. Überspannungen haben häufig Kurzschlüsse zur Folge. Nachdem der Wandler von einer Wanderwelle unbeschädigt geblieben ist, kann er unmittelbar darauf einer weiteren scharfen Beanspruchung ausgesetzt werden, nämlich derjenigen, die durch einen Netzkurzschluß heraufbeschworen wird. Uns interessiert jetzt das Verhalten des Widerstandes in diesem Moment. Die Spannung am Widerstand ist durch den Kurzschlußstrom bestimmt oder, präziser ausgedrückt, durch die Klemmenspannung am Stromwandler, die sich beim Durchgang des Netzkurzschlußstromes einstellt. Es entsteht nun die Frage, welchen Bedingungen muß der Widerstand genügen? Offenbar denen, die der Kurzschlußsicherheit der Stromwandler entsprechen, d. h. der Widerstand muß eine Spannung, die etwa dem 200fachen Nennstrom als Stoßkurzschlußstrom (J_{dyn}), und eine Sekunde lang eine Spannung, die dem 100fachen Nennstrom (J_{therm}) entspricht, aushalten, ohne daß das Material einen Defekt erleidet. Ist letzteres der Fall, sei es, daß der Widerstand eine leitende Ader bekommt oder springt, so kann ein Lichtbogen den Stromwandler primärseitig kurzschließen. Der ganze Kurzschlußstrom nimmt nun seinen Weg über den Lichtbogen und kann, je nach der Intensität des Kurzschlusses, den Stromwandler beschädigen. Schlimmer als der Fehler selbst können die Folgen sein. Da die Sekundärwicklung infolge der Überbrückung des Stromwandlers stromlos wird und demnach das angeschlossene Relais nicht ansprechen kann, kann der Kurzschluß durch das Relais nicht abgeschaltet werden. Es kann also eine an und für sich geringfügige Ursache ernste Wirkung haben. Der Konstrukteur muß also den Widerstand so bemessen, daß derselbe den Betriebsbedingungen im Kurzschlußfalle entspricht.

Um den Schutzwiderstand auf seine Betriebssicherheit beurteilen zu können, muß man die Spannung U_1 an den Primärklemmen rechnerisch aus folgender Gleichung ermitteln:

$$U_1 = J_1 \sqrt{\left\{r_1 + (r_2 + R_2)\left(\frac{w_1}{w_2}\right)^2\right\}^2 + \left\{\omega\lambda_1 + (\omega\lambda_2 + \omega L_2)\left(\frac{w_1}{w_2}\right)^2\right\}^2}. \quad (98)$$

In dieser Gleichung sind alle Größen der Gleichung (11) enthalten plus die

Widerstandsgrößen des primären Stromkreises, nämlich r_1 (ohmscher Widerstand der primären Wicklung) und $\omega\lambda_1$ (Streureaktanz der primären Wicklung). Wegen der Ermittlung der letzteren Größe sei auf Abschnitt I. 7 und I. 8 verwiesen.

Einen Anhaltspunkt für die Bemessung des Schutzwiderstandes gibt auch der Voltampereverbrauch bei sekundär belastetem Stromwandler. Wir legen der Berechnung eine Belastung von 30 VA, cos $\beta_2 = 0{,}8$, zugrunde. Die Tabelle gibt die Werte U_1 für Wicklungsstromwandler mit 1000 AW für die normalisierten Nennspannungen bei einem Übersetzungsverhältnis 5/5 A. Der Wert U_1 ist selbstverständlich vom Aufbau des Wandlers abhängig, aber die Erfahrung hat gezeigt, daß für Wicklungswandler mit konzentrischem Spulenaufbau diese Werte keinen starken Veränderungen unterworfen sind.

Tabelle der primären Klemmenspannungen

Nennspannung kV	Scheinleistung VA	U_1 Volt
10	80	16
20	90	18
30	105	21
60	155	31
100	230	46
150	360	72

Wird eine andere sekundäre Belastung als 30 VA angenommen, so ändert sich der Wert U_1. Bezeichnet man die Spannung an der Bürde mit U_B, die resultierende Streuspannung bei sekundärem Kurzschluß mit U_S, den resultierenden ohmschen Spannungsabfall der Wicklungen mit U_r, so gilt vektoriell bei $\ddot{u} = 5/5$ A:

$$U_1 = \overrightarrow{U_S} + \overrightarrow{U_r} + \overrightarrow{U_B}. \qquad (99)$$

Diese Vektorgleichung kann auch aus dem Diagramm der Abb. 1 gefolgert werden. Bei Vernachlässigung von U_r gilt angenähert

$$U_1 = \overrightarrow{U_S} + \overrightarrow{U_B}.$$

Somit kann man die Werte der Tabelle für jede Bürde korrigieren.

Es muß noch bemerkt werden, daß die Werte des Voltampereverbrauches unabhängig vom Übersetzungsverhältnis $\ddot{u}$ sind. Somit ergibt sich, wenn U_1 für $J_1 = 5$ A gilt, für jede andere primäre Stromstärke J_1 (Sekundärstrom immer 5 A) die Beziehung

$$\frac{\overline{U_1}}{U_1} = \frac{5}{J_1}.$$

$\overline{U_1}$ wird sich somit umgekehrt proportional mit der Stromstärke J_1 ändern.

Ferner muß man die Ohmwerte für R so bestimmen, daß bei 100 U_1 (entsprechend der thermischen Sicherheit 100 J_N während einer Sekunde) keine unzulässige Erwärmung des Widerstandes eintritt. Der Widerstand darf wohl warm werden, aber Rauchentwicklung ist schon als unzulässig anzusehen.

Die Bemessung des Schutzwiderstandes R ist wesentlich von der Höhe des zulässigen Meßfehlerstromes abhängig. Der Meßfehlerstrom durch den Schutzwiderstand soll auf 0,1% von J_1 begrenzt werden. Die obige Bemessung des Zweigstromes durch den Widerstand kann auch für Präzisions-Stromwandler in Kauf genommen werden, um so mehr, als man durch Windungsabgleich an der Sekundärwicklung den negativen Stromfehler wieder kompensieren kann.

Die auf Grund der Scheinleistung ermittelten Werte von $100\,U_1$ sind noch mit den an Hand von Überspannungsversuchen ermittelten Werten der zulässigen Beanspruchung $U_{zulässig}$ zu vergleichen, wobei aus der Beziehung

$$100\,U_1 < U_{zulässig}$$

jeweils die Betriebssicherheit des Widerstandes zu ermessen ist.

4. Frequenz und Kurvenform. Stromwandler bei geöffnetem Sekundärkreis

Der Frage der Frequenz, für welche der Stromwandler gebaut werden soll, muß beim Entwurf Rechnung getragen werden. Wir müssen die Abhängigkeit von der Frequenz in den Grundgleichungen nachprüfen, um daraus die praktischen Folgerungen zu ziehen, insbesondere für den Fall von $16\,^2/_3$ Perioden, die den Bahnbetrieb beherrschen. Aus den Gleichungen

$$E_0 = J_2 \sqrt{(r_2 + R_2)^2 + (\omega\lambda_2 + \omega L_2)^2} \tag{11}$$

und

$$E_0 = 4{,}44\, f w q B_{max}\, 10^{-8} \tag{12}$$

läßt sich folgender Zusammenhang mit der Frequenz erkennen.

Die EMK, die erzeugt werden muß, ist kleiner bei geringerer Frequenz, da die induktiven Spannungsabfälle $\omega\lambda_2$ und ωL_2 der Frequenz proportional sind. Die ohmschen Spannungsabfälle, die von der Frequenz unabhängig sind, sind von Bedeutung. Die Folge der geringeren Frequenz ist, wie aus der Formel (12) ersichtlich, daß die Induktion bei gleichem Eisenquerschnitt bei $16\,^2/_3$ Perioden höher ausfällt als bei 50 Perioden. Die weitere Folge ist die Zunahme des Magnetisierungsstromes. Aus der Zunahme des Leerlaufstromes folgt eine Verschlechterung des Übersetzungsfehlers und des Fehlwinkels. Es bleibt hier der gleiche Ausweg wie im Transformatoren- und Generatorenbau. Bei $16\,^2/_3$ Perioden werden die Eisenkerne entsprechend größer ausfallen müssen. Man kann in guter Annäherung mit dreifachem Eisenquerschnitt wie bei 50 Perioden rechnen.

Eine genaue Berechnung des Wandlers für eine von 50 abweichende Periodenzahl läßt sich an Hand von Magnetisierungskurven, die für die entsprechende Periodenzahl experimentell analog den Kurven in den Abb. 10 und 12 zu ermitteln sind, durchführen. Das Verhalten des Kernes aus legierten Blechen wird in Abhängigkeit von der Frequenz folgendermaßen zu charakterisieren sein. Die Verluste vermindern sich bei gleicher Induktion angenähert proportional mit der Frequenz. Die quadratisch mit der Frequenz abnehmenden Wirbelstromverluste bilden nur einen geringen Anteil der Gesamtverluste (etwa 20% bei 0,93-Watt-Blech). Die wattlose Komponente des Leerlaufstromes ist bei gleichen Kraftlinienwegen und gleicher Induktion von der Frequenz unabhängig. Die Voltamperezahl pro Kilogramm ist bei gleicher Induktion der Frequenz angenähert proportional.

Infolge der geringeren induktiven Spannungsabfälle ist die Spanne zwischen den Fehlerkurven bei ohmscher und induktiver Belastung bei $16\,^2/_3$ Perioden kleiner als bei 50 Perioden. Aus dem gleichen Grunde sind auch die Fehlwinkel allgemein bei $16\,^2/_3$ Perioden größer.

Eine Neuerscheinung auf dem Meßwandlergebiet bilden Stromwandler für höhere Frequenzen, etwa bis zu 10000 Hz. Bei der Berechnung solcher Wandler muß man sich in erster Linie über das Verhalten der hochlegierten Bleche bei diesen Frequenzen Rechenschaft geben. Wegen der hochfrequenten Wirbelströme ergibt sich eine ungleichmäßige Verteilung der Induktion im Eisenblech, eine Art Verdrängung der magnetischen Kraftlinien. Die Folge davon ist eine geringere Permeabilität des Eisens im Vergleich zur Permeabilität bei 50 Perioden und somit eine Zunahme des Magnetisierungsstromes, andererseits erhält man mit zunehmender Frequenz rapid anwachsende Eisenverluste. Der Berechnung solcher Wandler müssen Magnetisierungs- und Verlustkurven des Materials für die entsprechenden Frequenzen (5000–10000 Hz) zugrundegelegt werden[39]). Man verwendet heute vorteilhaft für Kerne solcher Wandler 0,1- bis 0,15-mm-Blech. Wegen der hohen Frequenzen kommt man nach Gleichung (12) auf ganz tiefe Induktionen. Die Ermittlung des Leerlaufstromes erfolgt nach den früher behandelten Verfahren an Hand der Kurven für die entsprechende Frequenz, und somit ergibt sich eine Fehlerberechnung nach den Gleichungen (8).

Für das Verhalten des Kupfers bei Hochfrequenz gelten die aus der allgemeinen Elektrotechnik bekannten Formeln für die „Eindringtiefe" und die Zusatzverluste infolge des Skineffektes[40]).

Im Gegensatz zu der Frequenz läßt sich der Einfluß der Kurvenform rechnerisch nicht verfolgen. Dies ist auch praktisch kaum notwendig. Die Untersuchungen auf diesem Gebiete haben mehr theoretischen Wert. Eine Frage allerdings, nämlich die, ob die Kurvenformen des Stromes primär- und sekundärseitig auch immer identisch sind, hat praktisch in der Meßtechnik eine große Bedeutung. Die Frage läßt sich auf Grund der Stromgleichung

$$i_1 - i_0 = -i_2$$

dahin beantworten, daß, solange der Leerlaufstrom i_0 klein ist, sich die Harmonischen des primären Stromes im Sekundärkreis wiederfinden müssen. Tatsächlich kann ein Leerlaufstrom von der Größenordnung von 1% keine Deformation in der Stromkurve hervorrufen. Dies trifft für Stromwandler zu, die mit geringer Sättigung arbeiten. Wird die Bürde stark überschritten, so ändert sich das Verhalten. Die Sättigung und der Leerlaufstrom nehmen zu, die Kurvenform des Leerlaufstromes ist bei hoher Sättigung stark verzerrt.

[39]) BARTELS, H.: Grundlagen der Verstärkertechnik, S. 103. 1944.

[40]) FRAENCKEL, A.: Theorie der Wechselströme, S. 147. 1921.

Unter diesen Umständen können die Kurvenformen des primären und sekundären Stromes nicht mehr identisch sein. Das gleiche trifft auch bei ganz hohen Stromstärken zu, es treten nämlich in solchen Fällen Verzerrungen der sekundären Stromkurve ein.

Bei geringer Sättigung ist die Wirkung der Kurvenform auf die Fehlergrößen sehr gering. Die Gleichung (12) kann auch so geschrieben werden:

$$E_0 = 4\, f_1 f w_2 B_{max} q\; 10^{-8},$$

wo f_1 den Formfaktor der Spannungskurve bedeutet. Je größer der Formfaktor, je spitzer die Spannungskurve, desto tiefer der Wert der maximalen Induktion.

Die Stromkurve des Leerlaufstromes weicht bei geringer Sättigung, wie oszillographische Aufnahmen zeigen, nicht stark von der Sinusform ab.

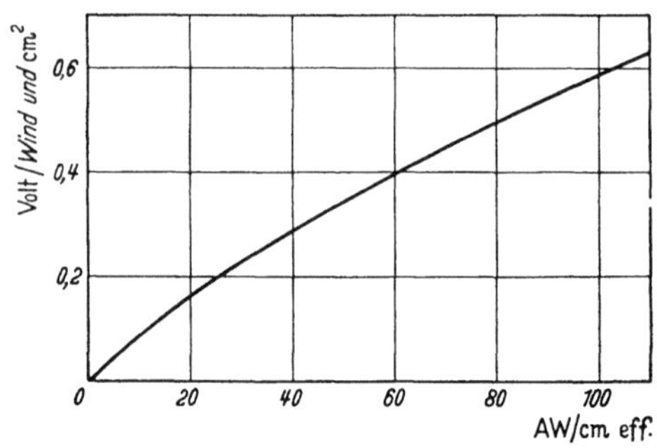

Abb. 127. Scheitelspannung an den Klemmen des geöffneten Sekundärkreises bei 50 ~.

Die typische Verzerrung der Magnetisierungsstromkurve setzt bei 1500 Linien ein, eine Induktion, die für das normale Arbeitsgebiet der Stromwandler selten in Frage kommt. Die Magnetisierung des Stromwandlers stellt den Fall einer freien Magnetisierung dar in dem Sinne, daß die Flußkurve nicht durch eine feste Spannungskurve gesteuert wird. Dem Stromwandler wird von außen zwangläufig die primäre Stromkurve aufgedrückt. Messungen mit Strömen verschiedener Kurvenform haben nur ganz geringe Abweichungen in den Fehlergrößen ergeben.

Einen Spezialfall der Magnetisierung eines Stromwandlers stellt der Fall des Stromwandlers mit geöffnetem Sekundärkreis dar. Bekanntlich treten dabei oft nicht ungefährliche Spannungen auf, und jedes Öffnen des Sekundärkreises muß verhindert werden. Wegen der prinzipiellen Bedeutung dieses Zustandes soll hier darüber einiges gesagt werden. Bei offenem Sekundärkreis bleiben die sekundären Gegenamperewindungen aus, und der primäre Strom wirkt als reiner Magnetisierungsstrom. Die Kurvenform dieses Stromes ist ja als Sinusform vorgegeben, und bekanntlich tritt dabei hoher Sättigung eine starke Verflachung des Flusses mit steilen Absenkungen gegen Null ein. Dies hat spitze Spannungskurven mit hohen Scheitelwerten zur Folge.

Abb. 127 zeigt eine im Laboratorium der AEG-Apparatefabrik aufgenommene Kurve der Scheitelspannungen eines Stromwandlers, die an den

Klemmen des geöffneten sekundären Stromkreises bei 50 Perioden gemessen worden sind. Die Kurve hat in dem Sinne eine allgemeine Bedeutung, daß man bei jeder primären AW-Zahl, die man als Erregerstrom voraussetzen muß, die Spitzenspannung in Volt pro Windung und cm^2 aus der Kurve entnehmen kann. Man kann somit entsprechend dem effektiven Eisenquerschnitt und der sekundären Windungszahl des jeweiligen Stromwandlers die Spitzenspannung an den Klemmen des geöffneten sekundären Stromkreises vorausberechnen. Besondere Beachtung müssen in dieser Beziehung Stromwandler finden, die für einen sekundären Nennstrom von einem Ampere ausgelegt werden. In solchen Fällen nimmt, wegen der hohen sekundären Windungszahl, die Spannung an den Klemmen des geöffneten sekundären Stromkreises besonders hohe Werte an. Die REW-Regeln 1932 schreiben eine Prüfung bei Stromwandlern mit Nennstrom während einer Minute bei geöffnetem Sekundärkreis vor. Diese Prüfung kann als Probe auf Windungsisolation angesehen werden. (Siehe hierzu B. HAGUE: Instrument Transformers, S. 204.)

In diesem Zusammenhang sei darauf hingewiesen, daß nach Offensein des Sekundärkreises im Eisen Restfelder (Remanenz) bestehen bleiben können, die auf das Verhalten des Stromwandlers im unteren Stromgebiet nicht ohne Einfluß sind. Die Stromfehleränderungen können bis 1%, die Fehlwinkeländerungen bis 40′ ausmachen. Wo solche Störungen vermutet werden, empfiehlt es sich, eine Entmagnetisierung des Stromwandlers durchzuführen.

5. Kombinationsstromwandler. Umschaltbare Stromwandler. Windungsabgleichung

Es ist ein Zug der Technik, Apparate möglichst vielseitig zu gestalten, das Anwendungsgebiet möglichst weit auszudehnen und durch Kombinationen der einzelnen Elemente Materialersparnis zu erzielen.

Unter Kombinationsstromwandlern versteht man mehrkernige Stromwandler, die die gleiche Primärwicklung besitzen, wobei jeder Kern seine eigene

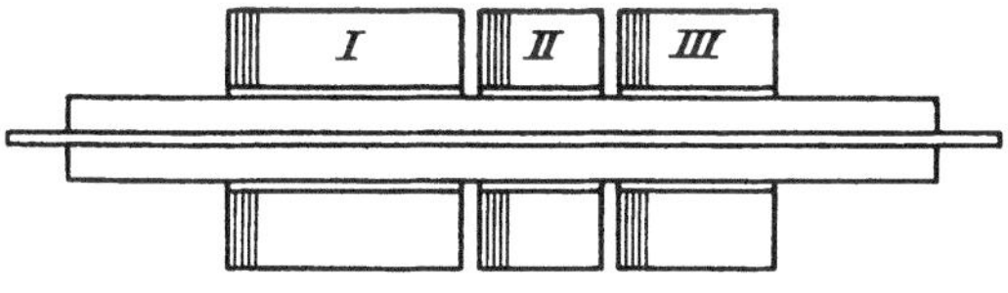

Abb. 128. Dreikernstromwandler 250/5 A. I Meßkern. II Relaiskern. III Schutzkern.

Sekundärwicklung hat. Man erhält, wie durch Messungen bestätigt wurde, vollständig unabhängige Stromwandler, da eine gegenseitige Beeinflussung der Magnetflüsse durch die trennende Luftschicht der Kerne verhindert wird. Auch als Einleiterstromwandler finden mehrkernige Wandler häufig Verwendung. Abb. 128 zeigt eine von der Firma Moser-Glaser & Co. ausgeführte Anordnung von 3 Kernen für Stromwandler 250/5 A der Reihe 20 kV. Der Zweck und die Leistung der einzelnen Kerne geht aus folgender Zusammenstellung hervor.

Kern I für Meßzwecke in der Schaltung mit gesteuerter Eigenvormagnetisierung nach Abb. 83, Meßleistung 60 VA in Kl. 0,5.

Kern II für Impedanzschutz nach den Bedingungen Brown Boveri (Kl. S 10).

Kern III drei Kerne in dreiphasiger Schutzschaltung zum Anschluß eines hochempfindlichen Erdschlußrelais.

Die heute erhältlichen hochpermeablen Kernwerkstoffe lassen eine weitere Entwicklung solcher Kombinationswandler erwarten. Eine weitere wichtige Betriebsfrage ist die Umschaltbarkeit der Stromwandler. Die Umschaltbarkeit der Stromwandler sichert den Werken Bewegungsfreiheit und Entwicklungsmöglichkeiten. Die Umschaltung ist zweckmäßig an der Osp.-Wicklung vorzunehmen. Da der Sekundärstrom in der Regel 5 A beträgt, so hat der Stromwandler bei der Umschaltung der Osp.-Wicklung in beiden Meßbereichen eine konstante Amperewindungszahl, und dadurch hat man in beiden Meßbereichen die gleichen Fehlerkurven. Abb. 129 zeigt schematisch eine zweckmäßige Anordnung der Osp.-Wicklung, die in diesem Falle aus zwei dreilagigen Spulen besteht. Auch Einleiterstromwandler werden für zwei oder

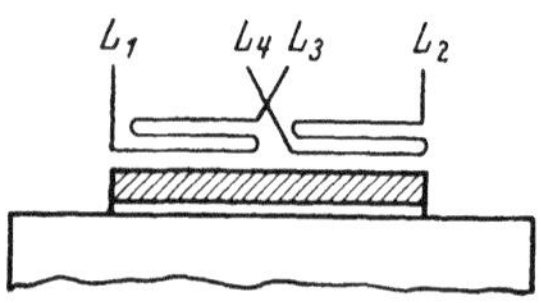

Abb. 129. Umschaltbare Osp.-Wicklung.

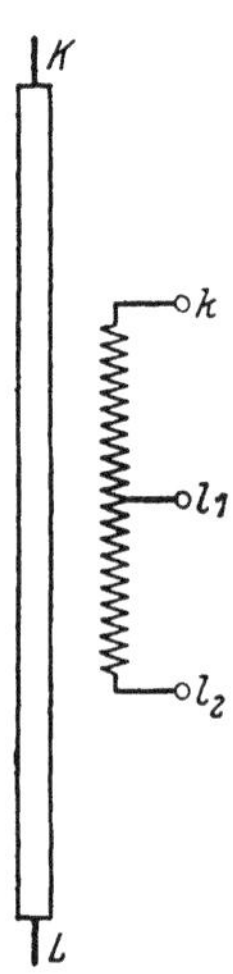

Abb. 130.

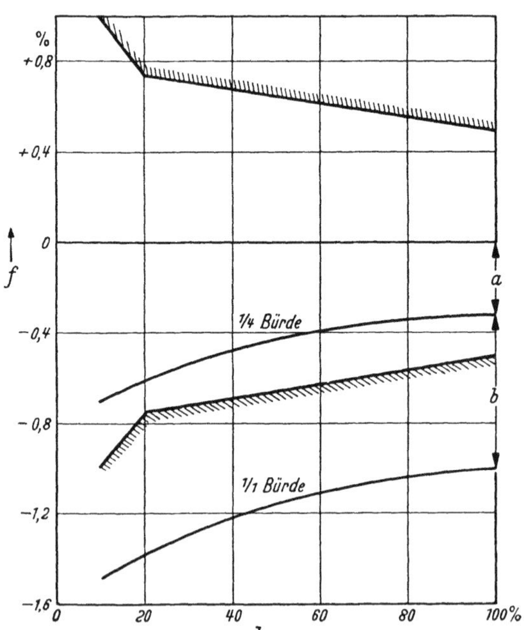

Abb. 131. Windungsabgleichung. ///// zulässige Stromfehlerwerte in Kl. 0,5.

mehrere Übersetzungsverhältnisse gebaut. Da die Primärwicklung aus einem Leiter besteht, wird die Umschaltmöglichkeit dadurch erreicht, daß man nach Abb. 130 die Sekundärwicklung mit Anzapfungen versieht. Für die Berechnung solcher Stromwandler ist der kleinste Nennstrombereich und die geringste sekundäre Windungszahl maßgebend. Wenn der Stromwandler in diesem Meßbereich der verlangten Klassengenauigkeit genügt, so wird die Meßleistung für einen höheren Strombereich um so größer.

Ehe wir diesen Abschnitt schließen, machen wir noch einige Bemerkungen zur Frage der Windungsabgleichung.

Wie aus Abb. 131 ersichtlich, liegen die Stromfehlerkurven ohne Abgleichung bei $^1/_4$ und $^1/_1$ Bürde ganz auf der negativen Seite. Diese Kurven müssen durch eine Verminderung der sekundären Windungszahl nach Plus gehoben werden. Der Betrag dieser Verschiebung ist $a + b/2$, wobei b durch die Differenz der Fehlergrößen bei $^1/_1$ und $^1/_4$ Bürde bedingt ist. Beide Größen a und b sind entsprechend der Kernbemessung für die jeweilig verlangte Klassengenauigkeit Werte, die man rechnerisch ermitteln kann. Somit kann der prozentuale Anteil der Abgleichung vorausberechnet werden. Für die Klassen 3 bzw. 10 sind diese Anteile beträchtlich.

IV. Besondere Arbeitsgebiete bei Stromwandlern

1. Fehlwinkel und Stromfehler bei hohen Strömen. Überstromziffer

Wir hatten schon früher das Verhalten der verschiedenen Stromwandlertypen bei hohen Strömen streifen müssen und wollen uns nun jetzt mit dieser Frage eingehender befassen.

Dienen Stromwandler zum Anschluß von Impedanzrelais, so interessieren die Fehlergrößen nicht bei Nennbetrieb, sondern bei hohen Strömen. Man muß die Charakteristiken der Wandler im Überstromgebiet kennen. Eine richtige Staffelung der Auslösezeiten der Relais für den sog. Distanzschutz setzt lineare Charakteristiken der Stromwandler bis zum 10—20fachen Wert des Nennstromes voraus. Die Meßgenauigkeit wird bei solchen Stromwandlern auf Klasse 1 oder 3 beschränkt, die Bürden sind aber wesentlich höher. Gibt ein Stromwandler in seiner Sekundärwicklung bei einem Kurzschluß in der Leitung zu wenig Strom, so nimmt bei Impedanzrelais die Auslösezeit zu. Somit ist diese auch vom Stromwandler abhängig. Es ist auch wichtig, daß die Fehlwinkel der Stromwandler, die für Impedanzschutz verwendet werden, in gewissen Grenzen bleiben. Strom um Spannung stehen im Kurzschluß unter einem bestimmten Winkel, der die Charakteristiken der Relais beeinflußt.

Die Beurteilung des Verhaltens der Stromwandler bei Netzkurzschlüssen erfolgt auf Grund der im Abschnitt I. 11 definierten Kennlinien:

$$J_2 = f_1(J_1),\quad f = f_2(J_1),\quad \delta' = f_3(J_1).$$

Wir wollen die Fehlerkurven im Überstromgebiet des bereits früher berechneten 20-kV-Wicklungsstromwandlers 5/5 A (S. 91) ermitteln und bedienen uns dabei folgender Gleichungen, die aus den Gleichungen (39), (40) und (41) unmittelbar folgen.

$$\left.\begin{aligned} J_1 &= J_0 \frac{\sqrt{(r_0 + r_2 + R_2)^2 + \omega^2 (\lambda_0 + \lambda_2 + L_2)^2}}{\sqrt{(r_2 + R_2)^2 + \omega^2 (\lambda_2 + L_2)^2}}, \\ J_2 &= J_0 \frac{\sqrt{r_0^2 + \omega^2 \lambda_0^2}}{\sqrt{(r_2 + R_2)^2 + \omega^2 (\lambda_2 + L_2)^2}}, \\ \underset{\text{in Minuten}}{\delta} &= \frac{(r_2 + R_2)\,\omega\,\lambda_0 - r_0\,\omega\,(\lambda_2 + L_2)}{r_0\,(r_0 + r_2 + R_2) + \omega\,\lambda_0\,\omega\,(\lambda_0 + \lambda_2 + L_2)} \cdot \frac{1}{0{,}00029}\,. \end{aligned}\right\} \quad (100)$$

Wie wir gesehen haben, sind diese Gleichungen ohne Vernachlässigungen hergeleitet worden, und man ist dadurch in der Lage, mit Hilfe der Größen r_0 und λ_0 den Verlauf der Kennlinien im Überstromgebiet zu bestimmen. Für das gleiche Kernmaterial gibt die folgende Tabelle die in Frage kommenden Größen. Wie früher, wird auch hier die Annahme $w_1 = w_2$ gemacht.

B_{max}	E_0 in Volt	VA	J_0 in Ampere	$\cos\beta_0$	$\sin\beta_0$	r_0 in Ω	$\omega\lambda_0$ in Ω
5000	72,0	15,0	0,208	0,410	0,912	141,0	315,0
8000	115,2	45,0	0,308	0,330	0,943	134,2	343,0
10000	144,0	105,0	0,730	0,250	0,968	49,0	191,4
13000	187,2	427,0	2,28	0,123	0,992	10,1	81,3
15000	216,0	1200	5,55	0,062	0,998	2,42	38,7
16000	230,4	2550	11,05	0,040	0,999	0,835	20,85

Wir entnehmen der früheren Berechnung die Werte $r_2 = 0{,}353\,\Omega$ und $\omega\lambda_2 = 0{,}92\,\Omega$. Die Kurven im Überstromgebiet sollen bei einer Bürde von 15 VA und $\cos\beta_2 = 0{,}5$ errechnet werden. Somit werden

$$R_2 = 0{,}3\,\Omega, \quad \omega L_2 = 0{,}52\,\Omega.$$

Wir führen die Abkürzungen ein nach Gleichung (72):

$$\sqrt{r_0^2 + \omega^2 \lambda_0^2} = a\,, \quad \sqrt{(r_0 + r_2 + R_2)^2 + (\omega\,\lambda_0 + \omega\,\lambda_2 + \omega\,L_2)^2} = b\,,$$

$$(r_2 + R_2)\,\omega\,\lambda_0 - r_0\,\omega\,(\lambda_2 + L_2) = c\,,$$

$$r_0\,(r_0 + r_2 + R_2) + \omega\,\lambda_0\,(\omega\,\lambda_0 + \omega\,\lambda_2 + \omega\,L_2) = d\,.$$

Wir gelangen so zur Tabelle der Werte für die Kennlinien.

Tabelle für 15 VA, cos $\beta_2 = 0{,}5$,
(im Überstromgebiet)

B_{max}	J_0 in Ampere	a	b	c	d	J_1 in Ampere	J_2 in Ampere	f in % *)	δ in Min.
5000	0,208	344,7	346,8	2,80	119590	45,65	45,38	—0,59	0,1
10000	0,370	197,5	198,8	54,40	39385	91,80	91,20	—0,65	4,8
13000	2,28	82,0	83,4	38,56	6828,7	120,2	118,2	—1,64	19,5
15000	5,55	38,7	40,1	21,68	1559,4	141,2	163,3	—3,47	48,0
16000	11,05	20,86	22,3	12,43	466,98	156,2	146,0	—6,52	92,0

*) Nicht korrigiert.

Der Verlauf des Sekundärstromes und des Fehlwinkels sind in den Abb. 132 und 133 dargestellt, und zwar in Abhängigkeit vom Primärstrom J_1. Dieser ist als n-facher primärer Nennstrom in der Abszissenachse eingetragen. In Abb. 132 gibt die Kurve durch die Abweichung von der unter 45° gezeichneten Geraden das Verhalten des sekundären Nennstromes J_2

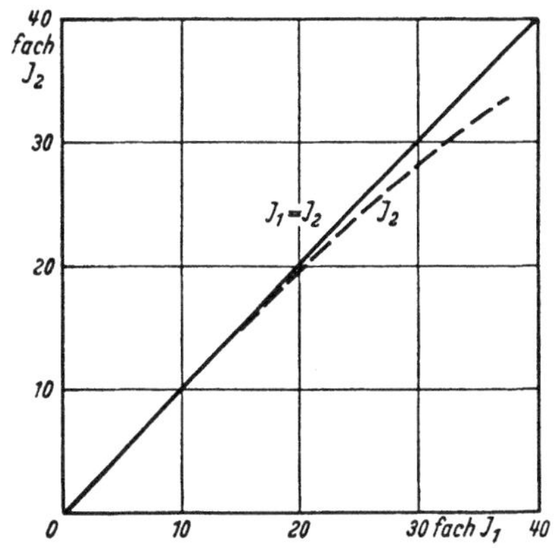

Abb. 132. $J_2 = f(J_1)$ bei einem Wicklungsstromwandler mit 1200 AW.

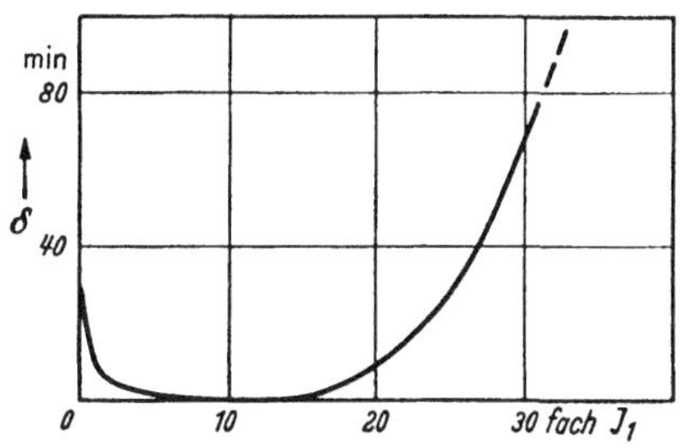

Abb. 133. $\delta = f(J_1)$.

wieder. Der ausgeprägte Abfall des sekundären Stromes findet bei etwa 30fachem primären Strom statt, die Stromfehlerkurve würde dabei einen starken Anstieg aufweisen. Das weitere Anwachsen des sekundären Stromes mit zunehmendem Primärstrom wird nur ganz langsam erfolgen. Der gesättigte Eisenkern ist gewissermaßen aus der Stromtransformation ausgeschaltet, und diese findet von nun an nur über die Streuinduktivitäten der Wicklungen statt. Es verhält sich so, wie wenn man einen Luftstromwandler mit ganz anderer Übersetzung vor sich hätte. Einen Anstieg weist auch der Verlauf der Fehlwinkelkurve auf. Man kann dieses Verhalten gut in Zusammenhang mit den Fehlerkurven dieses Stromwandlers auf S. 93 bringen. Die Induktion bei Nennstrom bei 15 VA, $\cos \beta_2 = 0{,}5$, ist 558 Gs. Die Sättigung für das verwendete Kernmaterial kann mit 15000—15500 Gs angegeben werden. Der „lineare" Charakter der Fehlerkurven hört auf bei $n = 15000/558 = 27$.

Diese Grenze kann somit angenähert vorausberechnet werden und ist nur eine Funktion der Sättigung bei Nennbetrieb bzw. eine Funktion der Bemessung des Kernes. Die REW-Regeln 1932 haben den Begriff „Überstromziffer" durch folgende Definition eingeführt. „Überstromziffer" n ist bei Stromwandlern das Vielfache des primären Nennstromes, bei dem bei Nennbürde ohne Rücksicht auf den Leistungsfaktor der Stromfehler 10% beträgt.

E. Billig [41]) hat die Frage der Bestimmung der „Überstromziffer" eingehend im Jahre 1933 untersucht. Man gelangt zur folgenden Gleichung:

$$\frac{P_N}{P_{0_x}} = \frac{1}{n_x^2} \frac{1 - \frac{a}{100}}{1 + \frac{f_x}{100}} \frac{10}{1 + \frac{9\,a}{100}} . \qquad (101)$$

[41]) Billig, E.: Auslösebürde und Überstromziffer von Stromwandlern. Bull. schweiz. elektrotechn. Ver. **1934**, 370.

Es bedeuten

n_x die Überstromziffer,

P_N die Nennleistung (inkl. Impedanz der Sekundärwicklung) in Voltampere,

P_{0_x} die primäre Magnetisierungs-Scheinleistung bei n_x-fachem Überstrom in Voltampere,

a die Abgleichung in Prozent,

f_x den Stromfehler $= -10\%$.

Die Ermittlung von P_{0_x} setzt die Kenntnis der Voltamperekurven bis zu hohen Sättigungen voraus.

Es sei noch auf die in den REW 1932 angegebene indirekte Methode der Kontrolle der Überstromziffer hingewiesen. Soll eine Überstromziffer „n" überprüft werden, so muß man den Stromwandler von der sekundären Seite mit der Spannung

$$\frac{P_N}{5} \cdot n \cdot 0{,}9 \text{ V}$$

erregen und dabei den Strom messen. Es sei dieser J_{0_x}. Der Stromfehler beim n-fachen Strom ist dann im Maximum

$$f_x = \frac{J_{0_x}}{n\,J_2} \cdot 100 \text{ in } \%\,,$$

und dieser Wert muß < 10 sein.

Bevor wir uns einem weiteren Beispiel der Berechnung eines Stromwandlers im Überstromgebiet zuwenden, möchten wir auf eine wichtige Tatsache des Verhaltens des Eisens bei höheren Induktionen hinweisen. Man stellt bei einem gewissen Überstrom eine Verbesserung der Fehlerkurven fest, die Stromfehler und Fehlwinkel werden geringer. Im Gebiete höchster Permeabilität erreichen die Fehler ihre Minimalwerte. Auf dieses Verhalten hat bereits E. Wirz im Jahre 1919[42]) hingewiesen. Bei steigender Induktion nehmen die Fehler wieder zu, um im Sättigungsgebiet den durch die Abb. 132 und 133 gekennzeichneten Zustand zu erreichen. Dieser Verlauf der Fehlerkurven ist zahlenmäßig für die verschiedenen Wandlertypen verschieden und von der jeweiligen Bürde abhängig. Ist im vorhergehenden Beispiel die „Überstromziffer" unerwünscht hoch, so kann sie, wie das nächste Beispiel zeigen wird, für eine ungünstige Relaisimpedanz (30 VA, $\cos \beta_2 = 0{,}3$) einen unter dem für Impedanzschutz erforderlichen Wert von $n = 10$ haben. Wir wählen den bereits auf S. 105 berechneten Einleiterstromwandler 100/5 A für 60 kV Betriebsspannung und erhalten als Fortsetzung der Tabelle von S. 105 folgende Tabelle:

B_{max}	E_0 in Volt	VA	J_0 in Ampere	$\cos \beta_0$	$\sin \beta_0$	r_0 in Ω	$\omega \lambda_0$ in Ω
5000	15,1	50,0	3,3	0,405	0,914	1,850	4,180
10000	30,2	350,0	11,6	0,250	0,968	0,651	2,520
12000	36,2	950,0	26,2	0,152	0,988	0,210	1,362
15000	45,3	4000,0	88,5	0,0625	0,998	0,032	0,510

42) Siehe Bull. schweiz. elektrotechn. Ver. **1919**, 13.

Aus den Gleichungen (72) erhält man folgende Tabelle der Werte im Überstromgebiet.

Tabelle für 30 VA, cos $\beta_2 = 0,3$
(im Überstromgebiet)

B_{max}	J_0 in Ampere	a	b	c	d	J_1 in Ampere	J_2 in Ampere	f in % *)	δ in Graden
5000	3,3	4,57	5,79	−0,463	26,87	15,48	12,75	−17,6	− 0° 59′
10000	11,6	2,60	3,84	+0,262	9,99	36,2	24,5	−32,3	+ 1° 31′
12000	26,2	1,51	2,62	+0,308	3,569	55,6	32,1	−42,1	+ 4° 57′
15000	88,5	0,51	1,73	+0,169	0,868	124,0	36,6	−70,4	+11° 11′

*) Nicht korrigiert.

Wie aus Abb. 134 ersichtlich, hört das proportionale Anwachsen von J_2 schon bei dreifachem Nennstrom auf. Abb. 135 zeigt den Verlauf des Fehlwinkels. Dieser erreicht bei 12fachem Nennstrom etwa 5°.

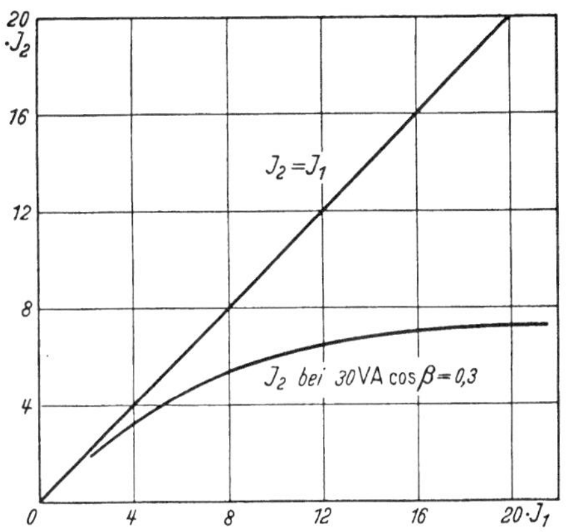

Abb. 134. $J_2 = f(J_1)$ bei einem Einleiterstromwandler 100/5 A [n-fache Nennstromwerte].

Wegen der Bürde, die das angeschlossene Relais darstellt, ist die Bemerkung angebracht, daß die Bürde und auch der Phasenwinkel β_2 selbst Funktionen des Überstromes sind[43]).

Sofern Stromwandler für Impedanzschutz oder zum Anschluß von zeitabhängigen Überstromrelais vorgesehen werden, empfiehlt es sich, die verlangte „Überstromziffer" als Ausgangspunkt für die Dimensionierung zu nehmen. Es kommt häufig vor, daß man wegen der „Überstromziffer" größere Kerne nehmen muß, als diese wegen der Meßgenauigkeit, die in solchen Fällen eine untergeordnete Rolle spielt, vorzusehen wären.

Bemerkt sei noch, daß sich hochpermeable Kernmaterialien für solche Stromwandler nicht eignen. Eine Ausnahme bildet die in den USA viel verwendete Nickel-Eisenlegierung „Hipernik", bei welcher die Sättigung erst bei 13000—15000 Gs eintritt. Es kündigen sich ähnliche Kernmaterialien auch in Europa an. Wegen des Verhaltens der eigenvormagnetisierten Stromwandler im Überstromgebiet ist bereits einiges auf S. 73 gesagt worden. Es sei noch ergänzend bemerkt, daß das Verhalten im Überstromgebiet sich von dem Verhalten der gewöhnlich magnetisierten Wandler nur unwesentlich unterscheidet. Dabei ist gleicher Eisenquerschnitt stillschweigend vorausgesetzt. Die Erklärung ist darin zu finden, daß der Nutzmagnetisierungsstrom J_0, der durch

[43]) WALTER, M.: Strom- und Spannungswandler, S. 47—48. 1937.

die Spannung an der Bürde im Überstromgebiet gefordert wird, den Eigenvormagnetisierungsstrom J_v, der durch die Steuerung mit Hilfe der Hilfsbürde

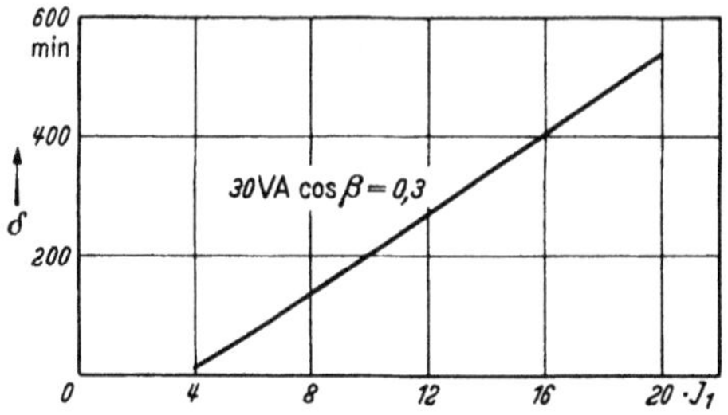

Abb. 135. Fehlwinkel im Überstromgebiet bei einem Einleiterstromwandler 100/5 A.

B_H in den Grenzen gehalten wird, bei weitem überwiegt (s. Schaltung in Abb. 83). Man erhält die Überstromziffer n angenähert als ein Verhältnis

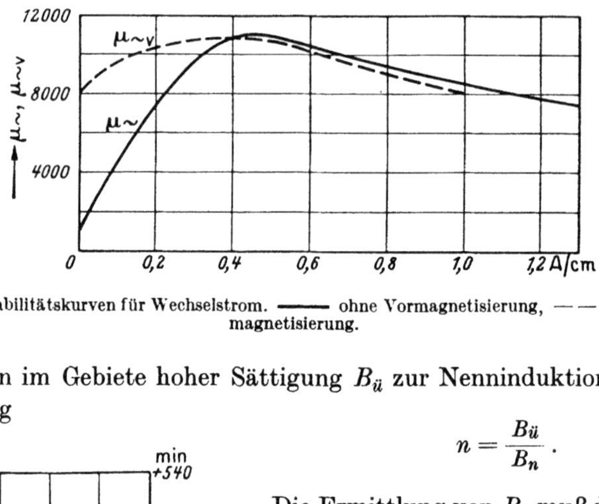

Abb. 136. Permeabilitätskurven für Wechselstrom. ——— ohne Vormagnetisierung, – – – mit Eigenvormagnetisierung.

der Induktion im Gebiete hoher Sättigung $B_ü$ zur Nenninduktion B_n. Es gilt die Beziehung

$$n = \frac{B_ü}{B_n}. \tag{102}$$

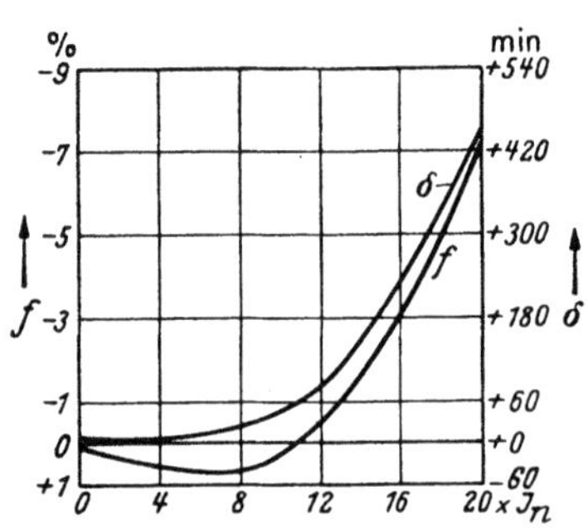

Abb. 137. Überstromcharakteristiken bei 15 VA, $\cos\beta_2 = 0,8$.

Die Ermittlung von $B_ü$ muß durch Fehlerrechnungen an Hand der Wechselstrom-Magnetisierungskurve oder der Voltamperekurven für jedes Kernmaterial ermittelt werden. Für siliziertes Blech, das für Stromwandlerkerne geeignet ist, liegen die Werte $B_ü$ zwischen 14000 und 16000 Gs. Die Abb. 136 zeigt den Verlauf der Permeabilitätskurven im Überstromgebiet. Die gestrichelte Kurve ist an Hand von Fehlermessungen (s. Abschnitt I. 5) rechnerisch ermittelt worden und stellt gewissermaßen die bei Eigenvormagnetisierung wirksame Permeabilität dar. Da dabei eine gute magnetische Steuerung einzuhalten ist, wird diese Kurve unter anderen Verhältnissen vom Verlauf in Abb. 136 abweichen, der Grundcharakter wird aber erhalten bleiben. Abb. 137

zeigt die Fehlerkurven im Überstromgebiet eines eigenvormagnetisierten Einleiterstromwandlers (150/5 A) der Firma Moser-Glaser & Co., aufgenommen im Laboratorium des Schweizerischen Elektrotechnischen Vereins.

2. Fehlwinkel und Stromfehler bei geringen Strömen und großer Netzphasenverschiebung

Als kritische Arbeitsgebiete der Stromwandler sind jene Gebiete zu betrachten, wo die Fehler (Fehlwinkel und Stromfehler) unzulässig groß werden. Der Stromwandler wird in diesen Gebieten seiner Aufgabe — richtig und winkeltreu zu übersetzen — untreu. Wir haben gesehen, daß dies bei Überströmen infolge der starken Sättigung der Fall ist. Wir haben auch erkannt, daß diese Erscheinung mit der Verminderung der von uns definierten Ersatzgrößen r_0 und $\omega\lambda_0$ zusammenhängt. Indessen zeigt der Verlauf dieser Größen in den Abb. 50 und 51, daß wir im Anfangsgebiet der Magnetisierung gleichfalls ein kritisches Verhalten der Stromwandler vor uns haben. Dies hat nämlich eine große praktische Bedeutung. Bei leerlaufenden Motoren und Transformatoren arbeiten die Stromwandler im unteren Stromgebiet. In diesem Gebiet sind die Fehler der Stromwandler nicht unbedeutend. Die an die Stromwandler angeschlossenen Zähler und Wattmeter übertragen die Fehler auf ihre Anzeigen. Der Verfasser hatte bereits im Jahre 1920 diese Untugend der Stromwandler erkannt und das Verhalten ausführlich untersucht[44]). Da es sich um cos φ-Instrumente handelt, ist die Wirkung des Fehlwinkels von der Phasenverschiebung im Netz abhängig. Die genaue Untersuchung muß von den Formeln für die Leistungsmessung ausgehen.

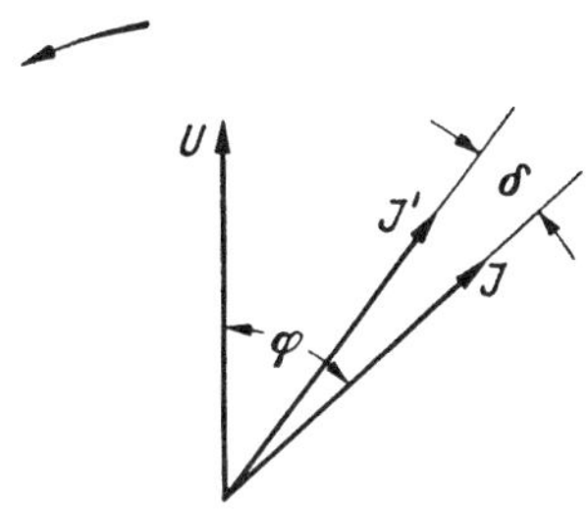

Abb. 138.

Der Fehler bei einphasigem Anschluß

Wird ein Stromwandler zu einer einphasigen Leistungsmessung verwendet, so wird entsprechend dem Leistungsausdruck $UJ \cos\varphi$ der Stromfehler in Prozenten gleichbedeutend mit dem prozentualen Fehler der Leistungsangabe. Anders verhält es sich mit dem Fehlwinkel. Es sei nach Abb. 138 der „Sollwert“ einer mittels Stromwandlers zu messenden Leistung

$$P_s = UJ \cos\varphi.$$

Infolge des positiven Fehlwinkels δ ist die gemessene Leistung

$$P = UJ' \cos(\varphi - \delta).$$

Sehen wir vom Stromfehler ab, so ist $J = J'$. Der Fehler der Wattangabe wäre

[44]) Bull. schweiz. elektrotechn. Ver. **1920**, H. 11; **1921**, H. 1.

hiernach in Prozenten durch folgenden Ausdruck gegeben:

$$\frac{P-P_s}{P_s}\,100\,\% = \frac{UJ\,[\cos(\varphi-\delta)-\cos\varphi]}{EJ\cos\varphi}\cdot 100 = \frac{\cos(\varphi-\delta)-\cos\varphi}{\cos\varphi}\,100\,.$$

Der letzte Ausdruck läßt sich wie folgt umformen:

$$\frac{\cos(\varphi-\delta)-\cos\varphi}{\cos\varphi} = \frac{2\sin\left(\varphi-\frac{\delta}{2}\right)\sin\frac{\delta}{2}}{\cos\varphi} \cong \operatorname{tg}\varphi\sin\delta\,.$$

Wird δ in Minuten ausgedrückt, so kann man die Sinusfunktion kleiner Winkel mit für unsere Zwecke ausreichender Genauigkeit durch folgenden Zahlenausdruck ersetzen:

$$\sin\delta \cong 0{,}000291\,\delta'\,.$$

Setzen wir die erhaltenen Werte in den obigen Ausdruck ein, so wird der Fehler:

$$\frac{P-P_s}{P_s}\,100\,\% = 0{,}0291\,\delta'\operatorname{tg}\varphi\,. \tag{103}$$

Aus dieser Gleichung geht hervor, daß der Fehler, der durch den Fehlwinkel bedingt ist, mit der Tangesfunktion des Phasenwinkels φ zunimmt. Wird z. B. der Leerlaufverlust eines Einphasentransformators mittels eines Stromwandlers gemessen, so kann der Fehler infolge einer Phasenverschiebung von 85 bis 87° selbst bei noch zulässigem Fehlwinkel von 60′ etwa 30% betragen. Wir wollen nun zusehen, wie die Verhältnisse bei der in der Praxis am häufigsten auftretenden Drehstromschaltung liegen.

Der resultierende Fehler in der Zwei-Wattmeter-Schaltung

Das allgemein bekannte Schaltungsbild der Zwei-Wattmetermethode (Aronsche Schaltung) ist in Abb. 139 dargestellt. Zur allgemeinen Schaltung

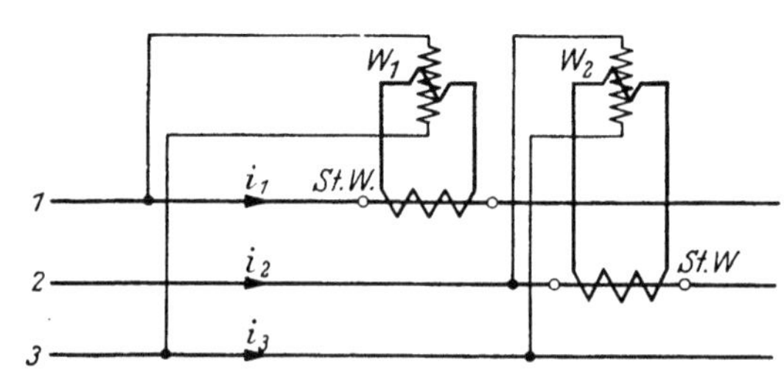

Abb. 139. St. W. = Stromwandler, W_1, W_2 = Wattmeter.

gehören allerdings auch Spannungswandler, diese werden bei einer späteren Betrachtung miteinbezogen. Einstweilen wollen wir untersuchen, wie sich die Fehler der Stromwandler im Endresultat auswirken. Die vektorielle Lage der Ströme und Spannungen ist in Abb. 140 dargestellt. Es bedeuten J_1, J_2, J_3 die Effektivwerte der Phasenströme, U_1, U_2, U_3 diejenigen der Phasenspannungen, U_{13} (der um 180° gedrehte Vektor U_{31}) und U_{23} die Effektivwerte der verketteten Spannungen zwischen den Phasen 1 bis 3 bzw. 2 bis 3. In Abb. 141 sind die Vektoren J_1' und J_2', wie sie infolge der Fehlwinkel der Stromwandler im Diagramm zu liegen kommen, eingezeichnet. Die Fehlwinkel der Strom-

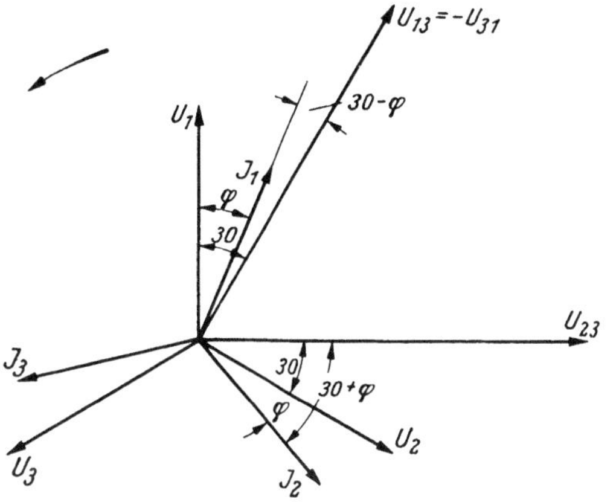

Abb. 140.

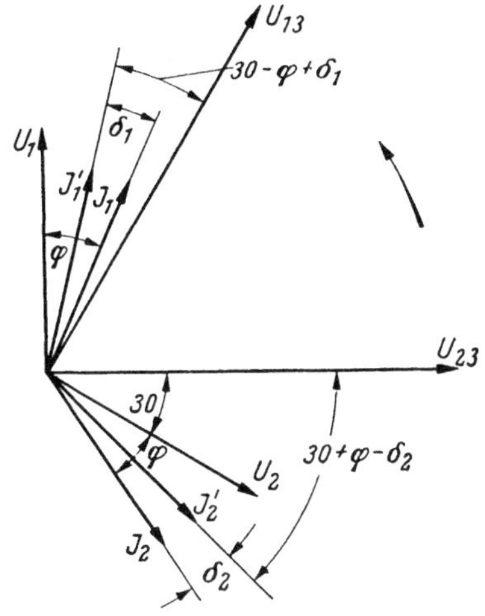

Abb. 141.

wandler bezeichnen wir mit δ_1 bzw. δ_2. Sie sollen, wie üblich, positiv sein, wenn der umgeklappte sekundäre Vektor dem entsprechenden primären voreilt.

Bekanntlich gelten folgende Beziehungen:

$$\vec{U}_{23} = \vec{U}_2 - \vec{U}_3,$$

$$\vec{U}_{31} = \vec{U}_3 - \vec{U}_1,$$

und die zu messende Leistung im Drehstromsystem ist:

$$P_s = J_1 U_{13} \cos(30 - \varphi) + J_2 U_{23} \cos(30 + \varphi),$$

wo der Index s sich auf den „Sollwert" bezieht. Infolge der Fehlwinkel der Stromwandler ist der tatsächlich gemessene Effekt gemäß Abb. 141

$$P = J_1 U_{13} \cos(30 - \varphi + \delta_1) + J_2 U_{23} \cos(30 + \varphi - \delta_2),$$

da wir zunächst vom Übersetzungsfehler absehen und $J_1 = J_1'$, $J_2' = J_2$ setzen. Hiernach wäre der Fehler, herrührend von den Fehlwinkeln der Stromwandler, als Bruchteil des Sollwertes durch folgende Relation gegeben:

$$\frac{P - P_s}{P_s} =$$

$$\frac{J_1 U_{13} \left\{\cos[30 - (\varphi - \delta_1)] - \cos(30 - \varphi)\right\} + J_2 U_{23} \left\{\cos[30 + (\varphi - \delta_2)] - \cos(30 + \varphi)\right\}}{J_1 U_{13} \cos(30 - \varphi) + J_2 U_{23} \cos(30 + \varphi)}$$

Setzen wir noch der Einfachheit halber Symmetrie voraus, so ist

$$J_1 = J_2 = J\,, \quad U_{13} = U_{23} = U_{verkettet} = U_v$$

und

$$J_1 U_{13} \cos(30 - \varphi) + J_2 U_{23} \cos(30 + \varphi) = \sqrt{3}\, J\, U_v \cos\varphi.$$

Die obige Relation vereinfacht sich nach einer Umformung in:

$$\left.\begin{aligned} \frac{P - P_s}{P_s} = {} & \frac{\frac{\sqrt{3}}{2}\left[\cos(\varphi - \delta_1) - \cos\varphi\right] + \frac{1}{2}\left[\sin(\varphi - \delta_1) - \sin\varphi\right]}{\sqrt{3}\cos\varphi} \\ & + \frac{\frac{\sqrt{3}}{2}\left[\cos(\varphi - \delta_2) - \cos\varphi\right] - \frac{1}{2}\left[\sin(\varphi - \delta_2) - \sin\varphi\right]}{\sqrt{3}\cos\varphi}. \end{aligned}\right\} \tag{104}$$

Der erste Summand gibt den Fehler, verursacht durch den Wandler der Phase 1, der zweite den durch den Wandler der Phase 2 hervorgerufenen Fehler an. Die obige Gleichung (104) läßt sich wie folgt schreiben:

$$\frac{P - P_s}{P_s} =$$

$$\frac{\frac{\sqrt{3}}{2}\left\{\left[\cos(\varphi - \delta_1) - \cos\varphi\right] + \left[\cos(\varphi - \delta_2) - \cos\varphi\right]\right\} + \frac{1}{2}\left\{\sin(\varphi - \delta_1) - \sin(\varphi - \delta_2)\right\}}{\sqrt{3}\cos\varphi}$$

Nun ist:

$$\frac{\cos(\varphi - \delta_1) - \cos\varphi}{\cos\varphi} = \cos\delta_1 + \operatorname{tg}\varphi\sin\delta_1 - 1,$$

$$\frac{\cos(\varphi - \delta_2) - \cos\varphi}{\cos\varphi} = \cos\delta_2 + \operatorname{tg}\varphi\sin\delta_2 - 1,$$

$$\sin(\varphi - \delta_1) - \sin(\varphi - \delta_2) = 2\cos\left(\varphi - \frac{\delta_1 + \delta_2}{2}\right)\sin\frac{\delta_2 - \delta_1}{2} =$$

$$= 2\left(\cos\varphi\cos\frac{\delta_1 + \delta_2}{2} + \sin\varphi\sin\frac{\delta_1 + \delta_2}{2}\right)\sin\frac{\delta_2 - \delta_1}{2}.$$

Für kleine Winkel, wie δ_1 und δ_2, kann man setzen:

$$\cos\delta_1 \cong 1,\ \cos\delta_2 \cong 1,\ \cos\frac{\delta_1 + \delta_2}{2} \cong 1,\ \sin\frac{\delta_1 + \delta_2}{2}\cdot\sin\frac{\delta_2 - \delta_1}{2} \cong 0.$$

Durch diese Annäherung erleidet die für die Praxis in Frage kommende Genauigkeit keine Einbuße. Macht man im zuletzt gefundenen Ausdruck für den Fehler die obigen Substitutionen, so erhält der Ausdruck die folgende Form:

$$\frac{P - P_s}{P_s} = \frac{1}{2}\operatorname{tg}\varphi\,(\sin\delta_1 + \sin\delta_2) + \frac{1}{\sqrt{3}}\sin\frac{\delta_2 - \delta_1}{2}. \tag{105}$$

Setzen wir $\sin\delta \cong 0{,}000291\,\delta'$, wobei also δ in Minuten einzusetzen ist, so wird der prozentuale Fehler Δ_δ, den die Fehlwinkel der Stromwandler verursachen, durch folgenden Ausdruck gegeben:

$$\Delta_\delta = \frac{P - P_s}{P_s} 100\% = 0{,}0291 \operatorname{tg}\varphi \frac{\delta_1' + \delta_2'}{2} + 0{,}0168 \frac{\delta_2' - \delta_1'}{2}. \quad (106)$$

Haben beide Stromwandler gleiche oder angenähert gleiche Fehlwinkel, $\delta_1 \cong \delta_2 = \delta$, so vereinfacht sich der Ausdruck (106) wie folgt:

$$\Delta_\delta = \frac{P - P_s}{P_s} \cdot 100\% = 0{,}0291\, \delta' \operatorname{tg}\varphi. \quad (107)$$

Man sieht, daß der Ausdruck mit demjenigen übereinstimmt, der für die einphasige Messung gewonnen wurde (103). Auch hier muß besonders betont werden, daß man bei Leerlaufmessungen in der Regel mit erheblichen Plusfehlern rechnen muß. Ein Zahlenbeispiel möge die Verhältnisse erläutern.

Die Fehlwinkel der Stromwandler betragen bei der in Frage kommenden Stromstärke 40′. Es sollen die Fehler bei $\cos\varphi = 0{,}5$ und bei $\cos\varphi = 0{,}05$ ermittelt werden.

Nach obiger Formel erhält man für

$$\cos\varphi = 0{,}5, \quad \operatorname{tg}\varphi = 1{,}732,$$

$$\Delta_\delta = 0{,}0291\, \delta' \operatorname{tg}\varphi = 0{,}0291 \cdot 40 \cdot 1{,}732 = 2{,}02\%;$$

für $\cos\varphi = 0{,}05$ (entspricht angenähert einer Leerlaufmessung)

$$\Delta_\delta = 0{,}0291\, \delta' \operatorname{tg}\varphi = 0{,}0291 \cdot 40 \cdot 19{,}24 = 22{,}4\%.$$

Wir wollen jetzt dazu übergehen, die Stromfehler der Stromwandler in die Rechnung miteinzubeziehen und führen zur Präzision der Darstellung folgende Bezeichnungen ein. Es seien im folgenden:

J_1, J_2 die tatsächlichen Primärströme,

J_1', J_2' die primären Ströme, die sich aus dem idealen Übersetzungsverhältnis und den sekundären Strömen ergeben,

c_1 und c_2 die Korrektionsfaktoren der Übersetzungsverhältnisse laut folgenden Gleichungen:

$$\frac{J_1}{J_1'} = c_1, \qquad \frac{J_2}{J_2'} = c_2.$$

Es ergeben sich folgende Stromdifferenzgleichungen:

$$J_1' - J_1 = \Delta J_1 \quad \text{und} \quad J_2' - J_2 = \Delta J_2.$$

Sind die Faktoren c_1, $c_2 < 1$, so sind die Größen ΔJ_1, $\Delta J_2 > 0$, d. h. die Meßfehler sind positiv, und umgekehrt ist für

$$c_1 > 1, \quad \Delta J_1 < 0.$$

Machen wir die Voraussetzung, daß jetzt die Fehlwinkel $\delta_1 = \delta_2 = 0$, so wird die Fehlergleichung für den Stromfehler wie folgt ermittelt:

Der Sollwert des gemessenen Effektes wird

$$P_s = J_1 U \cos(30 - \varphi) + J_2 U \cos(30 + \varphi) = J U \sqrt{3} \cos\varphi ,$$

und der Fehler wird

$$\frac{P - P_s}{P_s} = \frac{J_1' U - J_1 U}{J_1 U} \frac{\cos(30 - \varphi)}{\sqrt{3}\cos\varphi} + \frac{J_2' U - J_2 U}{J_2 U} \frac{\cos(30 + \varphi)}{\sqrt{3}\cos\varphi}$$

$$= \left(\frac{1}{c_1} - 1\right) \frac{\cos(30 - \varphi)}{\sqrt{3}\cos\varphi} + \left(\frac{1}{c_2} - 1\right) \frac{\cos(30 + \varphi)}{\sqrt{3}\cos\varphi} .$$

Die Umformung

$$\frac{\cos(30 - \varphi)}{\sqrt{3}\cos\varphi} = \frac{1}{2} + \frac{\operatorname{tg}\varphi}{2\sqrt{3}} ,$$

$$\frac{\cos(30 + \varphi)}{\sqrt{3}\cos\varphi} = \frac{1}{2} - \frac{\operatorname{tg}\varphi}{3\sqrt{3}}$$

ergibt schließlich folgende Formel für den prozentualen Fehler, der von Stromfehlern allein herrührt:

$$\Delta_{\ddot u} = \frac{P - P_s}{P_s} 100\,\% = \left\{\left(\frac{1}{c_1} - 1\right)\left(\frac{1}{2} + \frac{\operatorname{tg}\varphi}{2\sqrt{3}}\right) + \left(\frac{1}{c_2} - 1\right)\left(\frac{1}{2} + \frac{\operatorname{tg}\varphi}{2\sqrt{3}}\right)\right\} 100\,\% .$$

Dieser Fehler addiert sich zum Fehler der Gleichung (106), und wir erhalten für den resultierenden Fehler, herrührend von den Fehlwinkeln und den Stromfehlern den Stromwandler, folgenden Ausdruck:

$$\left.\begin{aligned} \Delta_{\delta + \ddot u} &= \frac{P - P_s}{P_s} 100\% = 0{,}0291 \operatorname{tg}\varphi \frac{\delta_1' + \delta_2'}{2} + 0{,}0168 \frac{\delta_2' - \delta_1'}{2} \\ &+ 100 \left\{\left(\frac{1}{c_1} - 1\right)\left(\frac{1}{2} + \frac{\operatorname{tg}\varphi}{2\sqrt{3}}\right) + \left(\frac{1}{c_2} - 1\right)\left(\frac{1}{2} - \frac{\operatorname{tg}\varphi}{2\sqrt{3}}\right)\right\} . \end{aligned}\right\} \tag{108}$$

Folgendes Beispiel diene zur Erläuterung.

Ein Wandlerpaar habe laut Prüfschein folgende Fehler:

Wandler 1.

Strom	Fehlwinkel	Übersetzung	Stromfehler
10%	+57′	100 · 1,010	−1,0%
100%	+30′	100 · 0,995	+0,5%

Wandler 2.

10%	+54′	100 · 1,009	−0,9%
100%	+29′	100 · 0,996	+0,4%

Wie groß sind die Fehler bei

1. 100% Strom und $\cos\varphi = 0{,}7$,
2. 10% Strom und $\cos\varphi = 0{,}1$.

Durch das Einsetzen der Werte in die Formel (108) erhalten wir:

$$1.\ \Delta_{\delta+\ddot{u}} = 0{,}0291 \cdot 1{,}02\,\frac{30+29}{2} + 0{,}0168\,\frac{29-30}{2}$$
$$+\,100\left\{0{,}005\left(\frac{1}{2}+\frac{1{,}02}{2\sqrt{3}}\right)+0{,}004\left(\frac{1}{2}-\frac{1{,}02}{2\sqrt{3}}\right)\right\} = 1{,}39\,\%\,.$$

$$2.\ \Delta_{\delta+\ddot{u}} = 0{,}0291 \cdot 9{,}96\,\frac{57'+54'}{2} + 0{,}0168\,\frac{54'-57'}{2}$$
$$+\,100\left\{-\,0{,}01\left(\frac{1}{2}+\frac{9{,}96}{2\sqrt{3}}\right)-0{,}009\left(\frac{1}{2}-\frac{9{,}96}{2\sqrt{3}}\right)\right\} = 14{,}83\,\%\,.$$

Aus den Ausführungen dieses Abschnittes geht hervor, daß es insbesondere die Fehlwinkel sind, die die Messung der Leistung leerlaufender Transformatoren stark fälschen können. Die obigen Formeln haben in der Praxis gute Dienste geleistet und in vielen Streitfällen bei Abnahmeversuchen den wahren Sachverhalt aufzudecken vermocht. Aus diesem Grunde hat der Verfasser auf die Ausführlichkeit seiner ursprünglichen Darstellungen nicht verzichten wollen. Für die Eisenverluste der Transformatoren wird vom Hersteller in der Regel die Einhaltung strenger Garantiewerte verlangt. Man sieht, daß in Betrieben und besonders in solchen, die nicht Alleinerzeuger sind und die Energie bezahlen müssen, eine weitere Sorge hinzutritt, nämlich den Leistungsverbrauch der Transformatoren richtig zu messen. Bei belasteten Transformatoren treten diese Schwierigkeiten nicht auf, sie sind nur bei leerlaufenden vorhanden. Es empfiehlt sich, Stromwandler mit geringeren Fehlwinkeln zu verwenden, als es die Beglaubigungsvorschriften zulassen, und zwar müssen die Fehlwinkel auch im unteren Stromgebiet gering bleiben.

3. Summenschaltung von Stromwandlern

Das Bedürfnis, die Ströme einzelner Leistungen zusammenzufassen und den Strom bzw. die Leistung in einem Meßgerät gesamthaft zu messen, ist immer mehr in der Praxis zum Ausdruck gekommen. Demzufolge sind auch verschiedene Lösungsmöglichkeiten dieser Aufgabe bekannt geworden. Die vom Verfasser[45]) im Jahre 1927 vorgeschlagene Lösung, in jeder Leitung einen Zwischenwandler vorzusehen und die Summation vorzunehmen, ist durch bessere Lösungen ersetzt worden.

So haben E. W. Hill und G. F. Shotter[46]) die Schaltung ohne Zwischenwandler nach Abb. 142 vorgeschlagen. Das Meßgerät erhält für jeden Stromwandler eine separate Meßwicklung. Der Nachteil dieser Lösung besteht darin, daß man spezielle Meßgeräte verwenden muß, die schon bei einer Summation von drei Teilströmen kompliziert und unwirtschaftlich werden.

Der Gedanke ist naheliegend, die Summation über einen Stromwandler vorzunehmen. Diese Methode ist in britischen Publikationen der zwanziger

[45]) Goldstein: Meßwandler, ihre Theorie und Praxis, 1. Auflage, S. 124.

[46]) Current Transformer Summations. J. I. E. E. **69**, 1251 (1931).

Jahre bekannt geworden. Ihre Fortsetzung bilden verschiedene Schaltungen, die in Deutschland bei der AEG zur Anwendung gelangten[47]). Die grundsätzliche Schaltung ist in Abb. 143 dargestellt. Sie enthält das Schema der Schaltung für eine Zählermessung mit Hilfe von Strom- und Spannungswandlern. Wie ersichtlich, überträgt jeder Summenwandler die Stromanteile gleicher Phasen. Eine richtige Übertragung auf den Zählerstromkreis setzt voraus, daß die Stromanteile in den primären Teilwicklungen des jeweiligen Summenstromwandlers (*b*) „synchron" sind. Die Windungszahlen der Teilwicklungen und der sekundären Wicklung der Summenstromwandler müssen entsprechend den Nennstromstärken der Teilströme so gewählt werden, daß bei Summen-Nennstrom der Sekundärstrom im Summenstromwandler 5 A beträgt. Da die Streureaktanzen der Summenwandler sowohl als die ohmschen Widerstände ihrer Wicklungen (letztere allerdings in geringem Maß) eine zusätzliche Bürde

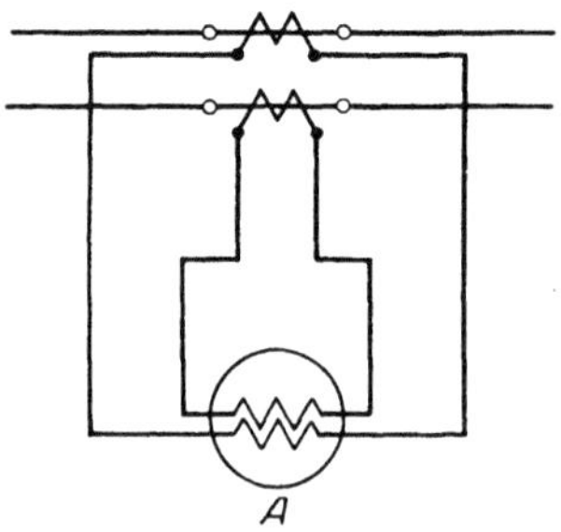

Abb. 142. Summenschaltung nach HILL und SHOTTER.

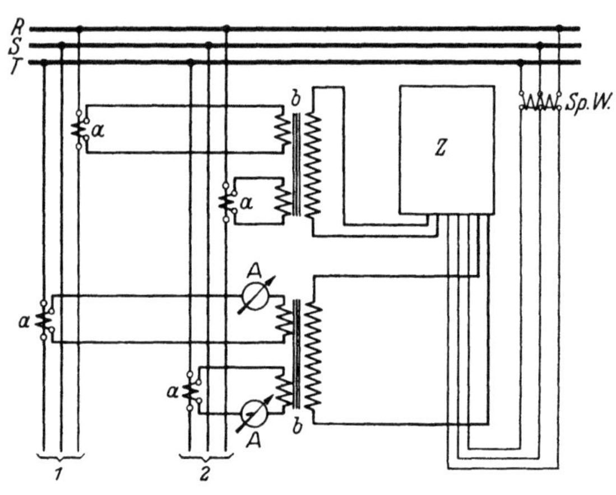

Abb. 143. Summationsschaltung mit Summenstromwandlern.
1, 2 Abzweige
a Hauptstromwandler
b Summenstromwandler
Sp.W. Spannungswandler.

für die Hauptstromwandler *a* bedeuten, so muß danach getrachtet werden, die erwähnten Streureaktanzen möglichst gering zu halten. Nach den Gesichtspunkten, die im Abschnitt I. 7 ausführlich behandelt worden sind, wird eine zweckmäßige Lösung ermittelt werden können. Die Fehler der Hauptstromwandler (*a*) addieren sich anteilmäßig zu den Fehlern der Summenstromwandler (*b*). Die Anteilmäßigkeit kann durch folgende Gleichungen zum Ausdruck gebracht werden.

[47]) AEG-Sonderdruck 1936 MS/V, TRO/V 1118. — VAHL, H.: Summation durch Summenstromwandler. Elektrizitätswirtschaft **1931**, 256.

Es seien

$J_{\mathrm{I}_1}, J_{\mathrm{I}_2}, \ldots, J_{\mathrm{I}_k}$ die Teilströme der Phase I,

f_1, f_2, f_3 die Stromfehler, $\delta_1, \delta_2, \delta_3$ die Fehlwinkel } der Hauptstromwandler dieser Phase,

f_s, δ_s } Fehler des Summenstromwandlers,

dann gelten für die resultierenden Fehler folgende Fehlergleichungen:

$$\left.\begin{aligned} f_{res} &= \frac{J_{\mathrm{I}_1}}{\sum\limits_{1-k} J_{\mathrm{I}_k}} f_1 + \frac{J_{\mathrm{I}_2}}{\sum\limits_{1-k} J_{\mathrm{I}_k}} f_2 + \cdots + f_s \\ \delta_{res} &= \frac{J_{\mathrm{I}_1}}{\sum\limits_{1-k} J_{\mathrm{I}_k}} \delta_1 + \frac{J_{\mathrm{I}_2}}{\sum\limits_{1-k} J_{\mathrm{I}_k}} \delta_2 + \cdots + \delta_s . \end{aligned}\right\} \tag{109}$$

Eine Präzision und eine Klassengenauigkeit (0,5—1%) für die ganze Meßeinrichtung kann nur durch reichliche Bemessung und Wahl entsprechender Kernmaterialien aller beteiligten Stromwandler erzielt werden. Im übrigen sei auf die Ausführungen von B. HAGUE[7]), Instrument Transformers, S. 147—154, verwiesen.

4. Stromwandler für Schutzzwecke und Schutzschaltungen

Im Abschnitt 1 dieses Kapitels ist einiges über Stromwandler für Impedanzschutz bereits gesagt worden. Es sei noch betont, daß für solche Stromwandler die Kenntnis der Überstromcharakteristik von größter Bedeutung ist. Dies folgt aus der verlangten Selektivität der Abschaltung der Netzteile, die von einem Kurzschluß getroffen werden. Wird der Verschiedenheit der „Überstromziffern" der eingebauten Wandler keine Rechnung getragen, so kann die Verzögerung der Auslösezeit eines Schalters infolge der zu geringen sekundären Stromstärke dazu führen, daß der Kurzschluß einer kranken Leitung nicht rechtzeitig aufgehoben wird und dadurch Schalter der Hauptleitungen zu einer ungewünschten Abschaltung gelangen und gesunde Netzteile unnötig stromlos gemacht werden.

Bei Stromwandlern, die für „Differentialschutz" verwendet werden, ist die Überstromcharakteristik gleichfalls von großer Bedeutung. Ob es sich um Generatoren-, Transformatoren- oder Leitungsdifferentialschutz handelt, immer muß die Stromdifferenz zweier im normalen Zustand sonst gleicher Ströme zur Umwandlung in einen Relaisimpuls benutzt werden. Sind im Normalzustand schon Stromdifferenzen vorhanden, so können fehlerhafte Relaisimpulse entstehen. Es müssen daher die Überstromcharakteristiken der in einem Strang arbeitenden Stromwandler aneinander angepaßt sein.

In Abb. 144 ist die prinzipielle Schaltung nach MERZ-PRICE für Differentialschutz dargestellt. Es werden mittels Stromwandler die beiden Sekundärkreise über eine Hilfsleitung nach Abb. 144 geschaltet. Sind beide Ströme gleich, so sind A und B äquipotentielle Punkte, und das Relais R ist stromlos. Bei Netzkurzschlüssen soll in der Regel der Differentialschutz nicht ansprechen. Dies bedeutet Gleichheit der Überstromcharakteristiken des entsprechenden Stromwandlerpaares bis zu ganz hohen Strömen. Bei Wicklungsdefekten in Generatoren oder Transformatoren weicht eine der Stromgrößen J_{I}, J_{II} vom Normalwert ab. Zwischen A und B stellt sich dann eine Spannungsdifferenz

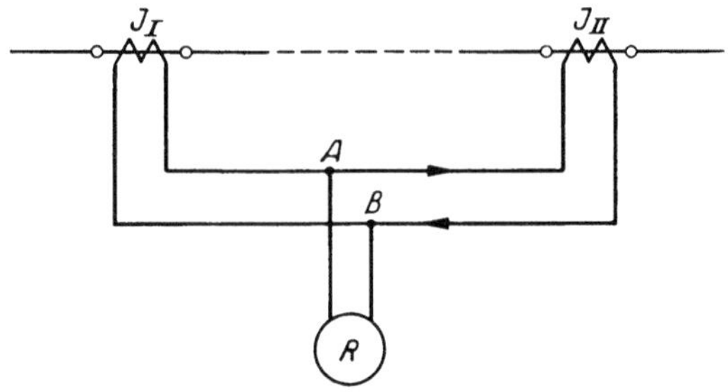

Abb. 144. Differentialschutzschaltung.
R = Relais.

ein, und das Relais spricht an. Gesteigerten Ansprüchen kann durch den Einbau hochempfindlicher Relais entsprochen werden. Auf weitere Schwierigkeiten soll kurz hingewiesen werden.

Ungleichheit der von der Vorgeschichte der Wandler her zurückgebliebenen Restmagnetisierung kann die Existenz von unausgeglichenen primären Strömen vortäuschen. Ein 2phasiger Kurzschluß, das Ansprechen einer Schutzfunkenstrecke, das Auftreten eines Stromstoßes bei Ausgleichvorgängen sind Fälle, welche einen oder zwei Stromwandler in einem Zustand der Restmagnetisierung zurückgelassen haben können, welcher durch die darauffolgenden normalen Betriebsperioden nicht gänzlich behoben wird. Der betroffene Stromwandler arbeitet dann entlang einer unsymmetrischen verlagerten Hysteresisschleife. Es können sich Gleichstromflüsse bilden, die keine oder nur ungenügende Kompensation sekundärseitig erfahren.

Noch komplizierter werden diese Vorgänge beim Sammelschienen-Differentialschutz. Hier werden drei oder mehr zur selben Phase gehörende Wandler in Parallelschaltung verbunden, so daß Einheiten ungleicher Vorgeschichte gleichzeitig von erheblichen Fehlerströmen durchflossen werden können. Als Abhilfemaßnahme kommen in Frage: reichlich bemessene Wandler, Verwendung von Spezialrelais mit Haltewicklung und Prozentcharakteristik. Schließlich Isolierung der Erdungsschiene, welche mit Erde über einen besonderen Sammelschienenerdschluß-Schutzwandler verbunden wird.

Der Leser findet ausführliche Angaben über neuzeitliche Differentialschutzschaltungen in einer Abhandlung „Der Differentialschutz" von G. COURVOISIER*.

Hinsichtlich Sammelschienenschutz sei auf eine Abhandlung „Principles and Practices of Relaying in the United States" von E. L. HARDER und

* Brown-Boveri-Mitteilungen 1947, H. 8/9.

W. E. MARTER* verwiesen. Theoretische Grundlagen findet man in der Abhandlung „Current Transformer Excitation under Transient Conditions“ von D. E. MARSHALL und P. O. LANGGUTH**.

Von anderen Gesichtspunkten muß man sich bei der Bemessung von sog. Erdschlußschutz-Stromwandlern leiten lassen. Es soll hier kurz in diesem Zusammenhang über die Stromwandler für Erdschlußschutz berichtet werden.

Man pflegt diese Wandler häufig als Ringwandlergruppe zu bauen. Diese Bauart bedingt spezielle Stromwandler oder Spezialkerne bei Kombinationsstromwandlern für Erdschlußschutz. Die Sekundärwicklungen werden dabei

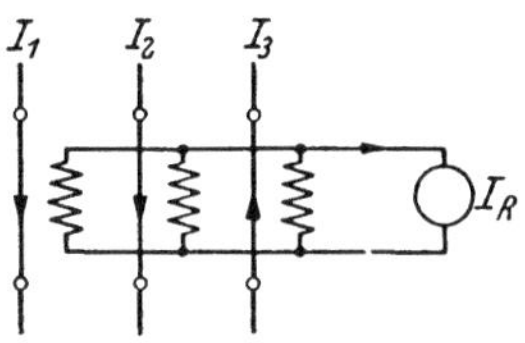

Abb. 145. Nicholson-Schaltung.

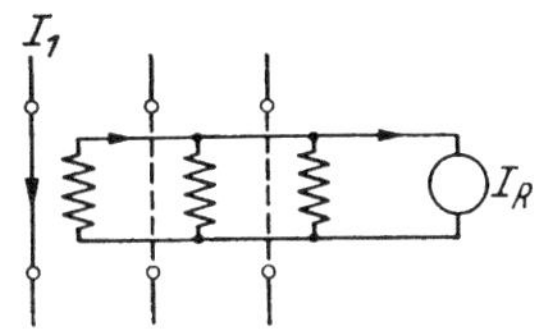

Abb. 146. Nicholson-Schaltung bei primärer Belastung einer Phase.

in der Nicholson-Schaltung (Abb. 145) oder in einer dieser gleichwertigen Schaltung geschaltet. Bei der Ausführung als Kerne der Kombinationswandler hat man den Vorteil, daß man die Erdschlußschutzwandler auf den gleichen Durchführungen wie die anderen Wandler (Meßkern und Überstromkern) anordnen kann und dadurch an Raum spart. Im erdschlußfreien Betrieb ist die vektorielle Summe der drei Phasenströme gleich Null, und daher bleibt das Relais R stromlos. Im Erdschlußfalle trifft obiges nicht mehr zu, da der Erdschlußstrom sich über die Sekundärwicklungen der Stromwandler auf den Relaisstromkreis überträgt. Man kommt dem „Stromeffekt“ bei Erdschluß sehr nahe mit der Annahme einer einphasigen Strombelastung, wobei dieser Strom dem Erdschlußstrom gleichzusetzen ist (Abb. 146).

Bei der Berechnung dieser Wandler ist man stets vor folgendes Dilemma gestellt:

1. Die Wandler sollen in der Stromübertragung empfindlich sein, wenn es sich um die Anzeige des Erdschlußstromes handelt.

2. Die Wandler sollen in der Stromübertragung unempfindlich sein, wenn Kurzschlußstrom über sie hinweggeht.

Es seien J_1, J_2, J_3 die primären, J_1', J_2', J_3' die sekundären Ströme der Stromwandler.

Für die Bedingung 1 ist die Stromgleichung

$$J_1 \hat{+} J_2 \hat{+} J_3 = J_e \text{ (Erdschlußstrom)} \tag{110}$$

maßgebend, für die Bedingung 2 sind die Gleichungen

$$J_1 \hat{+} J_2 \hat{+} J_3 = 0; \quad J_1' \hat{+} J_2' \hat{+} J_3' = J_f \text{ (Falschstrom)} \tag{111}$$

* Amer. Inst. Electr. Eng. Transact. **67**, 1005 (1948).

** Amer. Inst. Electr. Eng. Transact. **48**, 1464 (1929).

maßgebend, wobei J_f bei symmetrischer Anordnung der Wicklungen und bei gleichem Verlauf der Fehlercharakteristiken auch im Überstromgebiet möglichst Null, auf alle Fälle unter dem Ansprechstrom der betreffenden Erdschlußrelais liegen soll.

Die Bedingungen 1 und 2 sind in sich entgegengesetzter Natur und verlangen große Vorsicht bei der Berechnung und Prüfung.

Während für die Bedingung 2 die Prüfung nach Abb. 145 bei hohen Strömen unter Berücksichtigung der Impedanz des Relaisstromkreises erfolgen muß, muß für die Bedingung 1 die Prüfung nach Abb. 146 mit Phasenwechsel erfolgen.

Da man neuerdings schon bei ganz geringen Erdschlußströmen (2–3 A) ein Ansprechen des Erdschlußrelais verlangt, so setzt die Berechnung solcher Wandler die Kenntnis des Kernmaterials im untersten Gebiet bei $B = 10-50$ Gs voraus. Für die Kerne solcher Stromwandler eignen sich Materialien mit hoher Anfangspermeabilität, die zugleich aber keine verfrühte Sättigung aufweisen. Zur Anzeige des Erdschlusses wird auch die Nullpunktspannung herangezogen, die zusammen mit dem Erdschlußstrom im Relais einen wattmetrischen Effekt ergeben. Die hier nur andeutungsweise gestreiften Probleme findet der Leser ausführlich behandelt

1. in einer älteren Abhandlung von W. SKIRL[48]),

2. in den Veröffentlichungen von H. STALDER[49]), in welchen diese Fragen von neuzeitlichen Gesichtspunkten behandelt werden.

Zum Schluß sei noch eine weitere Konstruktion für Erdschlußstromwandler erwähnt, nämlich die Verwendung eines einzigen Kernes, durch welchen alle drei Phasenströme hindurchgehen. Bei Erdschluß kommt dann der Erdschlußstrom in einer Sekundärwicklung um den Kern zur Wirkung.

V. Gleichstrom-Meßwandler

Mit zunehmender Stromstärke wird die Messung des Gleichstromes mit Hilfe eines Shuntes immer schwieriger. Die Meßwiderstände bedingen einen großen Platzbedarf und die magnetischen Felder des Stromes beeinflussen die Anzeige des Meßinstrumentes. So kam O. NÖLKE* auf den Gedanken eines Gleichstrom-Meßwandlers. Ein mit Hilfe eines Motors angetriebener kleiner Gleichstromgenerator, dessen Anker im Felde des Gleichstromleiters rotiert, kompensiert mit seinem Ankerstrom sein eigenes Erregerfeld. Die hierzu benötigten Gegen-Amperewindungen entsprechen im Grenzfall den Amperewindungen des primären Gleichstroms. Daraus resultiert eine Meßgleichung. W. KRÄMER** hat im Jahre 1937 einen Gleichstrom-Meßwandler entwickelt, dessen Eigenschaften hoher Meßpräzision genügen. Die neue Meßeinrichtung

---

[48]) Siemens-Handbücher **6**, 351—361.

[49]) Brown-Boveri-Mitteilungen **1944**, H. 12; **1945**, H. 5.

* ETZ **1936**, 37.

** ETZ **1937**, 1309—1313.

soll hier kurz beschrieben werden. Der Gleichstromleiter wird durch zwei Eisenkerne geführt. Die Wicklungen beider Kerne werden mit entgegengesetztem Wicklungssinn in Reihe geschaltet und von einer Wechselstromquelle ($U_{\sim}$) gespiesen. KRÄMER hat erkannt, daß zwischen den Gleichstrom-Amperewindungen und denjenigen des Wechselstromes eine exakte Kompensationswirkung herbeigeführt werden kann, wenn die magnetische Ausgestaltung der Einrichtung sinnvoll gewählt wird. Es muß als Idealfall eine rechtwinklige Magnetisierungskurve des Kernmaterials angestrebt werden.

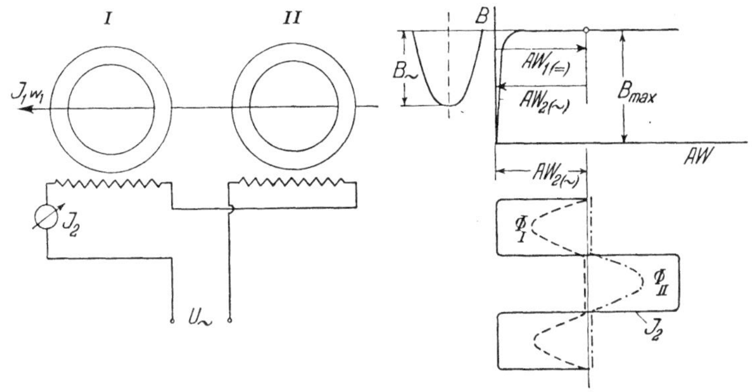

Abb. 146a. Gleichstrom-Meßwandler nach W. KRÄMER.

Schon bei geringer Feldstärke soll der Höchstwert B_{max} erreicht werden, und darauffolgend soll B parallel zur X-Achse verlaufen. In Abb. 146a sind die Schaltung und das magnetische Verhalten des Gleichstromwandlers nach W. KRÄMER dargestellt. Es sei eine Halbperiode herausgegriffen, während welcher der Kern I von der Wechselstromquelle entgegengesetzt, der Kern II in gleichem Sinn magnetisiert wird wie von der Gleichstromseite.

Eine Erhöhung der Induktion ist im Kern II wegen der magnetischen Eigenschaft des Werkstoffes nicht möglich, somit ist der Wechselfluß Φ_{II} für die betrachtete Zeitspanne in diesem Kern gleich Null. Dieser Ring beeinflußt wechselstromseitig den Magnetisierungsstrom nicht. Während der gleichen halben Periode wird der Fluß Φ_I im Kern I gesenkt. Bevor die Flußsenkung erfolgen kann, muß die Gleichstrommagnetisierung $AW_{1(=)}$ durch eine gleich starke Wechselstrommagnetisierung $AW_{2(\sim)}$ kompensiert werden. Sind die primären und sekundären Windungszahlen w_1 bzw. w_2, so lautet die Kompensationsgleichung

$$J_{1(=)}\, w_1 = J_{2(\sim)}\, w_2.$$

Der Wechselstrom hat danach bei vollständiger Kompensation eine rechteckige Kurvenform und kann nach obiger Gleichung die Meßgröße für den Gleichstrom liefern. Man kann mit Hilfe der GRAETZ-Schaltung den Wechselstrom gleichrichten.

In der nächsten Halbperiode tauschen die Kerne I und II ihre Rollen. Wechselstromseitig ist jeder Kern magnetisch nur während einer Halbzeit der Periode wirksam. In der Abb. 146a sind der Verlauf der Flüsse Φ_{I} und Φ_{II} und des sekundären Stromes J_2 dargestellt. Nach zuverlässigen Angaben sind solche Gleichstrommeßwandler mit guter Klassengenauigkeit (0,5% bis 1,0%) bei hoher Belastbarkeit und merklicher Unabhängigkeit von den Schwankungen der Wechselspannung ($U_\sim$) ausgeführt worden. Diese Wandler teilen mit den Wechselstrom-Stromwandlern die Abhängigkeit vom Werkstoff. Hochpermeable Kernmaterialien mit einem Verlauf der Magnetisierung, die dem Idealfall sich nähert, ermöglichen gute Resultate.

B. Spannungswandler

I. Theoretische Unterlagen

1. Allgemeines

Spannungswandler unterscheiden sich in ihrem Aufbau und Verhalten so wenig von Transformatoren, daß von einer speziellen Theorie bei Spannungswandlern eigentlich nicht die Rede sein kann. Man kann aus der Transformatorentheorie die Gesichtspunkte, die für die Wirkungsweise der Spannungswandler von Bedeutung sind, besonders hervorheben und daraus das Verhalten der Wandler ableiten. Wir wollen hier diesen Weg einschlagen.

Der Spannungswandler arbeitet bei konstanter Spannung, infolgedessen ist der Magnetisierungsvorgang demjenigen eines Transformators gleich und einfach zu behandeln. Im Gegensatz zum Stromwandler, bei dem wir den Kurzschlußzustand als normales Arbeitsgebiet ansehen mußten, ist das normale Arbeitsgebiet des Spannungswandlers das Gebiet, das an den Leerlauf angrenzt. Hat die konstante Sättigung eine verhältnismäßig einfache Auslegung des Eisenkernes zur Folge, so ergibt sich aus einer Strombelastung, die sich an den Leerlauf anschließt, eine schwache Kupferausrüstung. Was den Spannungswandler in seinem Aufbau wieder mit dem Transformator enger verbindet als den Stromwandler, das ist die Isolationsfrage und die Anordnung der Wicklung, denn auch beim Spannungswandler zeigen sich im allgemeinen die im Transformatorenbau bekannten Schwierigkeiten. Es ist nicht nur die Isolation gegen Eisen und Kasten wie beim Stromwandler, sondern auch die Isolation der Schenkel gegeneinander, an die der Konstrukteur denken muß.

Die Wandler mit beiden isolierten Polen verursachten bei Höchstspannungs-Ausführungen stets Schwierigkeiten. Es ist daher natürlich, daß sie für Höchstspannungen durch Wandler, deren ein Pol an Erde liegt, ersetzt wurden, wobei dann allerdings eine Meßgruppe aus 3 Einheiten besteht. Man kann die neu entwickelten Wandler im Vergleich mit den alten Typen als ölarme Wandler bezeichnen. Abb. 147 zeigt eine Ausführung der Firma Laur. Knudsen,

Kopenhagen, für eine Nennspannung von 60 kV, Prüfspannung 150 kV. Die Isolationsprobe kann bei solchen Wandlern nur durch Eigenerregung mit erhöhter Frequenz durchgeführt werden. Die Wicklung ist als Lagenwicklung ausgeführt. Die Potentiale gegen Erde werden mit zunehmender Lagenordnung durch immer größer werdende Abstände und durch Isolationsscheiben gegen die Jochendplatten gesteuert (s. Abb. 148). Die auch im Transformatorenbau gemachte gute Erfahrung mit ausschließlicher Papierisolation wird hier für die Lagenisolation verwirklicht. Ein kapazitiver Endschutz als Metallumhüllung

Abb. 147. Ölarme Spannungswandler 60 kV Nennspannung.

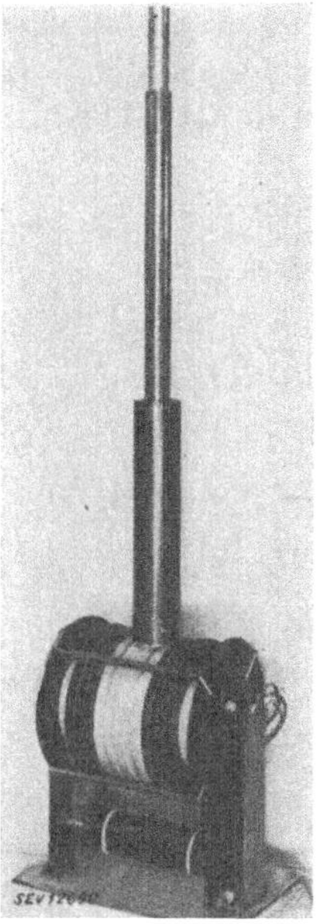

Abb. 148. 60 kV Spannungswandler mit Lagenwicklung. 200 VA in Kl. 0,5.

der oberen Wicklungspartie macht die an und für sich für Schwingungen weniger empfängliche Lagenwicklung stoßsicher. Die Abb. 147 zeigt eine solche Wandlergruppe in ihren Kasten eingebaut. Am Kopf des Isolators sieht man das Öl-Ausdehnungsgefäß mit Ölstandszeiger und Entfeuchter.

Um es vorwegzunehmen, soll hier vermerkt werden, daß man für hohe Nennspannungen aus Zweckmäßigkeitsgründen Spannungswandler und Stromwandler in einem Gehäuse zusammenbaut. Man erzielt dabei große Raumersparnisse, spart eine Durchführung und nicht zuletzt auch Ölmengen. In einer derartigen Kombination wird der Spannungswandler, der mit einem Pol an Erde liegt, zuunterst angeordnet. Der andere Pol der Oberspannungswicklung wird mit der Stromwandlerwicklung verbunden. Beide Pole der Stromwandlerwicklung werden am Isolatorenkopf herausgeführt.

Auch Dreiphasen-Spannungswandler werden in Kombination mit Stromwandlern als Meßgruppen ausgeführt. Solche Meßgruppen* wurden als Ölwandler von der Firma Haefely AG. für 150 kV Netzspannung ausgeführt.

* Fischer, J.: Bull. schweiz. elektrotechn. Ver. **1945**, H. 9, 270.

2. Das Diagramm und die Gleichungen für Fehlwinkel und Übersetzungsfehler

Da der Spannungswandler nichts anderes ist als ein Transformator, so gilt für ihn das Transformatorendiagramm, an das wir nun anknüpfen. In Abb. 149 ist das allgemeine Transformatorendiagramm dargestellt. Die sekundäre Stromgröße ist mit einer Phasenverschiebung von 180° gezeichnet.

Ferner ist die Voraussetzung $w_1 = w_2$ gemacht. Die einzelnen Vektoren haben in der Abbildung folgende Bedeutung:

$\overrightarrow{OA} = U_2$	die sekundäre Klemmenspannung,
$\overrightarrow{AB} = J_0 r_1$	ohmscher Spannungsabfall, verursacht durch den Leerlaufstrom,
$\overrightarrow{BC} = J_0 \omega \lambda_1$	Streuspannungsabfall, verursacht durch den Leerlaufstrom,
$\overrightarrow{CG} = J_2 (r_2 + r_1)$	ohmscher Spannungsabfall beider Wicklungen,
$\overrightarrow{GD} = J_2 (\omega\lambda_1 + \omega\lambda_2)$	Streuspannungsabfall beider Wicklungen,
$\overrightarrow{OD} = U_1$	die primäre Klemmenspannung.

Das Dreieck *CGD*, das durch einen Kurzschlußversuch gewonnen wird, wird gewöhnlich zur Konstruktion des Kappschen Diagramms verwendet. In diesem wird das Dreieck *ABC*, das die Spannungsabfälle, die durch den Leerlaufstrom verursacht werden, enthält, nicht berücksichtigt. Die Annäherung, die mit dem Kappschen Diagramm in der Darstellung des Spannungsabfalls erzielt wird, ist bei Transformatoren vollkommen ausreichend. Dagegen dürfen wir bei Spannungswandlern den Leerlaufstrom nicht unbeachtet lassen. Im Diagramm sind noch folgende Winkel eingezeichnet:

$\sphericalangle\, \beta_0$ die Phasenverschiebung des Leerlaufstromes,

$\sphericalangle\, \beta$ die Phasenverschiebung im Belastungskreis,

$\sphericalangle\, \beta_K$ der Phasenwinkel im „Kurzschlußdreieck",

$\sphericalangle\, \varepsilon$ der „Fehlwinkel".

Mit Hilfe dieser Winkel ergeben sich die folgenden Winkelgleichungen:

$$\sphericalangle\, ODG = 90° - \beta - \varepsilon, \quad \sphericalangle\, ODC = \beta_K - \beta - \varepsilon,$$
$$\sphericalangle\, AA''A' = \beta_0 - \beta_K.$$

Wir wollen noch bemerken, daß im Dreieck *ABC* das Verhältnis vom ohmschen und induktiven Spannungsabfall angenähert diesem Verhältnis im Dreieck *CGD* gleich ist, und daraus ergibt sich der Winkel β_K im $\Delta\, ABC$. Wir haben die Spannungsabfälle im Diagramm der Übersicht wegen relativ groß angenommen, in der Wirklichkeit sind sie bedeutend geringer. Wir können jetzt zur Herleitung der Gleichung für den Spannungsfehler *F* übergehen.

Analog wie beim Stromwandler kann man hier folgende Definitionsgleichung für den Spannungsfehler F gelten lassen.

Es ist

$$\underset{\text{in }\%}{F} = \frac{U_2 \ddot{u} - U_1}{U_1} \cdot 100 . \tag{112}$$

Aus der Abb. 149 ergibt sich die folgende Beziehung für $w_1 = w_2$:

$$F = \frac{OA - OD}{OD} .$$

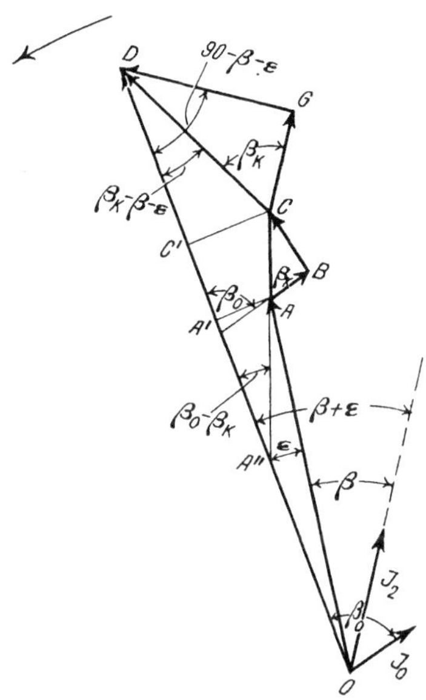

Abb. 149. Spannungswandlerdiagramm.

Infolge des geringen Fehlwinkels ε begehen wir praktisch keinen Fehler, wenn wir die Strecke OA durch OA' ersetzen. Dann wird

$$F = \frac{OA' - OD}{OD} = - \frac{A'D}{OD} ,$$

$$DA' = DC' + C'A' ,$$

$$DC' = DC \cos(\beta_K - \beta - \varepsilon) ,$$

$$C'A' = CA \cos(\beta_0 - \beta_K) .$$

Nun gelten noch folgende Beziehungen:

$$DC = \frac{J_2 (r_1 + r_2)}{\cos \beta_K}$$

und

$$CA = \frac{J_0 r_1}{\cos \beta_K} .$$

Setzen wir diese Werte in die obigen Gleichungen ein, so erhalten wir für den Übersetzungsfehler folgende Gleichung:

$$F = - \frac{J_2 (r_2 + r_1) \cos(\beta_K - \beta - \varepsilon) + J_0 r_1 \cos(\beta_0 - \beta_K)}{U_1 \cos \beta_K} . \tag{113}$$

Man kann aus dieser Gleichung den Spannungsfehler ermitteln, wenn die darin auftretenden Größen der Widerstände der Sekundär- und Primärwicklung, r_2 und r_1, die Winkel β_K, β_0, β und der Leerlaufstrom J_0 bekannt sind. Die Kenntnis des Fehlwinkels ε ist für diese Rechnung nicht erforderlich, und es kann in der Gleichung ε gleich Null gesetzt werden. Für $w_1 \neq w_2$, wie dies in der Praxis der Fall ist, muß man die Widerstände auf die gleiche Wicklung reduzieren. Es ist bequem, die Rechnung auf die Nsp.-Wicklung (etwa 110 V) zu beziehen. Die Gleichung (113) ändert sich folgendermaßen:

$$\underset{\text{in }\%}{F} = - 100 \frac{J_2 \left\{ r_2 + r_1 \left(\frac{w_2}{w_1} \right)^2 \right\} \cos(\beta_K - \beta) + J_0 r_1 \left(\frac{w_2}{w_1} \right)^2 \cos(\beta_0 - \beta_K)}{U_2 \cos \beta_K} . \tag{114}$$

Wie man sieht, ist der Fehler durch die ohmschen Widerstände, durch die Kurzschlußimpedanz bzw. β_K und durch die Magnetisierungsgrößen (J_0 und β_0) bestimmt. Im Gegensatz zum Stromwandler sind beim Spannungswandler die Spannungsabfälle in beiden Wicklungen zu beachten.

Für den Fehlwinkel erhält man aus der Abb. 149 folgende Beziehungen. Es ist

$$\operatorname{tg} \varepsilon = \frac{AA'}{OA'} \cong \frac{AA'}{U_2}$$

und

$$AA' = CC' - AC \sin(\beta_0 - \beta_K),$$

$$CC' = DC \sin(\beta_K - \beta - \varepsilon) = \frac{GC}{\cos \beta_K} \sin(\beta_K - \beta - \varepsilon),$$

$$AC = \frac{AB}{\cos \beta_K}.$$

Setzt man die erhaltenen Werte in die Gleichung für $\operatorname{tg}\varepsilon$ ein und führt man wieder die Widerstände r_1 und r_2 ein, so erhält man für den Fehlwinkel folgende Gleichung:

$$\underset{\text{in Minuten}}{\varepsilon} = -\frac{J_2\left\{r_2 + r_1\left(\frac{w_2}{w_1}\right)^2\right\}\sin(\beta_K - \beta) - J_0 r_1 \left(\frac{w_2}{w_1}\right)^2 \sin(\beta_0 - \beta_K)}{0{,}00029 \cdot U_2 \cos \beta_K}. \qquad (115)$$

Der Fehlwinkel ist positiv, wenn der sekundäre Spannungsvektor U_2 dem primären Vektor U_1 voreilt und negativ bei einer Nacheilung. Dieser Definition wird in der Formel (115) durch das Minuszeichen Rechnung getragen.

Aus den Gleichungen (114) und (115) lassen sich sämtliche Eigenschaften der Wandler hinsichtlich der Meßgenauigkeit ableiten. Die Gleichungen enthalten die Konstanten des Wandlers r_1 und r_2, w_2/w_1 und $\cos \beta_K$. Die letzte Größe ist durch das Verhältnis des ohmschen Widerstandes zur Streureaktanz bestimmt. Unter der Voraussetzung $w_1 = w_2$ gilt für β_K die Beziehung

$$\operatorname{tg} \beta_K = \frac{\omega(\lambda_1 + \lambda_2)}{r_1 + r_2},$$

wobei $\omega(\lambda_1 + \lambda_2) = U_s/J_2$ aus der Streuspannung U_s ermittelt wird. Letztere wird genau so wie im Transformatorenbau errechnet. Der Einfluß der Größe β_K auf die Fehler des Wandlers geht aus dem Vergleich der Diagramme in den Abb. 149 und 150 deutlich hervor. Bei einer Verkleinerung von β_K wird der Fehlwinkel positiv. Aus dem Diagramm Abb. 150 ergibt sich für den Fehlwinkel die Beziehung

$$\operatorname{tg} \varepsilon \cong \frac{AA'}{U},$$

wobei sich mit Hilfe der eingezeichneten Winkel folgende Beziehung ermitteln läßt:

$$AA' = CC'' - CC'$$

und somit

$$\operatorname{tg} \varepsilon = \frac{J_0 r_1 \left(\frac{w_2}{w_1}\right)^2}{U_2 \cos \beta_K} \sin (\beta_0 - \beta_K) - \frac{J_2 \left\{ r_2 + r_1 \left(\frac{w_2}{w_1}\right)^2 \right\} \sin (\beta_K - \beta)}{U_2 \cos \beta_K} .$$

Diese Gleichung stimmt mit derjenigen von (115) überein und ergibt einen positiven Fehlwinkel ε.

Betrachtet man die Lage der Dreiecke DGC und ABC in den Diagrammen, so sieht man, daß ein Spannungswandler im Leerlauf bereits Fehler besitzt. Bei Belastung treten weitere Fehler hinzu, und zwar liegen die Verhältnisse so, daß der Spannungsfehler durch die Belastung immer größer wird, hingegen können sich die Fehlwinkel im Leerlauf und bei Belastung unter Umständen zum Teil kompensieren.

Die variablen Größen des Wandlers sind die Größen J_2 und β, J_0 und β_0. Durch die letzten beiden ist der magnetische Zustand des Wandlers bestimmt. Diese Größen ergeben sich aus der Sättigung und dem Eisengewicht. Für die Liniendichte B gilt wiederum die bekannte Beziehung (12)

$$U_2 = 4{,}44\, f w_2 B_{max}\, q\, 10^{-8},$$

und

$$U_2 = 4{,}44\, f w_2 B_{max}\, q\, 10^{-4}$$

im Giorgi-System.

Wie man sieht, hängt die Größe des zweiten Summanden in den Fehlergleichungen (114) und (115) von der Sättigung ab. Um den Einfluß des Leerlaufstromes auf die Meßgenauigkeit unbedeutend zu machen, verwendet man heute für Spannungswandler gutes hochlegiertes Blech und legt der Bemessung des Kernes eine Liniendichte von 9000—12000 zugrunde. Für Wandler, deren Phasenspannung im Erdschlußfalle den Wert der verketteten Spannung annehmen kann, muß die Sättigung entsprechend tiefer gewählt werden, insbesondere dann, wenn die Wandler für Dauererdschluß ausgelegt werden müssen.

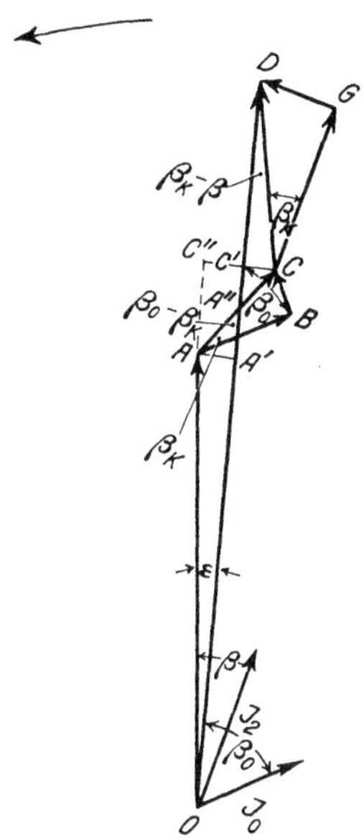

Abb. 150. Spannungswandlerdiagramm mit positivem Fehlwinkel.

Es ist selbstverständlich, daß bei der Schichtung der Kerne auf gute Fugen geachtet werden muß. Der erste Summand in den Fehlergleichungen wächst bei gegebener Phasenverschiebung β proportional mit dem Belastungsstrom J_2. Hieraus ergibt sich die wichtige Tatsache, daß die Fehlerkurven als Funktionen der Belastung gerade Linien sind. Aus den Gleichungen (114) und (115) ergibt sich der in der Abb. 151, 152 als Funktion des Belastungsstromes dargestellte Verlauf des Spannungsfehlers und des Fehlwinkels. Die Belastung (Bürde) wird gewöhnlich in Voltampere angegeben. Da wir beim Spannungswandler mit einer praktisch konstanten Spannung rechnen können, so ist die Bürde, wie beim Transformator, durch den Strom gegeben. Die Phasenverschiebung im Belastungskreis β übt gleichfalls einen Einfluß auf die Fehler aus.

Aus den Gleichungen (114) und (115) geht folgendes Verhalten in bezug auf die Phasenverschiebung hervor. Solange $\beta < \beta_K$ ist, wird bei einer Vergrößerung der Phasenverschiebung der Fehlwinkel kleiner, der Spannungsfehler größer. Bei einer Phasenverschiebung $\beta > \beta_K$ wird der Spannungsfehler

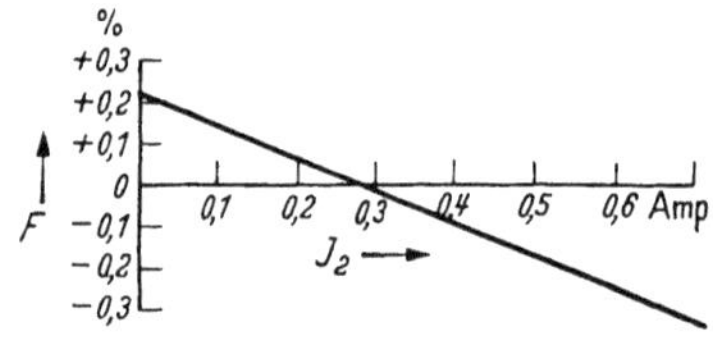

Abb. 151. Spannungsfehler eines Spannungswandlers in Funktion des Belastungsstromes.

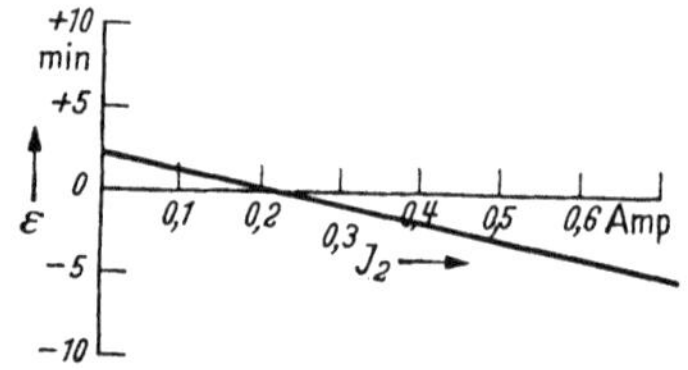

Abb. 152. Fehlwinkel eines Spannungswandlers in Funktion des Belastungsstromes.

kleiner, der Fehlwinkel dagegen größer. Im Leerlauf hat der Spannungswandler einen geringen positiven Fehlwinkel. Dies geht aus der Gleichung (114) für $J_2 = 0$ und aus dem Diagramm (Abb. 150) hervor. Der Fehlwinkel wird bei zunehmender Belastung negativ. Der Spannungsfehler im Leerlauf wird bei einem Spannungswandler, der nach dem theoretischen Übersetzungsverhältnis gewickelt ist, negativ ausfallen. Da dieser Fehler bei Belastung größer wird, so wird man beim Spannungswandler durch eine Windungskorrektur, ähnlich wie beim Stromwandler, den Fehler zu verteilen suchen, und zwar geschieht dies beim Spannungswandler auf folgende Art.

Beträgt die Absenkung des Spannungsfehlers unter Null infolge des Leerlaufes $a\%$ und ist die Fehlerspanne zwischen $^1/_4$ und $^1/_1$ Bürde $b\%$, so gibt die Größe

$$a + \frac{b}{2}$$

einen Anhaltspunkt für die Abgleichung. Um diesen Prozentsatz von Windungen ist die theoretische Windungszahl der Osp.-Wicklung zu reduzieren oder diejenige der Usp.-Wicklung zu erhöhen. Die Werte a und b sind von der Klassengenauigkeit, für welche der Spannungswandler ausgelegt werden muß, abhängig.

3. Fehlerklassen und Vorausberechnung der Fehlergrößen eines Spannungswandlers

Nach den VDE-Vorschriften 1932, welche auch in der Schweiz zur Anwendung gelangen, unterscheidet man für die Meßgenauigkeit bei Spannungswandlern die Klassen 0,2, 0,5, 1 und 3.

Die folgende Tabelle gibt die zulässigen Fehlergrenzen der entsprechenden Klassen an bei $^1/_4$—$^1/_1$ Nennbürde und $\cos\beta = 0{,}8$. (Für Klasse 3,0 bei $^1/_2$—$^1/_1$ Bürde, $\cos\beta = 0{,}8$.)

Klasse	Spannungsfehler in %	Fehlwinkel in Min.	Bei Spannungen
0,2	$\pm 0{,}2$	± 10	$0{,}8\ U_N$—$1{,}2\ U_N$
0,5	$\pm 0{,}5$	± 20	$0{,}8\ U_N$—$1{,}2\ U_N$
1,0	$\pm 1{,}0$	± 40	$0{,}8\ U_N$—$1{,}2\ U_N$
3,0	$\pm 3{,}0$	—	$1{,}0\ U_N$

Die Vorausberechnung eines Spannungswandlers ist derjenigen eines Transformators sehr ähnlich, und wir wollen aus diesem Grunde nur die für den Spannungswandler spezifischen Vorausberechnungen der Fehlergrößen an einem Beispiel durchführen.

Abb. 153.

In Abb. 153 ist ein Einphasen-Trockenwandler der Firma Moser-Glaser A.G. für 20 kV Nennspannung, 64 kV Betriebsspannung dargestellt. Die Unterspannungswicklung liegt innerhalb des Porzellankörpers. Dieser ist in seiner starken Einkerbung der Träger der Osp.-Wicklung. Die Isolation gegen das Joch ist durch die End-Überwürfe des Porzellankörpers gewährleistet. An einem solchen Wandler soll für eine Übersetzung 16000/110 V folgende Fehlervorausberechnung für eine Leistung von 100 VA ($\cos\beta = 0{,}8$) in Kl. 0,5 durchgeführt werden. Es sei noch nachträglich bemerkt, daß den Diagrammen in den Abb. 149 und 150 die aus der Transformatorentheorie bekannte Ersatzschaltung nach Steinmetz zugrundegelegt wurde. Es müssen neben den ohmschen Widerständen beider Wicklungen auch ihre Streureaktanzen berücksichtigt werden, wie dies bei der Ableitung der Fehlergleichungen (114) und (115) auch gemacht wurde.

Die Abmessungen des Kernes und des Hochspannungsisolators sind aus Abb. 154 ersichtlich. Für die Wicklungen gelten folgende Angaben.

Oberspannung:

$w_1 = 20748$, 13 Spulen mit Doppelemaille + Baumwolle isoliertem 0,2-mm-Cu-Draht. Es ergibt sich ein Widerstand bei 15° C von $r_1 = 6210\ \Omega$.

Unterspannung:

$w_2 = 144$, 2 Lagen mit Papier + Baumwolle isoliertem Cu-Draht von 3,08 mm² Querschnitt. Es ergibt sich ein Widerstand bei 15° C von $r_2 = 0{,}22\ \Omega$.

Um die Fehlergrößen aus den Gleichungen (114) und (115) zu berechnen, müssen noch weitere Größen ermittelt werden. Unter anderen die gesamte Streuinduktivität $\lambda_1 + \lambda_2'$, wobei λ_2' die auf die primäre Wicklung reduzierte sekundäre Streuinduktivität bedeutet. Für die Ermittlung dieser Größe ist der aus der Transformatorentheorie bekannte Rechnungsgang, ähnlich wie dies für die sekundäre Streureaktanz beim Stromwandler auf S. 25 der Fall war, durchzuführen. Man gelangt zum Ausdruck

$$\lambda_1 + \lambda_2' = 4\,\pi\,\varkappa\,w_1^2\,\frac{U_m}{h}\left(\Delta + \frac{\Delta_1 + \Delta_2}{3}\right) 10^{-9}. \tag{116}$$

Hier bedeuten:

$\varkappa$ der Korrektionsfaktor nach Rogowski,
w_1 die Windungszahl der primären Wicklung,
U_m der mittlere Umfang des Streukanals in cm,
h die Länge der Wicklung in cm,
Δ die Breite des Streukanals in cm,
$\left.\begin{matrix}\Delta_1\\ \Delta_2\end{matrix}\right\}$ die Dicken der beiden Wicklungen in cm.

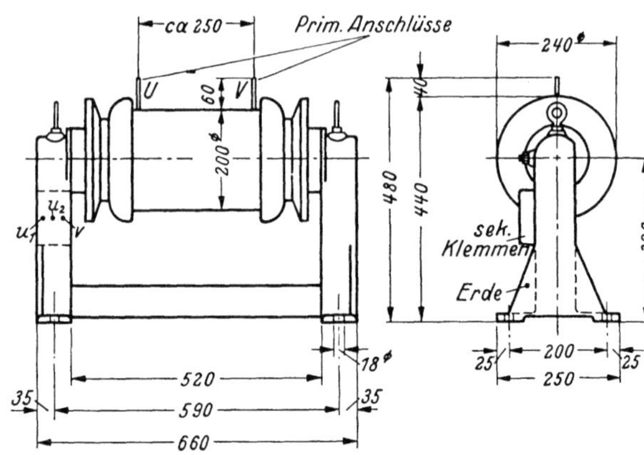

Abb. 154.

Der Korrektionsfaktor ist nach Rogowski

$$\varkappa = 1 - \frac{\Delta + \Delta_1 + \Delta_2}{\pi h}.$$

Führt man die Größe der Streureaktanzen ein, so ergibt sich aus (116) der für die Rechnung bequemere Ausdruck

$$\omega\,(\lambda_1 + \lambda_2') = \varkappa\,7{,}9\,w_1^2\,f\,\frac{U_m}{h}\left(\Delta + \frac{\Delta_1 + \Delta_2}{3}\right) 10^{-8} \text{ in Ohm.} \tag{117}$$

Bei Spannungswandlern sind die Längen der Ober- und Unterspannungswicklungen gewöhnlich ungleich. Beträgt die Differenz $h_1 - h_2$ nicht mehr als 5% der mittleren Höhe, so kann mit der letzteren gerechnet werden. Mit zunehmender Längendifferenz der Wicklungen wachsen die Werte der gesamten Streureaktanz in immer größerem Ausmaß, da die kürzere Osp.-Wicklung die Ausbildung von zusätzlichen Querstreufeldern begünstigt (s. Abb. 20).

Pistoye hat ein Verfahren zur Ermittlung der Streureaktanzen bei großen Längendifferenzen der Wicklungszylinder angegeben*.

Für den obigen Spannungswandler (Abb. 153) waren $h_{mittel} = 22$ cm.

$$\Delta + \frac{\Delta_1 + \Delta_2}{3} + 3{,}06 \text{ cm},$$

$$U_m = 39 \text{ cm},$$

$$\varkappa = 0{,}94$$

und somit

$$\omega\,(\lambda_1 + \lambda_2') = 0{,}94 \cdot 7{,}9 \cdot 20758_2 \cdot 50 \frac{39}{22} \cdot 3{,}06 \cdot 10^{-8} = 8650\,\Omega.$$

Der gesamte ohmsche Widerstand, reduziert auf die primäre Wicklung, beträgt

$$r_1 + r_2 \left(\frac{w_1}{w_2}\right)^2 = 6200 + 0{,}22 \left(\frac{20748}{145}\right)^2 = 10790\,\Omega\,.$$

Mit den ermittelten Werten errechnet man den Winkel im „Kurzschlußdreieck" β_K.

Es ist

$$\operatorname{tg} \beta_K = \frac{8650}{10790} = 0{,}80$$

und hieraus $\beta_K = 38°$.

Wir sind jetzt in der Lage, die Fehler, die durch die Belastung von 100 VA bei $\cos \beta = 0{,}8$ entstehen, zu ermitteln.

Die Schlußformeln (114) und (115) nehmen Bezug auf die sekundäre Spannung U_2, und es müssen aus diesem Grunde alle Bezugsgrößen auf die sekundäre Windungszahl w_2 bezogen werden.

Die Fehler im Leerlaufzustand wollen wir später berücksichtigen. Zunächst ermitteln wir die ersten Summanden in den Fehlerformeln.

$$\underset{\text{in }\%}{F} = -100 \frac{J_2 \left\{r_2 + r_1 \left(\frac{w_2}{w_1}\right)^2\right\} \cos(\beta_K - \beta)}{U_2 \cos \beta_K}$$

$$\underset{\text{in Minuten}}{\varepsilon} = - \frac{J_2 \left\{r_2 + r_1 \left(\frac{w_2}{w_1}\right)^2\right\} \sin(\beta_K - \beta)}{0{,}00029\, U_2 \cos \beta_K}.$$

Es sind hier

$$J_2 = \frac{100}{110} = 0{,}91 \text{ A},$$

$$\cos(\beta_K - \beta) = 0{,}999,$$

$$\sin(\beta_K - \beta) = 0{,}035$$

* Rev. gén. d'El. 18, H. 25/26 (1925), S. 1013.

und somit

$$\underset{\text{in }\%}{F} = -100 \frac{0{,}91\left(0{,}22 + \frac{6200}{145^2}\right)0{,}099}{110 \cdot 0{,}788} = -0{,}54\,\%\,,$$

$$\underset{\text{in Minuten}}{\varepsilon} = -3450 \frac{0{,}91\left(0{,}22 + \frac{6200}{145^2}\right)0{,}035}{110 \cdot 0{,}788} = -0{,}7'\,.$$

Zu diesen Fehlergrößen kommen noch die Fehler im Leerlauf hinzu. Diese sind durch die zweiten Summanden in den Gleichungen (114) und (115) gegeben.

Wir benötigen hierzu die Größen des Leerlaufstromes J_0 und des Phasenwinkels β_0. Beide Größen sind, wie bereits aus der Stromwandlerberechnung bekannt, Funktionen der Eisensättigung und der Kernabmessungen.

Für das behandelte Beispiel eines Kernes aus 1,3-Watt-Blech englischer Provenienz waren folgende Daten bekannt.

Schenkelquerschnitt	Schenkelgewicht	Induktion B_S	VA/kg	Watt/kg
30 cm²	11,8 kg	10000	3,5	1,35
Jochquerschnitt	**Gewicht der Joche**	**Induktion B_{Joch}**	**VA/kg**	**Watt/kg**
33 cm²	31 kg	11000	5,0	1,6

Es ergeben sich für den Kern total:

Wattverlust 68,3 Watt,

Voltampereverbrauch 201 VA.

Aus den obigen Werten erhält man

$$J_0 = \frac{\text{VA}}{U_2} = \frac{201}{110} = 1{,}82\text{ A}\,,$$

$$\cos\beta_0 = \frac{\text{Watt}}{\text{VA}} = \frac{68{,}3}{201} = 0{,}342$$

und $\beta_0 = 70°$. Ferner war $\beta_K = 38°$ und somit

$\sin(\beta_0 - \beta_K) = 0{,}5299$,

$\cos(\beta_0 - \beta_K) = 0{,}8480$.

Man kann jetzt die Anteile, die sich auf die Fehler im Leerlauf beziehen, nämlich

$$\underset{\text{in }\%}{F} = -100 \frac{J_0 r_1 \left(\frac{w_2}{w_1}\right)^2 \cos(\beta_0 - \beta_K)}{U_2 \cos\beta_K}$$

$$\underset{\text{in Minuten}}{\varepsilon} = -\frac{-J_0 r_1 \left(\frac{w_2}{w_1}\right)^2 \sin(\beta_0 - \beta_K)}{0{,}00029\, U_2 \cos\beta_K}$$

berechnen.

Eingesetzt ergibt sich

$$\underset{\text{in }\%}{F} = -100\,\frac{1{,}82\cdot 6200\left(\frac{1}{145}\right)^2 0{,}848}{110\cdot 0{,}788} = -0{,}48\ \%$$

und

$$\underset{\text{in Minuten}}{\varepsilon} = \frac{1{,}82\cdot 6200\left(\frac{1}{145}\right)^2 0{,}5299}{0{,}00029\cdot 11\cdot 0{,}848} = 11{,}4'\,.$$

Der Spannungsfehler ist negativ, der Fehlwinkel dagegen positiv. Addiert man diese Werte zu den bereits früher ermittelten, so ergeben sich als Fehler bei Belastung mit 100 VA, $\cos\beta = 0{,}8$

$$\underset{\text{in }\%}{F} = -0{,}54 - 0{,}48 = -1{,}02\%,$$

$$\underset{\text{in Minuten}}{\varepsilon} = -0{,}7 + 11{,}4 = 10{,}7'.$$

Eine Windungsabgleichung von 0,8% ergibt folgende Resultate.

	Fehlwinkel in Min.	Spannungsfehler in %
Leerlauf	+ 11,4	+ 0,32
Belastung	+ 10,7	— 0,22

Da die Fehlerkurven gerade Linien sind, so können aus der Abb. 155 die Fehler für Zwischenbelastungen abgelesen werden. Die Nachprüfung der Fehlerwerte in der Brückenschaltung hat gute Übereinstimmung ergeben.

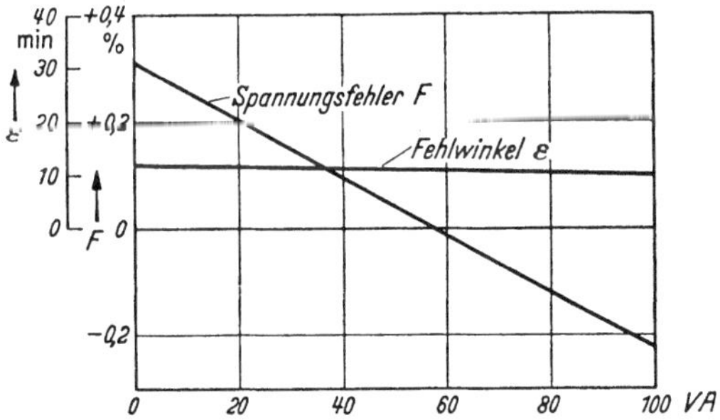

Abb. 155. F Spannungsfehler, ε Fehlwinkel, $\cos\beta = 0{,}8$.

Das durchgerechnete Beispiel zeigt, daß schon im Leerlauf ein Fehlwinkel auftreten kann, der, wenn er auch für die Klasse 0,5 zulässig ist, unerwünscht sein kann. In solchen Fällen ist eine Herabsetzung der Induktion notwendig. Eine Verminderung der Fehler ist technisch immer zu erreichen. Es ist lediglich eine Kostenfrage, da man durch Mehraufwand von Eisen und von Kupfer die Fehler des Wandlers reduzieren kann. Eine Erhöhung des Eisenquerschnittes vermindert die Sättigung und demzufolge den Magnetisierungsstrom, hat aber anderseits infolge der Erhöhung der Windungslänge eine Erhöhung des ohmschen Widerstandes der Wicklungen zur Folge, und wie wir aus den Gleichungen (114) und (115) gesehen haben, hat der ohmsche Widerstand für die Größe der Fehler entscheidende Bedeutung. Der ohmsche Widerstand wird verkleinert durch Erhöhung des Stromvolumens bzw. durch Vergrößerung des Kupferquerschnittes. Ebenso wie im Transformatorenbau ist auch hier die Bemessung des Kupfers mit der Bemessung des Eisenkerns eng verkettet.

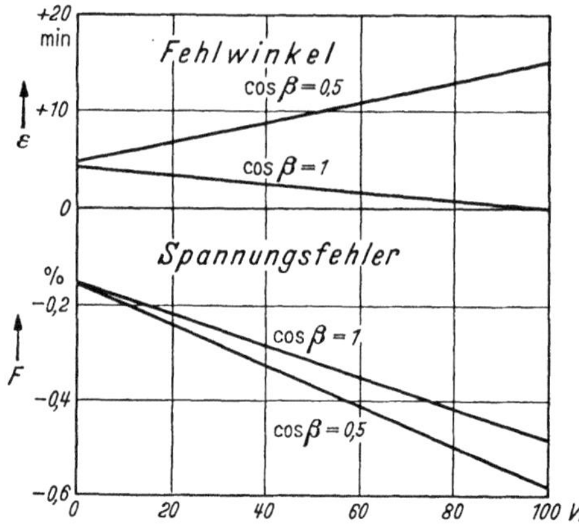

Abb. 156.

Die Erhöhung des Stromvolumens zieht die Erweiterung des Wickelraumes nach sich. Letzteres bedeutet eine Fenstererweiterung, und da mit dieser eine Verlängerung der Kraftlinienwege sich ergibt, so ist dies (im Gegensatz zur Querschnittserhöhung) eine nachteilige Eisenvermehrung. Diese muß mit in Kauf genommen werden, wenn sie vom Vorteil der reichlicheren Bemessung des Kupfers übertroffen wird.

Bei dem hier berechneten Spannungswandler ergibt sich bei einem Kerngewicht von 42,8 kg ein Kupfergewicht von 3,5 kg. Als Stromdichten ergeben sich:

für die Osp.-Wicklung $j = 0{,}2\ \mathrm{A/mm^2}$,
für die Usp.-Wicklung $j = 0{,}295\ \mathrm{A/mm^2}$.

Man sieht, wie berechtigt die eingangs erwähnte Kennzeichnung des Spannungswandlers als Transformator mit schwacher Kupferausrüstung ist. Beträgt doch beim Leistungstransformator das Kupfergewicht etwa $^1/_3$ bis $^1/_2$ des Kerngewichtes.

Die durch die Änderung der Phasenverschiebung β bedingte Änderung des Verlaufes der Fehlergrößen in Funktion der Belastung bei konstanter Spannung ist aus Abb. 156 ersichtlich. Eine weitere Variation der Fehlergrößen in Funktion der Betriebsspannung kann gleichfalls aus den Formeln (114) und (115) abgeleitet werden. Im Bereiche von 0,8—1,2 U_N sind die Fehlervariationen gering. Unter der Voraussetzung, daß an der Bürde nichts geändert wird, nimmt mit abnehmender Spannung proportional auch der Sekundärstrom ab. Die Fehleranteile, die aus der Belastung herrühren, bleiben somit bei abnehmender Spannung konstant. Dies ergibt sich auch aus den Gleichungen (114) und (115). Hingegen ist der relative Anteil der Leerlauffehler im

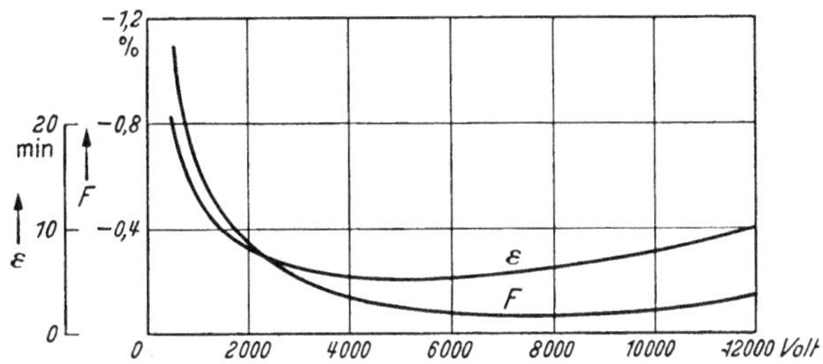

Abb. 157. Fehlerverlauf in Funktion der Spannung (Belastung 30 VA, cos β = 0,8).

unteren Gebiet wesentlich größer. Die Abb. 157 zeigt den Verlauf der Fehlergrößen in Funktion der Spannung. Die Fehlerkurven sind rechnerisch für einen Spannungswandler 10000/110 V unter Zugrundelegung einer Belastung von 30 VA, cos $\beta = 0{,}8$, bei Nennspannung ermittelt worden.

Die Betrachtungen, die hier für den Einphasenwandler angestellt wurden, lassen sich auf den Drehstromwandler übertragen. Die Streureaktanzen sind pro Phase zu ermitteln. In den Leerlaufströmen der drei Phasen tritt bekanntlich wegen der Unsymmetrie des Drehstromkernes eine Ungleichheit auf. Im Hinblick auf das Endresultat ist diese Unsymmetrie von untergeordneter Bedeutung. Man kann auch beim Drehstromwandler in der uns bekannten Art den Leerlaufstrom auf Grund der Gewichtszahlen und des Voltampereverbrauchs angenähert ermitteln und diesen Wert für die Fehlergleichungen (114) und (115) verwenden. Ausgeführte Rechnungen zeigen, daß die Resultate mit den Meßergebnissen gut übereinstimmen.

Es soll hier noch über ein orientierendes Berechnungsverfahren berichtet werden, welches dem Konstrukteur und Berechner gute Dienste bei der Beurteilung eines Entwurfes leisten kann. Die Nachrechnung der Fehlergrößen nach den Gleichungen (114) und (115) kann oft durch dieses Verfahren ersetzt werden, wenn es sich nur um die Beantwortung der Frage handelt, ob ein Entwurf mit angenommenen Dimensionen zur Einhaltung der verlangten Klassengenauigkeit genügt oder nicht. In seiner langjährigen Praxis hat der Verfasser sich dieses Verfahrens mit gutem Erfolg bedient, und es scheint einer Veröffentlichung wert zu sein.

Man erkennt in Abb. 150 in der Strecke *DC* des Δ *CDG* eine wichtige Größe, aus welcher auf die Spanne der Spannungsfehler bei Belastung geschlossen werden kann.

Nimmt man an, daß der Spannungsfehler im Leerlauf durch die Windungsabgleichung auf das richtige Plusniveau gebracht wurde, so bleibt nur noch eine Frage zu beantworten, und zwar folgende. Wird bei Belastung der Spannungsfehler innerhalb der zulässigen Grenze für die verlangte Klassengenauigkeit bleiben? So ist z. B. für die Klasse 0,5% die Fehlerspanne $\Delta F = 1\%$ (von $+0{,}5\%$ bis $-0{,}5\%$).

Wir bezeichnen mit

ε_{r_1} den primären ohmschen Spannungsabfall in Prozent,

ε_{r_2} den sekundären ohmschen Spannungsabfall in Prozent,

ε_s den totalen Streuspannungsabfall in Prozent.

Wenn diese Größen in Prozent der Nennspannungen der Wicklungen ermittelt werden, so gilt die Beziehung

$$DC = \sqrt{(\varepsilon_{r_1} + \varepsilon_{r_2})^2 + \varepsilon_s^2}. \tag{118}$$

Ist der so ermittelte Wert $< \Delta F$, so ist der Wandler, unter der Voraussetzung, daß im Leerlauf bzw. bei 25% Belastung die Fehler (Fehlwinkel und Spannungsfehler) in den zulässigen Grenzen sind, richtig bemessen. Eine Reserve ist enthalten in den 25% der Belastung, die die effektive Bürde auf 75% der Nennbürde reduzieren. Der Wert nach Formel (118) enthält somit noch 25% Sicherheit.

Wir wollen für das berechnete Beispiel die Werte ε_{r_1}, ε_{r_2} und ε_s ermitteln. Es ist

$$\varepsilon_{r_1} = \frac{J_1 r_1}{16000} 100 = \frac{0{,}0063 \cdot 6200}{16000} = 0{,}24\,\%,$$

$$\varepsilon_{r_2} = \frac{J_2 r_2}{110} 100 = \frac{0{,}91 \cdot 0{,}22}{110} 100 = 0{,}18\%,$$

$$\varepsilon_s = \frac{J_1 \omega (\lambda_1 + \lambda')}{16000} \cdot 100 = \frac{0{,}0063 \cdot 8650}{16000} \cdot 100 = 0{,}34\,\%$$

und somit

$$DC = \sqrt{(0{,}24 + 0{,}18)^2 + 0{,}34^2} = 0{,}54\%.$$

Der Wandler kann somit als sehr reichlich bemessen bezeichnet werden.

4. Wandler mit und ohne magnetischen Eisen-Rückschluß

Der Nullpunkt eines mit üblichem Drehstromkern ausgeführten Spannungswandlers darf nicht an Erde gelegt werden. Bei geerdetem Nullpunkt und Erdschluß einer Phase wird die betroffene Phase spannungslos. Die anderen beiden Schenkel liegen an verketteter Spannung. Das Vektordiagramm der Spannungen und der resultierende magnetische Fluß sind in Abb. 158 dargestellt. Da der dritte Schenkel zwangsläufig spannungslos ist, so fehlt beim Drehstromkern der magnetische Rückschluß für den resultierenden Fluß Φ_R. Dieser müßte von Joch zu Joch fließen und würde einen hohen Strom in den Wicklungen zur Folge haben. Man müßte den Drehstromkern in diesem Falle als einen solchen ohne magnetischen Eisen-Rückschluß bezeichnen. Man hilft sich beim normalen Drehstromkern auf die Weise, daß man einen vierten oder einen vierten und fünften Schenkel anordnet und erhält die bekannte Kernform des Erdschluß-Schutzwandlers mit magnetischem Nebenschluß (s. Abb.) Abb. 159 zeigt den 5schenkligen Kern mit der Hilfswicklung $u_1 v_1$. Der vierte und fünfte Schenkel bekommen je eine Hilfswicklung. Diese Wicklungen sind

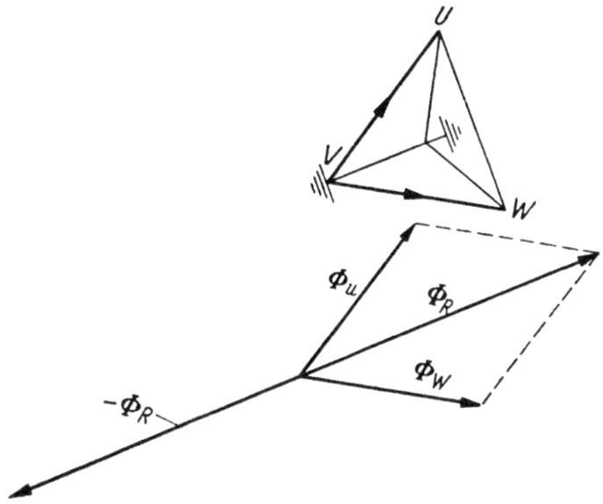

Abb. 158. Diagramm der Spannungen und Flüsse bei Erdschluß.

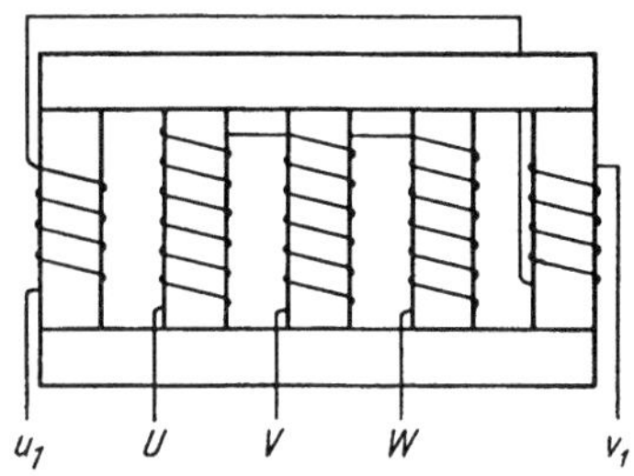

Abb. 159. Anordnung der Wicklungen bei einem fünfschenkligen Wandler.

in bezug auf den Fluß gegeneinander geschaltet. Das Diagramm in Abb. 160 zeigt die Flußverteilung im fünfschenkligen Kern (s. a. Abb. 161). Im vierten und fünften Schenkel bilden sich Flüsse aus, die entgegengesetzte Richtung haben. Wenn man durch Projektion auf eine Zeitachse Momentanwerte für

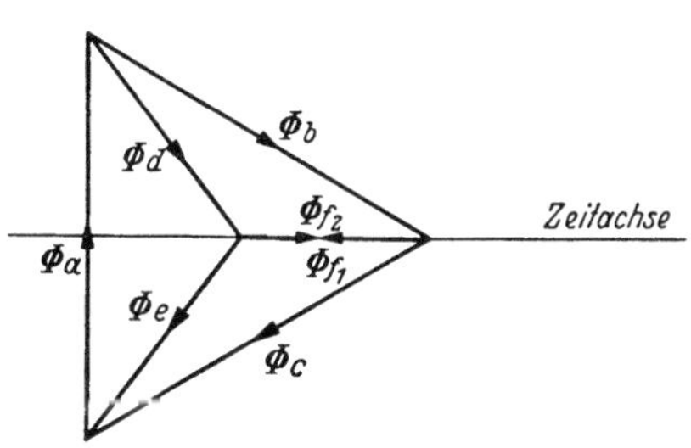

Abb. 160. Flußverteilung im fünfschenkligen Kern.

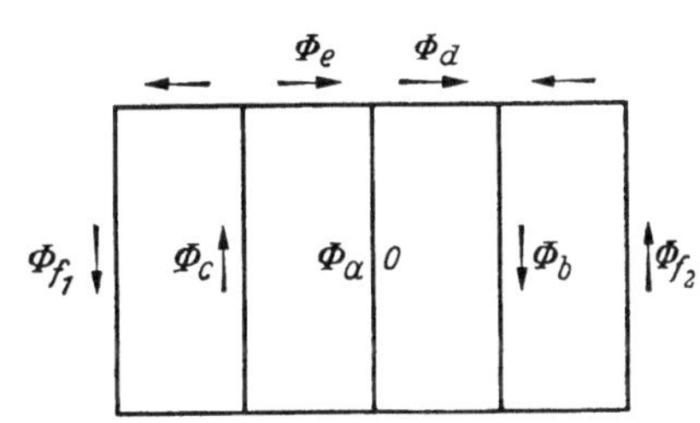

Abb. 161. Momentbild der Flüsse $\Phi_a = 0$.

die Flußverteilung bestimmt (Abb. 160), so sieht man, daß die Flüsse im vierten und fünften Schenkel in jedem Moment entgegengesetzt gerichtet sind. Für die drei Hauptschenkel, die von einem Drehstromsystem erregt werden, muß wie beim gewöhnlichen dreischenkligen Kern die Summe der Flüsse in jedem Moment gleich Null sein. Die drei Flüsse bilden ein geschlossenes Dreieck. Für die Knotenpunkte erhält man nach dem Kirchhoffschen Satz Verzweigungsgleichungen für die magnetischen Flüsse. Diese Verhältnisse werden durch das Diagramm der Flüsse (Abb. 160) dargestellt. Im normalen Betrieb wird bei der geschilderten Flußverteilung die Spannung an den Klemmen der Hilfswicklung Null sein (hierbei sehen wir von höheren Harmonischen in den Flüssen ab). Der Nullpunkt der Osp.-Wicklung ist fest geerdet, und deshalb wird im Erdschluß einer Phase ein Schenkel spannungslos, und der magnetische Rückschluß muß über den vierten und fünften Schenkel erfolgen. Das Diagramm der Flüsse bei Erdschluß ist in Abb. 158 dargestellt. Phase V habe Erdschluß, der Rückfluß beträgt den $\sqrt{3}$-fachen Wert des Schenkelflusses und verteilt sich je zur Hälfte auf den vierten und fünften Schenkel. Man bewickelt deshalb die Außenschenkel mit je $w_2/\sqrt{3}$-Windungen, wobei w_2 die sekundäre Windungszahl der Hauptschenkel ist. Bei Erdschluß erhält man an den Klemmen der Hilfswicklung angenähert die verkettete Unterspannung. Eine Erhöhung der Windungszahl der Hilfswicklung um etwa 10% des obigen Wertes ist zweckmäßig. An die Hilfswicklung wird gewöhnlich die Spannungsspule eines Erdschlußrelais angeschlossen. Man kann mit dieser Spannung auch direkt eine Erdschlußanzeigevorrichtung betätigen.

Der Wandler mit magnetischem Rückschluß wird auch in anderer Beziehung zur Erdschlußkontrolle verwendet, nämlich indem die Spannungen gegen Erde gemessen werden. Bei der Erdschlußkontrolle mittels dreier Voltmeter, die die Spannung gegen Erde anzeigen, beobachtet man oft eine Unsymmetrie in den Spannungsanzeigen, die keineswegs auf eine Unsymmetrie im fünfschenkligen Wandler zurückzuführen ist. Der Grund hierfür liegt in der kapazitiven Unsymmetrie der drei Phasen gegen Erde. Man stellt diese Unsymmetrie oft schon bei unbelastetem Netz fest. Der Nullpunkt hat wegen dieser Unsymmetrie eine Spannung gegen Erde, die man als Nullpunktsverlagerung bezeichnet. Der hier behandelte Spannungswandler mit magnetischem Nebenschluß wird als Erdschlußschutzwandler heute häufig gebraucht.

Eine Neuerung, die erwähnenswert ist, ist die Anpassung eines von der Firma Moser-Glaser A.G.[50]) hergestellten Drehstromwandlers symmetrischer Bauart speziell für Erdschluß-Schutzzwecke. Bei dem sog. Tempeltyp nach Abb. 162 sind magnetische Rückschluß-Schenkel nach Abb. 163 angeordnet worden. Die Wirkungsweise soll hier kurz erläutert werden.

Tritt im Netz an einer Phase ein Erdschluß auf, so wird ein Schenkel (etwa V in den Abbildungen) magnetisch abgeriegelt, der Rückfluß Φ_R verteilt sich nach dem Schema in Abb. 164 auf die drei Rückschuß-Stege a, b und c. Voraussetzung dabei ist, daß der Nullpunkt der Osp.-Wicklung auch an Erde liegt, was ja bei Schutzwandlern nicht zu umgehen ist. Man kann mit zwei Einphasenflüssen Φ_u und Φ_w rechnen, die sich über die Joche und Rückschluß-Schenkel schließen. Bezeichnet man die Flüsse in diesen mit Φ_a, Φ_b und Φ_c, so sieht man, daß $\Phi_a > \Phi_b$ und $\Phi_a > \Phi_c$ sein muß. Der Fluß Φ_a erhält nämlich Anteile von beiden Schenkeln. Unter Berücksichtigung der vektoriellen Lage von Φ_u und Φ_w ergibt sich

$$\Phi_a = \Phi_u \frac{\sqrt{3}}{2} = \Phi_w \frac{\sqrt{3}}{2} .$$

Es verhalten sich ferner

$$\frac{\Phi_a}{\Phi_b} = \sqrt{3} \quad \text{und} \quad \frac{\Phi_a}{\Phi_c} = \sqrt{3}$$

[50]) Bull. schweiz. elektrotechn. Ver. **1944**, H. 6.

Flußmessungen mit Hilfe von Hilfswindungen haben ergeben, daß diese theoretisch abgeleitete Beziehung praktisch eine wesentliche Änderung erfährt. Der Fluß in *a* erwies sich nur um 12% höher als der Mittelwert der Flüsse

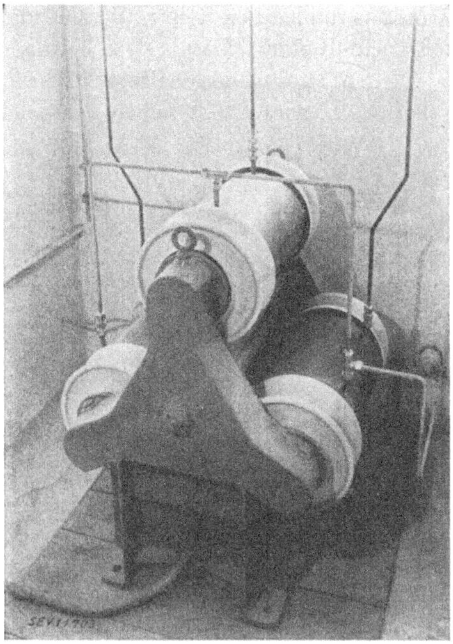

Abb. 162. Spannungswandler (Tempeltyp) mit magnetischem Rückschluß.

in *b* und *c*. Bei Vertauschung der erdgeschlossenen Phasen trat die gleiche Erscheinung auf. Die Ursache für die Abweichung vom theoretischen Wert liegt darin, daß die magnetischen Widerstände der Rückschluß-Schenkel

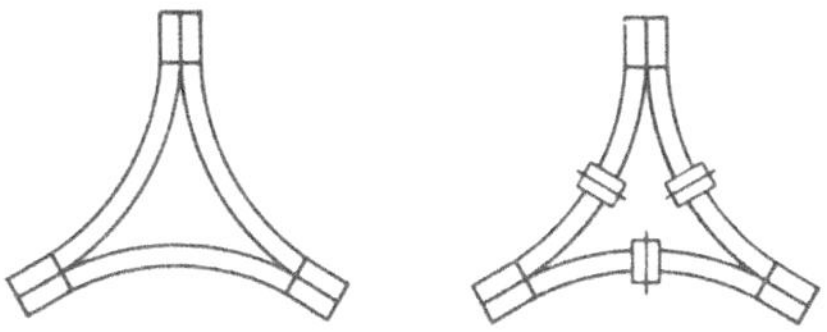

Abb. 163. Jochanordnung des Tempeltyps. Links: Ohne magnetischen Rückschluß.

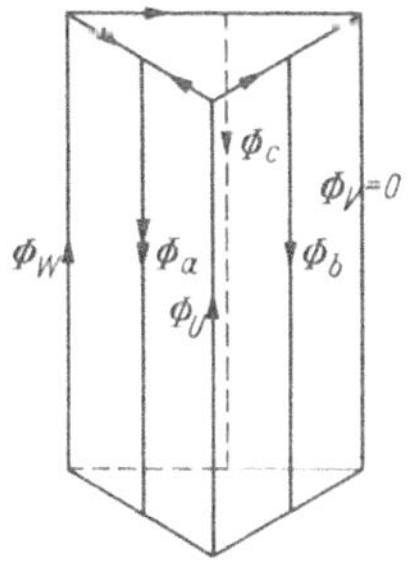

Abb. 164. Flußverteilung im Erdschlußfall der Phase *V*.

Funktionen der Sättigung sind. Erhöht sich diese, so erhöht sich automatisch auch der Widerstand des betroffenen Steges, und der Rückfluß wird auf die weniger gesättigten Rückschluß-Schenkel abgedrängt. Auf diese Weise wird eine angenähert gleichmäßige Verteilung des Rückflusses erreicht. Man kennt diese Erscheinung der Selbststeuerung der Flußverteilung auf Joche und Nebenjoche vom Fünf-Schenkel-Transformator her.

Für den Anschluß wattmetrischer Erdschlußrelais benötigt man eine Spannung für die Spannungsspulen der Relais, die im erdschlußfreien Betrieb gleich Null und bei Erdschluß einer Phase 110 V beträgt. Dieser Bedingung kann durch eine im offenen Dreieck geschaltete Hilfswicklung entsprochen werden. Jeder Schenkel des Kernes erhält neben der Sekundärwicklung eine Hilfswicklung mit $w_2/\sqrt{3}$-Windungen. Bei Erdschluß einer Phase entsteht

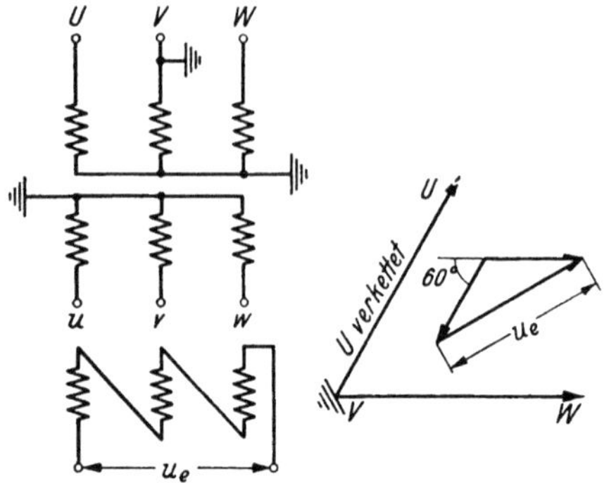

Abb. 165. Hilfswicklung der Spannungswandler. Rechts: Spannungsdiagramm bei einpoligem Erdschluß. Links: Wicklungsschema.

zwischen den offenen Klemmen der Hilfswicklung eine Spannung U_e, deren Richtung und Größe im Vektordiagramm der Abb. 165 dargestellt sind. Im normalen Betrieb beträgt die Spannung an der Hilfswicklung pro Phase 110/3 V.

II. Verschiedene Spannungswandler-Ausführungen

Der Besprechung der verschiedenen Spannungswandlertypen seien einige allgemeine Bemerkungen vorausgeschickt. Die alten Konstruktionen mit großem Ölvolumen sind nirgends mehr anzutreffen. In Zusammenhang mit der Entwicklung der öllosen Schalter hat immer mehr die Nachfrage nach öllosen Wandlern zugenommen. Im Zuge dieser Entwicklung sind die Wandler mit zwei oder drei isolierten Polen durch solche mit einem isolierten Pol ersetzt worden. Insbesondere trifft letzteres für Höchstspannungswandler zu. Man benötigt in der Regel dann für ein Meßsystem im Drehstromnetz einen Satz, bestehend aus 3 Wandlern. Jeder dieser Wandler liegt dann mit einem Pol an Erde. Die Isolationsprobe für Spannungswandler mit isolierten Polen wird entsprechend der jeweiligen Nennspannung mit Spannungen ausgeführt, die in der Tabelle auf S. 85 angegeben sind. Spannungswandler mit einem Pol an Erde können auf Isolationsfestigkeit nur durch Eigenerregung mit erhöhter Frequenz geprüft werden. Diese Prüfung ist zugleich auch die Windungsprobe.

Nach den REW-Regeln 1932 werden Wandler bis und mit 30 kV Nennspannung mit 2,5mal verketteter Nennspannung geprüft. Wandler mit höherer Nennspannung werden nur mit 2mal verketteter Nennspannung geprüft.

Es sollen nun die wichtigsten Spannungswandler-Ausführungen, die heute verwendet werden, und die in den letzten zwanzig Jahren in der Literatur behandelten Spannungswandler-Konstruktionen kurz besprochen werden.

1. Trockenspannungswandler

Um die Brandgefahr in Anlagen zu eliminieren, hat zu Beginn der dreißiger Jahre eine rege Entwicklungstätigkeit auf dem Gebiete der Schaffung von Spannungswandlern mit Trockenisolation eingesetzt. Für Spannungen von

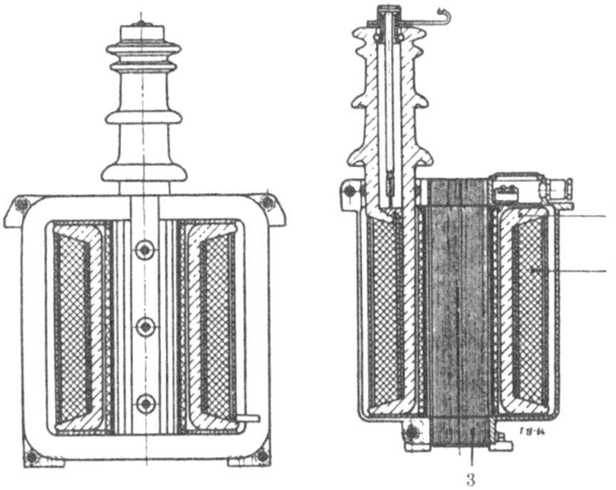

Abb. 166. Trockenspannungswandler der Firma Koch & Sterzel. 1 Porzellankörper, 2 Osp.-Wicklung, 3 Kern.

6 und 10 kV wurden bereits früher Trockenspannungswandler gebaut. F. I. Fischer[51]) hat eine Anzahl von Neukonstruktionen für 30 kV und höhere Spannungen entwickelt, die von der Firma Koch & Sterzel in ansehnlichem Ausmaß hergestellt wurden. Auch Siemens und AEG haben etwas später diese Konstruktion übernommen.

Abb. 166 zeigt einen Längs- und Querschnitt dieser Wandlerkonstruktion. Es handelt sich um einen Porzellankörper, der zugleich als Träger der Osp.-Wicklung dient[52]). Letztere ist als Lagenwicklung ausgeführt, wobei die Lagen von außen nach innen den Aufbau der Spannung mit radialer Steuerung gewährleisten. Die äußerste Lage ist an den Kern und das Gehäuse angeschlossen und befindet sich hiernach auf Erdpotential. Die innerste Lage führt in die Ableitung zur Osp.-Klemme durch die Porzellandurchführung, die einen Teil des Porzellankörpers bildet. Die Lagen sind durch dünne Papierumhüllung voneinander isoliert, und durch eine Lackierung und entsprechende Imprägnierung

[51]) Trockenspannungswandler Koch & Sterzel Mitt. **1930**, H. NT 17.

[52]) Keinath, G.: Die Entwicklung der Meßeinrichtungen für Hochspannung. ETZ **1931**, H. 53, 1598.

erhält diese Wicklung auch die genügende mechanische Festigkeit. Der Kern ist als Mantelkern, der zugleich auch die Trägerkonstruktion des Wandlers enthält, ausgebildet. Eine sorgfältige Ausführung der Wicklung ist das wesentlichste bei diesen Wandlern. Denn eine Reparatur ist bei einer solchen Wicklung kaum möglich, und es müßte der Porzellankörper in einem solchen Falle samt Wicklung ausgewechselt werden.

Man kann aber die Lagenwicklung, insbesondere, wenn sie durch kapazitive Einlagen noch zusätzlich gesteuert wird, als eine gegen Sprungwellen sehr widerstandsfähige Wicklung ansehen.

Neuerdings sind von A. IMHOF[53]) Trocken-Spannungswandler mit einer neuartigen Isolation entwickelt worden. Die neuen Wandler werden für

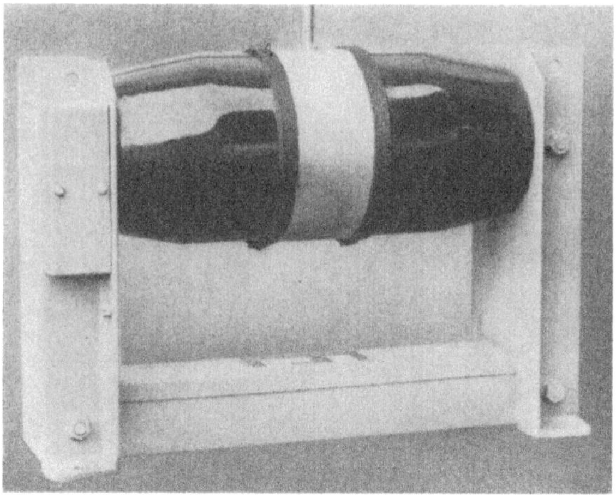

Abb. 167. Trockenspannungswandler. 20 kV, 1 Pol an Erde, 150 VA, Kl. 0,5.

die normalisierten Spannungen bis einschließlich 60 kV Nennspannung hergestellt. Abb. 167 stellt einen solchen Wandler dar, hergestellt von der Firma Moser-Glaser A.G. für 20 kV Nennspannung, 47 kV Prüfspannung durch Eigenerregung. Wie aus der Abbildung ersichtlich, liegt die Osp.-Wicklung mit der inneren Lage an Erde. Da die Lagen der Wicklung nach außen in der Länge abnehmen, so ergibt sich eine Potentialsteuerung sowohl radial als auch axial. Diese Anordnung ist mit Erfolg sehr häufig bei Prüftransformatoren verwendet worden. Das Neuartige besteht darin, daß die Wicklung in einem Kunstharz von hoher dielektrischer Güte fugenlos eingebettet wird. Der zunächst flüssige Isolierstoff wird durch ein besonderes Verfahren gehärtet. Der Endisolierstoff bildet sich aus dem ursprünglichen Kunststoff durch reine Polymerisation[53a]. Durch diese Behandlung gewinnt die

[53]) IMHOF, A.: Ein neuer Trocken-Spannungswandler. Bull. schweiz. elektrotechn. Ver. **1949**, H. 13.

[53a]) IMHOF, A.: Einige Problemstellungen der Elektrotechnik an die Kunststoffchemie. Schweiz. techn. Z. **1949**, H. 39.

Wicklung neben der hohen Isolations- und Sprungwellensicherheit auch die notwendige mechanische Widerstandsfähigkeit. Die in der Abb. 167 dargestellte Wandlerkonstruktion wird ähnlich auch für eine Nennspannung von 60 kV, Prüfspannung 130 kV durch Eigenerregung, ausgeführt. Da es sich um Wandler mit einem Pol an Erde handelt, sind die tatsächlichen Spannungen in Kilovolt $60/\sqrt{3} : 0{,}11/\sqrt{3}$. Die Leistung beträgt 300 VA in Kl. 0,5.

Eine interessante Trocken-Spannungswandlerausführung stellt der sog. Druckluft-Spannungswandler der Firma Brown Boveri[54]) dar. In dieser Konstruktion wird die Luft durch Druckluft ersetzt. Die hochwertigen Isolations-

Abb. 168. Zweifach Druckluftspannungswandler 17000—8500/110 Volt, 2 × 40 VA, Kl. 0,5.

eigenschaften von Gasen unter Druck werden ausgenützt zur Schaffung von Trocken-Spannungswandlern kleinster Abmessungen, und dadurch wird eine gute Raumausnützung in den Schaltanlagen gewährleistet. Die Abb. 168 zeigt einen Zweifach-Druckluft-Spannungswandler zur Messung zweier verketteter Spannungen (V-Schaltung) und somit auch zur Messung der Leistung nach der Zweiwattmeter-Methode. Da die Durchschlagsspannung bei Plattenelektroden angenähert proportional mit dem Drucke zunimmt, so kann man die geringen Abmessungen dieser Wandler bei einer Druckluft von etwa 10 atü ohne weiteres verstehen. Selbstverständlich muß man auch bei diesen Wandlern für eine günstige Feldverteilung und die Unterdrückung von Kraftlinienverdichtungen besorgt sein. Die günstige Verteilung der Wicklungspotentiale wird durch eine Spulenschaltung der Osp.-Wicklung erreicht, bei welcher die Potentiale vom Erdpotential der untersten Spule linear mit ansteigender Höhe gesteuert werden.

[54]) Hartmann, H.: Druckisolierte Wandler. Brown-Boveri-Mitt. **1941**, 84.

Das Wandlergehäuse ist zuverlässig nach außen abgeschlossen, und ein Ventil sorgt dafür, daß im Falle eines Kurzschlußlichtbogens im Innern des Wandlers keine Erhöhung des Überdruckes entstehen kann, eine Brandwirkung nach außen kann somit nicht auftreten[55]). Es kann einleuchten, daß diese Wandler, die bis zu 60 kV Nennspannung von der Herstellerfirma gebaut werden, überall, wo Preßluftschalter ohnehin eine Druckluftanlage benötigen,

Abb. 169. Im Vordergrund Einphasen-Druckluft-Spannungswandler $45000/\sqrt{3}/100/\sqrt{3}$ Volt.

ohne Schwierigkeiten in der Schaltanlage installiert werden können. Abb. 169 zeigt im Vordergrund eine Gruppe solcher Wandler in einer 45-kV-Anlage. Die Wandler haben die Übersetzung $45000/\sqrt{3} : 110/\sqrt{3}$ V.

2. Kaskaden-Spannungswandler

Der Gedanke, die Spannung auf mehrere Teilspannungen aufzuteilen, stammt von E. PFIFFNER und geht auf das Jahr 1921 zurück. In erster Linie sollte die neue Ausführung für Erdungsdrosselspulen Verwendung finden. Aber schon in der ersten Patentschrift[56]) ist als Anwendung auch der Spannungswandler aufgeführt. Ursprünglich war die Kaskadenschaltung eine Serienschaltung von Spannungswandlern, in welcher der letzte mit einem Pol an Erde liegende Teilspannungswandler die sekundäre Wicklung trägt.

[55]) HARTMANN, H.: Ausgewählte Probleme des Wandlerbaues. Bull. schweiz. elektrotechn. Ver. **1945**, H. 8.

[56]) Dtsch. Reichspat. Nr. 364336, Kl. 21c, Januar 1921.

In erster Linie bezweckte PFIFFNER mit der Kaskadenschaltung wirtschaftliche Vorteile zu erzielen, indem ein teurer Isolator durch mehrere billigere ersetzt werden kann. Der Zusammenbau der Teilwandler ist dann eine reine Konstruktionsaufgabe. Die Schaltung für Kaskaden-Spannungswandler ist in Abb. 170 dargestellt.

Die Abbildung enthält drei Osp.-Wicklungen, die in Reihe geschaltet sind. Entsprechend sind 3 Kerne vorhanden, die jeweils durch Potentialverbindungen das mittlere Potential der entsprechenden Wicklung erhalten. Innerhalb eines Teilwandlers herrscht somit gegen Kern und Wicklung nur $^1/_6$ der Gesamtspannung. Der unterste Kern trägt auch die Usp.-Wicklung, an welche die Bürde (B) angeschlossen ist. Die Arbeitsweise eines Kaskaden-Spannungswandlers ist ohne Ausgleichmittel sehr mangelhaft. So hat denn auch E. PFIFFNER in einem Zusatzpatent vom Jahre 1921 die Ausgleichswicklung (Verbindungen K_{12} und K_{23}) angegeben. Man kann durch die Ausgleichswicklungen die Wirkung der Bürde und somit des Spannungsabfalls auf die Teilspannungswandler verteilen. Der obere Teilwandler wird ohne Ausgleichswicklung einen höheren magnetischen Fluß führen als der untere der Belastung am nächsten liegende Teilwandler. Die überschüssigen Anteile der Spannungen in den oberen Gliedern erzeugen in den Ausgleichwicklungen Ausgleichströme, die die Wirkung haben, die Spannungsverteilung gleichmäßiger zu gestalten. Durch ein weiteres Zusatzpatent[57]) vom Jahre 1922 ist auch die Schubwicklung (in Abb. 170 mit S bezeichnet) bekanntgeworden. Diese Wicklung hat gleichfalls eine ausgleichende Wirkung, und zwar innerhalb eines jeden Teilspannungswandlers. Die Ungleichheiten der Streuung am Anfang und Ende der Hauptwicklung speisen diese in Gegenschaltung gewickelten Hilfswicklungen und erzeugen auf diese Art die gewünschte Schubwirkung. Man bezeichnet diese Wicklungen daher als Schubwicklungen, während die Wicklungen K_{12} und K_{23} als Kupplungswicklungen bezeichnet werden. Letzten Endes erhöhen beide Wicklungen die Meßleistung des Spannungswandlers. Wie beim Stromwandler wirkt die Serienschaltung auch beim Spannungswandler auf die Fehlergrößen im Sinne der Addition der Fehler der Teilwandler. Durch die Anwendung obiger Kompensationswicklungen ist es gelungen, die Meßleistung in Klasse 0,5 bei Spannungswandlern der Reihe 110 kV auf 250 VA zu bringen. Voraussetzung ist dabei, daß nur 2 Teilwandler zur Kaskade gehören. Mit zunehmender Zahl der Teilwandler sinkt die relative Leistung pro Wandler bei vorgegebener Klassengenauigkeit[58]).

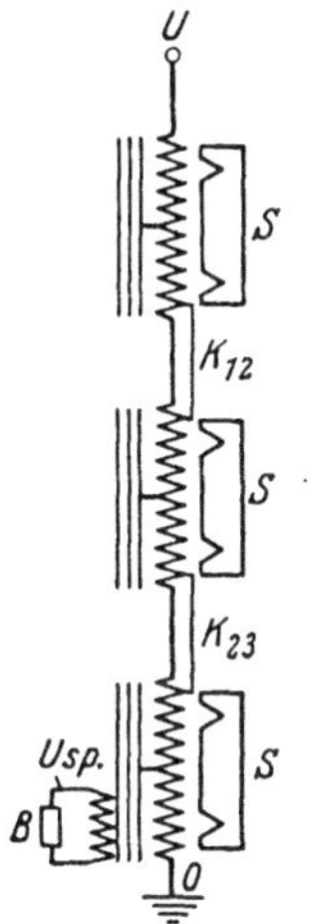

Abb. 170. Spannungswandler in Kaskadenschaltung nach PFIFFNER.

[57]) Dtsch. Zusatzpat. Nr. 385071 vom November 1922.

[58]) REICHE, W.: Kaskaden-Spannungswandler. Arch. techn. Messen Z 387 — 1, Januar 1933.

Die Firmen Koch & Sterzel und Siemens & Halske haben das ganze Gebiet der Kaskaden-Spannungswandler in den Jahren 1925—1935 zu einer großen Vollständigkeit entwickelt[59]). Die Schaltung, die bei diesen Ausführungen zur Anwendung gelangte, muß bei objektiver Prüfung auf diejenige von E. PFIFFNER zurückgeführt werden. Abb. 171 zeigt die Anordnung, wie sie bei den oben erwähnten Firmen im Kaskaden-Spannungswandlerbau gebräuchlich war. Die Abbildung enthält zwei Teilwandler und bezieht sich auf die 110-kV-Type.

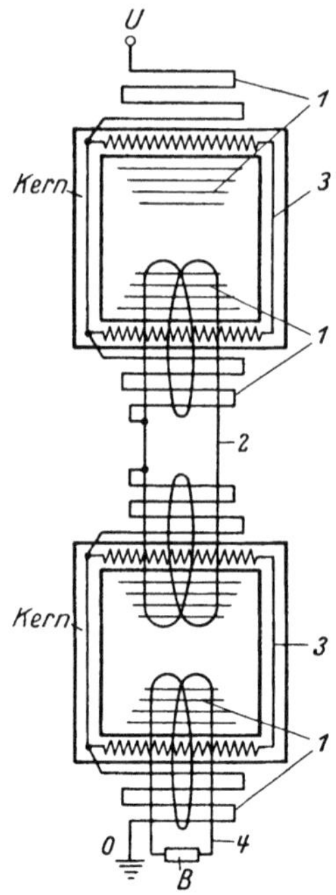

Abb. 171. Kaskaden-Spannungswandler nach Koch & Sterzel.

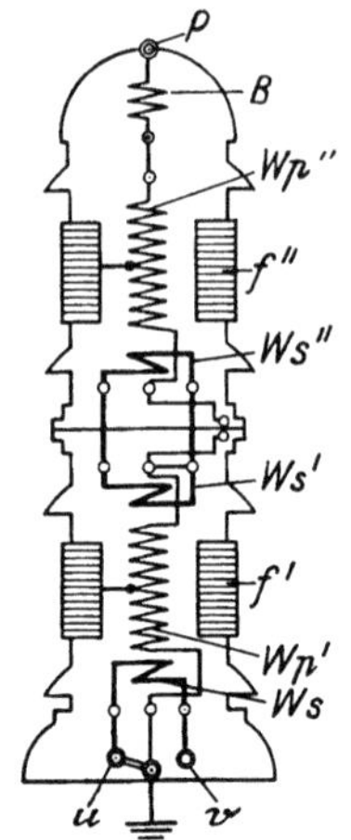

Abb. 172. Schaltschema. 4stufiger Kaskaden-Spannungswandler nach PFIFFNER.

Für höhere Spannungen, z. B. für 220 kV Nennspannung, ist die Zahl der Teilwandler zu verdoppeln. Wie immer kommt die betreffende Spannung gegen Erde in Frage. Die wichtigen Wicklungselemente sind wie folgt in der Abb. 171 bezeichnet.

1 Oberspannungswicklungen,
2 Übertragungswicklung (Ausgleichswicklung),
3 Schubwicklung,
4 Unterspannungswicklung.

Die Osp.-Wicklungen sind Lagenwicklungen. Die Potentialverbindungen sind aus der Abb. 171 ersichtlich. Die ganze Anordnung wird von einem (110 kV) oder einer Zusammensetzung von zwei Isolatoren (220 kV) umhüllt, die unten in die Tragkonstruktion (Fahrgestell) münden. Der so entstehende Isoliermantel ist mit Öl gefüllt. Die Ölmengen sind wegen der guten Ausfüllung durch den potentialgesteuerten Aufbau relativ klein.

[59]) Kaskaden-Spannungswandler. Arch. techn. Messen 1931—F 6. — GRÜNDIG: Kaskaden-Meßwandler. Elektrotechnik u. Maschinenbau **1930**, 576.

Eine von der geschilderten abweichende Bauform hat E. PFIFFNER gewählt, der seit 1930 diese Wandler in eigener Fabrikation in der Schweiz herstellt[60]). Der Aufbau ist aus der Abb. 172 ersichtlich. Zum Unterschied von der in Deutschland entwickelten Bauart werden in der neuen Bauart die Kerne f' und f'' mit dem Hauptgewicht nach außen verlegt und zur Wärmeabfuhr herangezogen. Die Kerne werden mit einem Eisenzylinder zugedeckt. Abb. 173 zeigt einen Pfiffner-Wandler, bestehend aus zwei Teilwandlern. Isolationsmäßig ist dieser Aufbau als vierstufig zu betrachten. Jeder Isolierkörper besteht aus zwei Teilen und bildet mit dem Eisenzylinder je einen Behälter. Bezieht man die Spannung auf die Isolierkörper, so entfällt auf jeden Teilkörper $^1/_4$ des totalen Spannungsgefälles.

Abb. 173. PFIFFNER Kaskaden-Spannungswandler für 110 kV.

Der Wandler nach Abb. 173 ist für 110 kV Nennspannung gebaut und hat eine Leistung von 500 VA in Kl. 0,5. Die erhöhte Leistung gegenüber den Kaskadenwandlern anderer Bauart scheint dem Verfasser auf erhöhte Kerngewichte, geringere Streureaktanzen und gute Kopplung der beiden Magnetkreise zurückzuführen zu sein. Die Wicklungselemente sind aus Abb. 172 ersichtlich. Es bedeuten darin

B eine Schutzspule,
$w_{p'}$ und $w_{p''}$ Osp.-Wicklungen,
$w_{s'}$ und $w_{s''}$ Kupplungswicklungen (Ausgleichswicklungen),
w_s Unterspannungswicklung.

Die Wandler werden mit einer plastischen Isoliermasse gefüllt. Im Gegensatz zur Ölfüllung ist die obige Füllung praktisch nicht brennbar. Diese Trennung von den Ölwandlern ist allerdings bedingt und hängt von dem relativen Anteil des in der Isoliermasse enthaltenen Öles ab. Gegenüber den Massewandlern haben die obigen Wandler den Vorteil, daß die Isoliermasse eine gewisse Elastizität besitzt und dadurch plötzliche Drucksteigerungen, die sonst zu Explosionen führen können, vermieden werden. Daß Kaskaden-Spannungswandler ihre Aufgabe als Meßwandler erfüllen können, muß als erwiesen betrachtet werden. Der säulenartige Aufbau eignet sich sehr und wirkt raumsparend. Nachdem man auch sonst mit Meßwandlergruppen, die mit einem Pol an Erde liegen, gute Erfahrungen gemacht hat, sollten die Kaskaden-Spannungswandler auch

[60]) PFIFFNER, E.: Betriebserfahrungen mit Kaskaden-Wandlern. Bull. schweiz. elektrotechn. Ver. **1945**, H. 14.

dazu gehören. Was den Verfasser zu einer zusätzlichen Bemerkung veranlaßt, ist die Tatsache, daß der Kaskadenwandler eine mehrgliedrige Konstruktion ist und daß er daher die größte Aufmerksamkeit des Konstrukteurs benötigt, um allen mechanischen und elektrischen Anforderungen zu genügen.

3. Isoliermantelwandler

Der Bau von Spannungswandlern für Höchstspannungen in Trockenausführung ist noch heute ein sehr schwieriges Problem. Man mußte wegen der Brandgefahr die ölreichen Spannungswandler alter Bauart durch neue Konstruktionen ersetzen. Einen bedeutenden Fortschritt brachten die sog. ölarmen Spannungswandler (s. S. 151) mit sich. Unter diesen hatte der Isoliermantelwandler für Höchstspannungen bald eine dominierende Stellung eingenommen. Es handelt sich um einphasige Spannungswandler, die zwischen Leitung und Erde eingebaut werden.

Abb. 174. Isoliermantelwandler für 150 kV Nennspannung.

Der Isoliermantelwandler ist, wie sein Name zeigt, dadurch gekennzeichnet, daß der Wandler als äußere Hülle einen Isolator hat. Man bezeichnet daher diese Wandler auch als Stützer-Spannungswandler. Der große Vorteil dieser Wandler besteht darin, daß sie eine einteilige bzw. eine einkernige Konstruktion aufweisen. Dadurch sind die aktiven Teile – Kern und Wicklung – den altbewährten Transformatorenkonstruktionen ähnlich, und es bleibt nun dem Können des Ingenieurs die Aufgabe gestellt, die Wandlerabmessungen am günstigsten zu gestalten und andererseits die höchste Betriebssicherheit zu erzielen. Diese Aufgabe konnte durch die immer mehr fortschreitende Isoliertechnik gelöst werden.

Abb. 174 zeigt Isoliermantelwandler der Maschinenfabrik Oerlikon für 150 kV Nennspannung. Der Wandler übersetzt $150000/\sqrt{3} : 100/\sqrt{3}$ V und weist eine Meßleistung von 400 VA in Klasse 0,5 auf.

Abb. 175 zeigt einen solchen der Firma Brown Boveri für 220 kV Nennspannung mit einer Übersetzung von $220000/\sqrt{3} : 100/\sqrt{3}$ V und einer Meßleistung von 800 VA in Klasse 0,5.

Abb. 175. Isoliermantelwandler für 220 kV Nennspannung.

Die Wandler beider Abbildungen sind Freiluftwandler. Wie ersichtlich, sind die Isolatoren mit Schutzfunkenstrecken versehen. Ihre Einstellung muß derart vorgenommen werden, daß bei Überspannungen der Überschlag nicht am Isolator, sondern an der Funkenstrecke stattfinden soll. Der Funkenstreckelichtbogen soll in der Luft verlaufen, damit der Isolator von der Einwirkung der Lichtbogenwärme verschont bleibt.

Die Abb. 176 zeigt im Vordergrund drei Isoliermantelwandler der Firma Brown Boveri in einer 150-kV-Freiluftanlage. Das Bild zeigt, daß die Bauart dieser Stützer-Spannungswandler eine günstige Anordnung und Raumersparnis gewährleistet.

Die neue Bauart setzt voraus, daß in der Isolationstechnik eine Anzahl Prinzipien streng eingehalten werden. Die geringsten Spuren von Luft müssen durch eine sorgfältige Vakuumbehandlung aus dem unter Öl befindlichen Teil des Wandlers entfernt werden. Bilden doch Luftbläschen wegen der geringen Durchschlagsfestigkeit der Luft Herde für Glimmentladungen, die eine Verschlechterung des Öls zur Folge haben.

Als Dielektrikum zwischen Usp.- und Osp.-Wicklung muß ein hochwertiges Isoliermaterial verwendet werden. Bekanntlich wird dann jede andere Isolierschicht, die eine geringere Dielektrizitätskonstante hat und die in Reihe mit der besseren Isolierschicht im elektrischen Feld liegt, potentialmäßig überlastet. Solche Fugen im elektrischen Aufbau müssen kurzgeschlossen werden. Man erreicht die Überbrückung durch die Metallisierung der der Usp.-Wicklung zugekehrten inneren Oberfläche des Hauptdielektrikums. Unter Umständen muß die Metallisierung geerdet oder auf ein bestimmtes niedriges Potential gebracht werden. Nur durch solche Maßnahmen können Fugen im Dielektrikum unschädlich gemacht werden.

Eine weitere Schwierigkeit entsteht durch Randfelder, die am Ende der Elektroden infolge der Verdichtung der elektrischen Kraftlinien zu Glimmentladungen führen. Als Folge solcher Unstetigkeiten im elektrischen Feld

Abb. 176. 150 kV-Freiluftanlage mit drei Isoliermantelwandlern im Vordergrund.

treten schädliche Gleitfunkenerscheinungen auf. Man schwächt die schädlichen Wirkungen der Randfelder durch besondere Ausbildung der Randpartien der Spannungsträger (Anordnung von Schutzringen und vorgeschobenen Hilfselektroden).

In der Fachliteratur[61]) sind einige Angaben über den inneren Aufbau der Brown-Boveri-Isoliermantelwandler bekanntgeworden, auf welche hier näher eingegangen werden soll. Der ganze Aufbau ist in die Länge gezogen, um eine große Schlagweite am Isoliermantel zu erhalten. Der Kern ist durch den

[61]) HARTMANN, H.: Bull. schweiz. elektrotechn. Ver. **1945**, H. 8, 243. — Brown-Boveri-Mitt. 4/5 (1946).

geringen Abstand seiner Schenkel und das kreisförmige Joch an der Hochspannungsklemme eine bemerkenswerte Neuerung im Transformatoren- bzw. Spannungswandlerbau. Die Abb. 177 zeigt den Kern mit der Wicklung eines 150-kV-Spannungswandlers. Der Rückschluß unten am Kern wird zu einer Fußplatte erweitert. Die Osp.-Wicklung zwingt dem ganzen Wandler ein von der geerdeten Fußplatte bis zur Hochspannungsklemme mit der Höhe ansteigendes Potential auf. An diesem Aufstieg beteiligen sich wegen der aus der Abbildung ersichtlichen Schaltung beide Schenkel. Diese Steuerung der Potentiale bewirkt auch eine günstige Verteilung der elektrischen Beanspruchung des Isoliermantels. Die Hauptisolation aus ölimprägniertem Papier wird durch eine U-förmige, an der Osp.-Wicklung und dem mit der Usp.-Wicklung versehenen Kern dicht anliegende, kabelähnliche Isolierhülle gebildet. Durch das dichte Anliegen der Isolierhülle an die Elektroden werden die Randfelder unterdrückt.

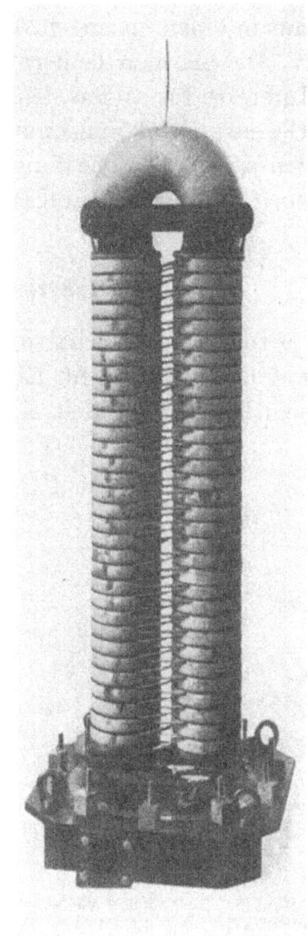

Abb. 177. Kern- und Wicklungsaufbau eines 150-kV-Isoliermantelwandlers.

Aus den angedeuteten Konstruktionsprinzipien ergibt sich eine Gewichtsreduktion dieser Spannungswandlerbauart. Man erzielt bei Isoliermantel-Spannungswandlern ein geringes Ölvolumen, da der Wandlerkörper den Isoliermantel gut ausfüllt. Ungeachtet der gedrängten Konstruktion erhält man bei diesen Wandlern relativ hohe Meßleistungen. Durchdenkt man die ganze Theorie der Spannungswandlerberechnung an Hand der Fehlergleichungen (114) und (115), so kommt man zum Resultat, daß die Konstruktionsart des Isoliermantelwandlers günstigere Fehlerkurven bei gleicher Leistung ergibt als die alte Konstruktionsart der Öl-Spannungswandler. In erster Linie ist diese Leistungserhöhung auf die geringe Kurzschlußspannung, die man durch das hochwertige Dielektrikum geringer Wandstärke erzielt, zurückzuführen. Dies setzt allerdings eine zweckmäßige Anordnung der Usp.-Wicklung voraus. Es müssen Querstreufelder (s. S. 24) vermieden werden, da diese eine Erhöhung der Streuspannung und demzufolge auch der Kurzschlußspannung bewirken. Bei verminderter Kurzschlußspannung verkleinert sich der Winkel β_k und erhöht sich demzufolge die im Nenner der Gleichungen (114) und (115) stehende Größe $\cos \beta_k$. Dadurch ergeben sich kleinere Fehlergrößen.

Im Zusammenhang mit der Entwicklung von Spannungswandlern, die die Brandgefahr noch mehr als die ölarmen Spannungswandler herabsetzen, sei hier noch auf Wandler, gefüllt mit „Pyranol“ (ein Diphenylchlorid), hingewiesen. In den USA werden solche Wandler überwiegend von der „General Electric" ausgeführt.

In Deutschland hat man mit einer von der IG-Farben hergestellten, nicht brennbaren Isolierflüssigkeit („Chlophen") Spannungswandler gebaut, jedoch nur in einem geringen Ausmaße.

Die ölarmen Isoliermantelwandler neuester Konstruktionsart scheinen das Interesse für andere Isolationsmöglichkeiten verdrängt zu haben. Ihr einziger Gegenspieler könnte nur der Trocken-Spannungswandler für Höchstspannungen sein. Die Schaffung solcher Wandler für Höchstspannungen muß heute noch als Zukunftsaufgabe betrachtet werden.

4. Meßdrosselspulen. Kapazitive Meßeinrichtungen

Im Jahre 1929 hatte J. BIERMANNS[62]) eine Spannungswandlerkonstruktion mit unvollständigem Eisenkern angegeben. Der Aufbau ist aus Abb. 178 ersichtlich. Es handelt sich um eine Säule von Kernstücken, die voneinander durch Isolationsplatten getrennt sind[63]). Die Spulen der Osp.-Wicklung sind jeweils in der Mitte mit dem zugehörigen Kernpaket elektrisch verbunden. Der untere Kern trägt auch die Usp.-Wicklung.

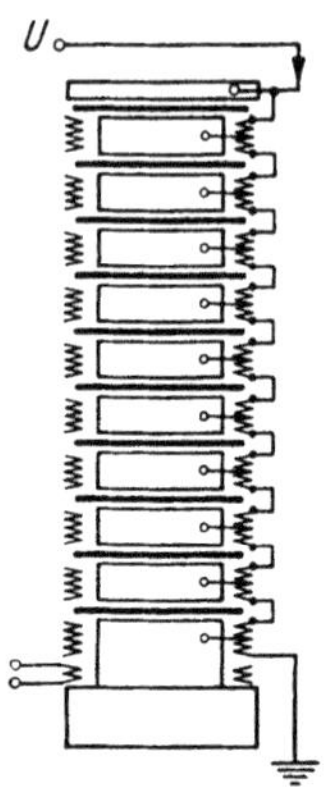

Abb. 178. Kernaufbau nach BIERMANNS mit geänderter Jochausbildung.

Die ersten Modellwandler ohne Eisenrückschluß wurden vom Verfasser in den Jahren 1929—1930 bei der AEG entwickelt. Der Kern enthielt nur oben und unten Eisenstümpfe[64]). Diese wurden in einen Isolierzylinder, dem Träger der Osp.-Wicklung, gewissermaßen als Tauchelektroden angeordnet. Abb. 179 zeigt einen solchen Spannungswandler mit Ölfüllung für 220 kV Netzspannung. Der obere Kernstumpf ist mit dem Hochspannungspol, der untere mit der Eisenkonstruktion (Erde) verbunden. Die grundlegenden meßtechnischen Fragen des Spannungswandlers konnten schon an diesen Modellwandlern geklärt werden. Es zeigte sich bald, daß die an Spannungswandler gestellten Anforderungen, nämlich die Einhaltung der zulässigen Übersetzungsfehler und Fehlwinkel, bei der Kernanordnung ohne Eisenrückschluß durch die Anwendung besonderer Kompensationsmittel zu erreichen sind. Es wurden Vorbelastungen ohmscher und kapazitiver Art als zweckmäßig ermittelt und die Wirkungen praktisch festgestellt. Durch die Überwindung der meßtechnischen Seite der Aufgabe war die Existenzmöglichkeit des Wandlers ohne magnetischen Eisen-Rückschluß erwiesen. Die weitere Förderung dieser Wandler fällt zeitlich (in der zweiten Hälfte der dreißiger Jahre) mit den Bestrebungen,

[62]) DRP 592876.

[63]) BIERMANNS, J.: ETZ **1937**, H. 24, 659.

[64]) Meßdrosselspule für Höchstspannungen, Sammelwerk „Forschung und Technik". Berlin: Julius Springer 1930. — ETZ **1931**, H. 12.

Neukonstruktionen für Trockentypen und gewitterfeste Wandler zu entwickeln, zusammen.

Durch die Verbindung der Mitten der Spulengruppen mit den entsprechenden Eisenpaketen (s. Abb. 178) wird einerseits eine zwangsläufige Potentialsteuerung bzw. eine Aufteilung der Spannung in Teilspannungen, andererseits eine kapazitive Kopplung der Spulengruppen gegeneinander erreicht. Das Isolationsproblem des Spannungswandlers erscheint dadurch wesentlich vereinfacht, während durch die gegenseitige Kapazität der Wicklungselemente die hyperbolische Anfangsverteilung der Spannung bei Beanspruchung auf Stoß in eine angenähert lineare Verteilung übergeführt werden kann.

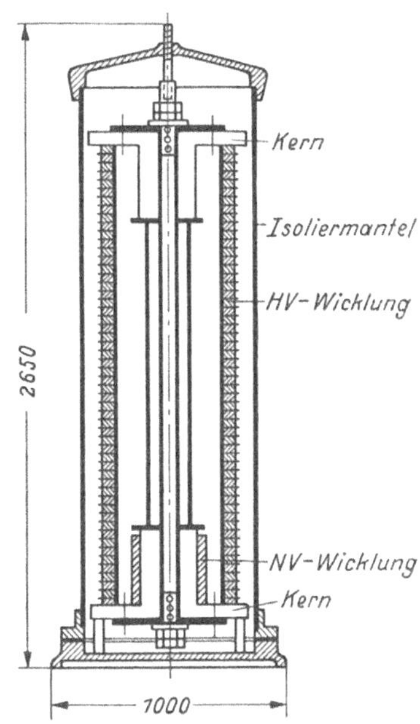

Abb. 179. Spannungswandler für 220 kV Nennspannung.

Die Ausführung als Trockenwandler barg noch eine Anzahl schwieriger Probleme in sich, so z. B. die Beherrschung der Randfelder zwischen je zwei Eisenpaketen an ihren äußersten Kanten. Wenn man eine Beanspruchung der 3 mm starken Isolationsplatten aus hochwertigem Isolationsmaterial mit nur 10 kV im Erdschlußfalle zuläßt, so muß man mindestens eine Prüfspannung von 20 kV zwischen zwei Paketen zulassen. Noch bevor diese Spannung erreicht wird, tritt an den Rändern Glimmen auf. Durch Abdeckung der Ränder der Eisenpakete und durch eine Graphitierung der den Eisenpaketen zugewandten Oberflächen der Isolationsplatten konnten die Schwierigkeiten behoben werden. Die AEG hat zwei Trockentypen dieser Wandler für Nennspannungen von 60 und 110 kV fabrikationsmäßig hergestellt. Wie bei jeder Neuerung muß zuerst eine längere Bewährungsfrist vorliegen, ehe ein Urteil über die Dauerhaftigkeit und Betriebssicherheit gefällt werden kann. Durch den ausgebrochenen Zweiten Weltkrieg ist die Übersicht und die Beurteilung der Entwicklung auf diesem Gebiet unmöglich geworden.

Ähnliche Wandler für eine Nennspannung von 60 kV wurden nach Angaben des Verfassers von der Firma Moser-Glaser AG. gegen Ende der dreißiger Jahre entwickelt. Da die meisten dieser Wandler für Freiluftanlagen bestimmt waren, so wurde eine ölarme Type für 66 kV Nennspannung, 170 kV Prüfspannung durch Selbsterregung, als Freilufttyp ausgeführt.

Die Abb. 180 zeigt die Außenansicht solcher Wandler mit Isoliermantel aus keramischem Werkstoff. Diese Wandler erhielten die Bezeichnung „Säulenwandler“. Das Verhalten der Wicklung bei Stoßbeanspruchung wurde am Aufbau nach Abb. 181 im Hochspannungslaboratorium des Schweiz. Elektrotechn. Vereins mit Hilfe des Kathodenstrahloszillographen untersucht[65]). Die 10 Spulengruppen wurden jeweils mit einer Anzapfung versehen. Die Wicklung wurde Stößen mit negativen Stoßwellen $^1/_{50}\,\mu$sec ausgesetzt, wobei der Spannungsverlauf abwechselnd an den 10 Meßstellen oszillographiert wurde. Die Abb. 182 zeigt die Oszillogramme. Wie ersichtlich, ist der Verlauf der Kurven praktisch schwingungsfrei. Die Oszillogramme 1–4

Abb. 180. Ölarme Säulenspannungswandler, 66 kV Nennspannung, $16^2/_3$ Hz.

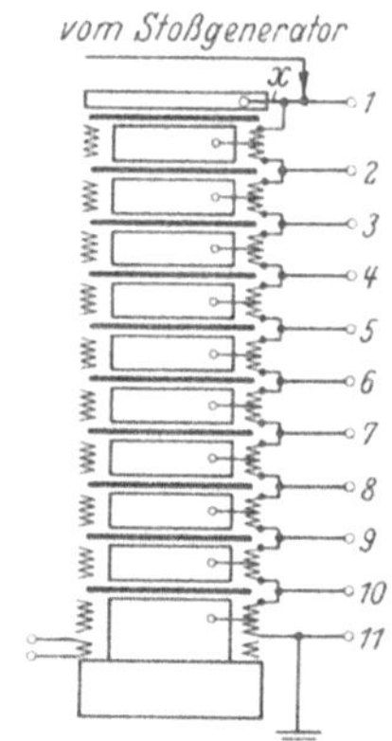

Abb. 181. Schaltung mit 10 Anzapfungen zur Aufnahme von Kathodenstrahloszillogrammen.

zeigen, daß der Abbau der Stoßspannung in den Wicklungselementen der drei ersten Eisenpakete erfolgt. In die Wicklungselemente der weiter unten liegenden

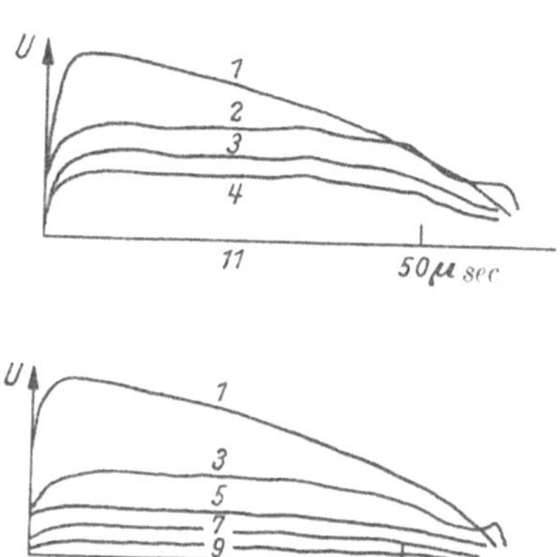

Abb. 182. Oszillogramme der Stoßspannung an den verschiedenen Meßstellen.

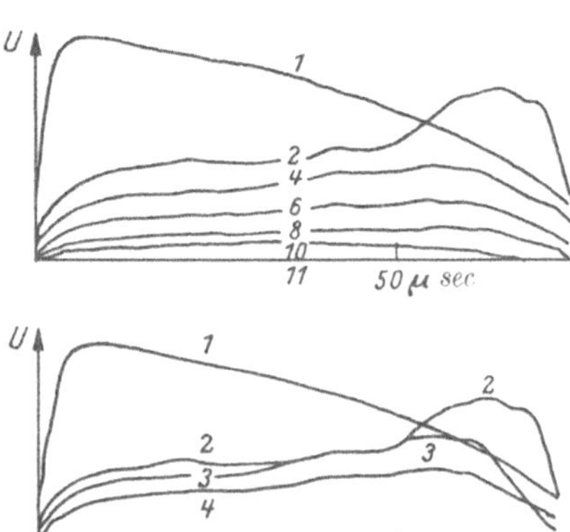

Abb. 183. Verlauf der Stoßspannung bei ungeschützter oberer Spulengruppe.

Pakete dringen nur geringe Spannungsanteile ein. Die Unterschiede in den Ordinaten ergeben zu jedem Zeitmoment die Anteile der Spannung in den entsprechen-

[65]) Bull. schweiz. elektrotechn. Ver. **1940**, H. 23.

den Wicklungsgruppen. Daß die nahezu schwingungsfreie Anfangsverteilung der Stoßspannung auf die kapazitive Wirkung der Eisenpakete als parallel zu den Wicklungsgruppen geschalteten Kondensatoren zurückzuführen ist, leuchtet aus den Oszillogrammen der Abb. 183 ein. Diese wurden bei einer Loslösung der Verbindung der oberen Spulengruppe (x in Abb. 181) vom oberen Paket aufgenommen. Die Oszillogramme zeigen eine nicht unwesentliche Überschreitung der Spannung an der Meßstelle 2 über die Spannung der Stoßwelle hinaus. Das Zustandekommen einer Eigenschwingung kann nur dadurch erklärt werden, daß die ihres „kapazitiven Protektorates" beraubte obere Spulengruppe eine freie Eigenschwingung ausführt. Die Frequenz bzw. die Periode dieser Eigenschwingung scheint in der Nähe der doppelten „Halbwertzeit" der Stoßwelle zu liegen. Eine weitere Lockerung der kapazitiven Koppelung der Spulengruppen würde zweifellos weitere Schwingungen hervorrufen, wie dies aus dem Verhalten bei Spannungswandlern normaler Ausführung bekannt ist, wobei die obere Wicklungsgruppe nahezu die ganze Stoßspannung aufnehmen müßte.

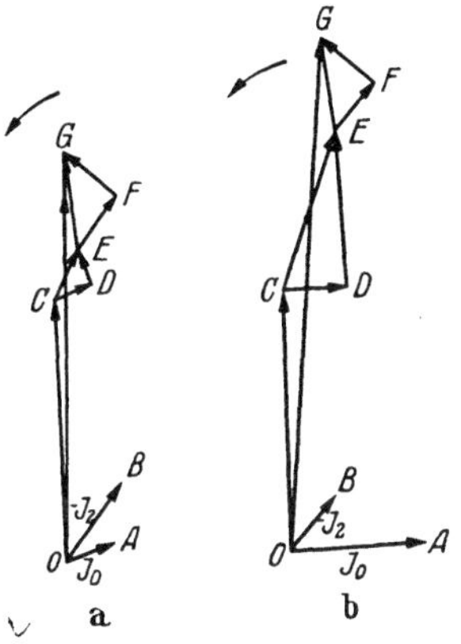

Abb. 184. Vektordiagramme: *a* des gewöhnlichen Wandlers, *b* des Kernsäulenwandlers.

Über das magnetische Verhalten der Meßdrosselspule und ihre Meßgenauigkeit sei noch folgendes kurz zusammengefaßt. Daß der Spannungswandler mit Kernsäule ungeachtet der erhöhten magnetischen Streuung der vom Spannungswandler verlangten hohen Meßgenauigkeit Genüge leisten kann, hängt mit folgendem zusammen. Der Wandler hat schon im Leerlauf einen bedeutenden Übersetzungsfehler und einen positiven Fehlwinkel in der Größenordnung von etwa 1°. Die vorzunehmende Windungskorrektion im Sollwert der Windungszahl ist hier nicht so geringfügig wie beim gewöhnlichen Spannungswandler. Durch Windungskorrektion und ohmsche Vorbelastung der Usp.-Wicklung kann man die Leerlauffehler zum Verschwinden bringen.

Man versteht das Verhalten am besten aus einem Vergleich des Vektordiagramms dieses Wandlers mit demjenigen eines gewöhnlichen Wandlers (Abb. 184). Schon beim landläufigen Spannungswandler trennt man im Diagramm die Fehler des Leerlaufs von denjenigen der Belastung (s. Abb. 149). Im Diagramm kommt dies durch das Spannungsabfalldreieck CDE im Leerlauf, welches wir schlechthin als Leerlaufdreieck bezeichnen, zum Ausdruck.

In den Diagrammen sind:

$OA = J_0$ der Leerlaufstrom,

$OB = -J_2$ der umgeklappte Vektor des Sekundärstromes,

$OC = U_2$ die sekundäre Klemmenspannung,

$OG = U_1$ die primäre Klemmenspannung.

Entsprechend dem geringen Leerlaufstrom und der geringen primären Streuung ist das Leerlauffehlerdreieck klein. Das Fehlerdreieck der Belastung *EFG* überwiegt.

Ganz anders ist es beim Diagramm des Spannungswandlers mit Kernsäule. Der hohe Leerlaufstrom und die relativ hohe Streuung bedingen das überwiegende Leerlaufdreieck *CDE*, während das Belastungsfehlerdreieck *EFG* jetzt geringer erscheint.

Da das Leerlauffehlerdreieck durch die Kompensation zum Verschwinden gebracht wird, bleibt für die Fehlereinhaltung nur die Überwindung des Dreiecks *EFG* übrig, welches durch eine kapazitive Kompensation der Streuspannung bei Belastung in den zulässigen Grenzen gehalten werden kann. Dadurch kann die Eichfähigkeit in Klasse 0,5 erreicht werden.

Folgende Tabelle gibt eine Übersicht über die erzielten Leistungen und Prüfspannungen bei Selbsterregung für Säulenwandler.

Herstellerfirmen	Primäre Spannung	Prüfspannung durch Selbsterregung	Leistung in Klasse 0,5
AEG (Trockenwandler für 50 ~)	$\frac{60\text{ kV}}{\sqrt{3}}$	126 kV	150 VA
AEG (Trockenwandler für 50 ~)	$\frac{110\text{ kV}}{\sqrt{3}}$	220 kV	150 VA
Moser-Glaser (ölarme Wandler) für $16^2/_3$ ~	$\frac{66\text{ kV}}{2}$ bzw. 66 kV im Erdschluß	170 kV	120 VA
für 50 ~	$\frac{62{,}5\text{ kV}}{\sqrt{3}}$	150 kV	100 VA

Einen Einblick in die Wirkungsweise der Kompensationsschaltung bei Belastung vermittelt die Abb. 185. Wie aus der Anordnung hervorgeht, wird ein Kondensator über einen Hilfswandler (*W*), der vom Bürdenstrom gespeist wird, zur Kompensation der Streuinduktivität verwendet[66]).

Der Kondensator wird durch den Hilfswandler *W* auf etwa 150 V erregt. Mit Hilfe von Anzapfungen kann die günstigste Übersetzung *ü* eingestellt werden.

Bezeichnet man mit L_s die gesamte auf die Usp.-Wicklung bezogene Streuinduktivität, so ergibt sich die günstigste Kompensation, wenn die Kapazität *C* nach folgender Gleichung bemessen wird:

$$\frac{1}{\omega C} \cdot \frac{1}{\ddot{u}^2} = \omega L_s. \qquad (119)$$

In der bereits im ersten Teil dieses Buches im Kapitel I. 7 erwähnten Arbeit[5]) behandelt R. WILLHEIM, der zu den Förderern des Säulenwandlers zu zählen ist, auch das Problem der Streuung beim Kernsäulenwandler.

[66]) KÜCHLER, R.: ETZ **1937**, H. 8, 204.

Bei der Bemessung der Kompensationsschaltung ist noch einem weiteren Umstand Rechnung zu tragen. Der Strom J_2 in der Usp.-Wicklung ist durch die Bürde gegeben. Dieser Strom fließt durch die primäre Wicklung des Hilfswandlers, erregt diesen und speist den Kondensator mit einer Spannung U_C. Die Stromcharakteristiken des Wandlers und des Kondensators haben verschiedenen Verlauf, wie aus der Abb. 186 ersichtlich ist. Dort, wo sich die

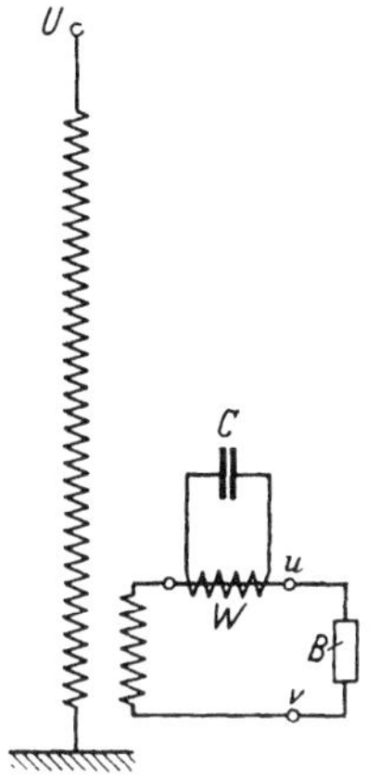

Abb. 185. Kompensationsschaltung des Kernsäulenwandlers. W Hilfswandler, C Kondensator, B Bürde.

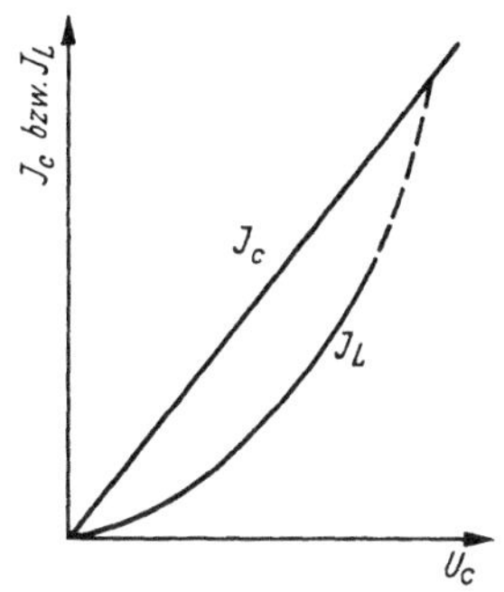

Abb. 186. Stromcharakteristiken.

beiden Kurven schneiden, liegt ein magnetischer „Kippunkt". Es muß daher der Stromwandler nach der Kurve J_L arbeiten, also unterhalb der Geraden J_C. Die Induktion des Hilfswandlers muß dementsprechend bemessen werden.

Neben den erwähnten Problemen ist die Frage der Erwärmung beim Säulenwandler grundsätzlich verschieden von derjenigen eines gewöhnlichen Spannungswandlers. Dies hängt mit dem relativ hohen Leerlaufstrom des Säulenwandlers zusammen. Für die Vorausberechnung des Leerlaufstromes bzw. der Induktivität der Zylinderwicklung mit einem das Spuleninnere ausfüllenden Eisenkorn findet man in der Fachliteratur geeignete Formeln (s. [66]).

Die Formel

$$L = 22{,}4\, w^2\, d\, 10^{-9} \text{ in Henry} \tag{120}$$

liefert Resultate, die mit den Messungen angenähert übereinstimmen. In der obigen Formel bedeutet

d den mittleren Spulendurchmesser in cm,

w die Windungszahl der Osp.-Wicklung.

Bei den ausgeführten Kernen der 60-kV-Type war das Verhältnis von Wicklungshöhe (h) zum mittleren Spulendurchmesser (d) in folgenden Grenzen:

$$5{,}5 > \frac{h}{d} > 5{,}0\,. \tag{121}$$

Der Leerlaufstrom des Wandlers ist zugleich auch der Betriebsstrom. Die in der Wicklung und im Kern erzeugte Wärme müssen unter Zuhilfenahme der

Ölströmung durch den Isoliermantel und den oberen Deckel abgeführt werden. Bei den ölarmen Säulenwandlern verursacht die Kühlung weniger Schwierigkeiten als bei Lufttypen, jedoch muß aus den erwähnten Gründen auch bei den ölarmen Typen die Induktion niedrig gehalten werden (etwa 3000 Gs). Die genaue Festlegung der Induktion ist durch den kritischen Grenzfall des Erdschlußzustandes und seiner Zeitdauer gegeben.

Ob der ölarme Säulenwandler neben anderen Stützerspannungswandlern sich behaupten kann, läßt sich heute noch nicht sagen. Die Einführung dieser Wandler war von Schwierigkeiten begleitet. Es sind Defekte und Störungen aufgetreten. Material- oder Konstruktionsfehler haben zu den Störungen Veranlassung gegeben. Es sind aber auch Fälle aufzuweisen, wo solche Wandler etwa 10 Jahre ohne Störungen im Betrieb waren.

Es trifft zu, daß diese Wandler wegen der Kompensationsschaltung im Sekundärkreis bei der Abgleichung und Prüfung eine Mehrarbeit verursachen, auch sind sie preislich nicht so günstig wie die Spannungswandler normaler Bauart. Insbesondere stellte es sich heraus, daß Wandler dieser Bauart für Nennspannungen unter 30 kV unwirtschaftlich bleiben, auch wenn ihre Dimensionen und Gewichte als günstig bezeichnet werden müssen. Die Vorteile der Säulenwandler in isolationstechnischer Hinsicht sind wegen der internen Aufteilung der Spannungsbeanspruchung im Isoliermantel jedenfalls bemerkenswert. Das gleiche trifft für die Stoßfestigkeit dieser Wandler zu.

Kapazitive Meßeinrichtungen

Wir möchten dieses Kapitel nicht zum Abschluß bringen, ohne über die kapazitiven Spannungs-Meßeinrichtungen zu berichten. Gemeint ist damit die Spannungsmessung mit Hilfe einer Kondensatordurchführung[52]). Es muß gleich bemerkt werden, daß diese Meßmethode, die sich in der Praxis nur in beschränktem Maße bewährt hat, nicht als eine Präzisionsmethode angesehen werden kann.

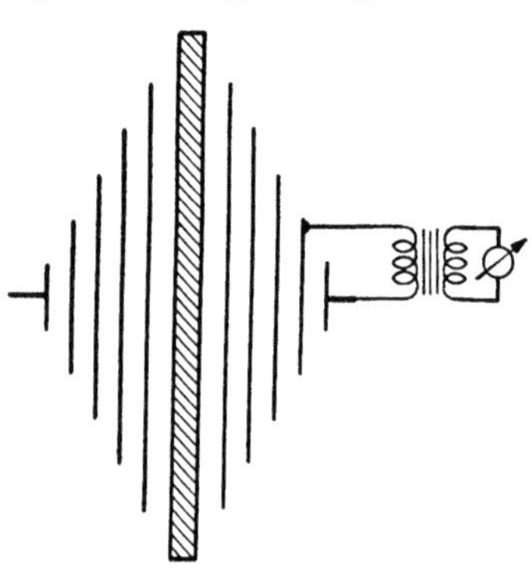

Abb. 187. Kondensatordurchführung mit Meßbelag.

Die Meßeinrichtung beruht auf der Anordnung in Abb. 187. Zur Spannungsmessung wird der Ladestrom einer Kondensatordurchführung herangezogen. Parallel zum letzten Belag der Durchführung, zwischen diesem und der Fassung, wird ein kleiner Transformator geschaltet, dessen Sekundärwicklung ein Amperemeter speist. Der Ausschlag ist proportional dem Ladestrom und letzterer der Spannung zwischen Hochvoltleitung und Erde. Die ganze Einrichtung, wie sie im Betrieb verwendet wird, muß am Herstellungsort geeicht werden. Auf diese Art kann die Skala des Amperemeters direkt in Kilovolt geschrieben werden.

[52]) Keinath, G.: ETZ **1931**, H. 53, 1600.

Die Meßleistung ist gering, in der Größenordnung von 10 VA für eine 110-kV-Durchführung. Eine Meßgenauigkeit von $\pm 3\%$ wird wohl das Maximum des Erreichbaren bleiben. Die Entwicklung dieser Meßeinrichtungen bei der AEG lag in den Händen von R. CRÄMER.

In letzter Zeit sind Spannungsmeßeinrichtungen bekanntgeworden, die an Kopplungskondensatoren für Hochfrequenztelephonie angeschlossen werden. Die Kapazität der an der Hochspannungsleitung angeschlossenen Kopplungskondensatoren beträgt nach Angaben der Firma Emil Haefely AG.[67])

6000 pF für 75 kV Nennspannung,
4000 pF für 150 kV Nennspannung,
2000 pF für 220 kV Nennspannung.

Der Meßteil, gleichfalls ein Kondensator mit Kompensationselementen, ermöglicht den Anschluß einer Bürde von 100 VA in Klasse 0,5, sofern ein Kopplungskondensator von 2000 pF verwendet wird.

III. Meßtechnisches und Betriebssicherheit

1. Der durch Wandler bedingte Fehler bei einer Leistungsmessung in der Drehstromschaltung[44])

Wir haben bereits früher den Meßfehler, der sich aus den Fehlwinkeln und den Stromfehlern der Stromwandler bei Leistungsmessungen nach der Zwei-Wattmetermethode ergibt, ermittelt und Formeln (106) bis (108) zur Errechnung

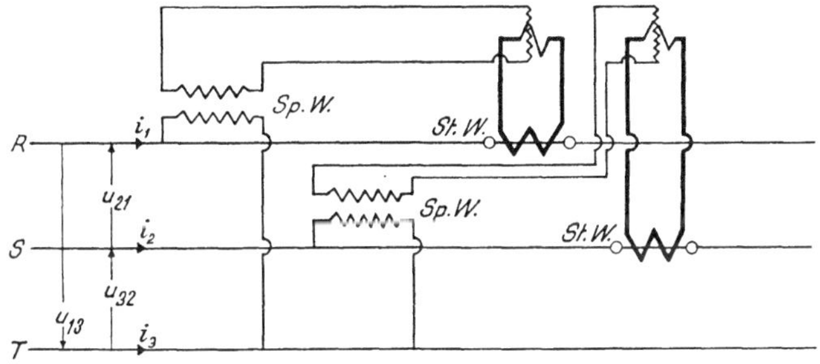

Abb. 188. *Sp.W.* Spannungswandler, *St.W.* Stromwandler.

des Fehlers abgeleitet. Die Abb. 188 stellt das allgemeine Schaltungsschema einer Drehstrommeßgruppe mit zwei Stromwandlern und zwei Spannungswandlern dar. Die beiden Einphasenspannungswandler können durch einen einzigen Drehstromwandler ersetzt werden. Die Betrachtungen für die Fehlerermittlung bei Spannungswandlern sind ähnlich denen, die für Stromwandler durchgeführt wurden und führen zu folgenden Resultaten.

[67]) Bull. schweiz. elektrotechn. Ver. **1950**, H. 7, 247.
[44]) Bull. schweiz. elektrotechn. Ver. **1920**, H. 11; **1921**, H. 1.

Wir bezeichnen die infolge der Fehlwinkel ε_1 und ε_2 der Spannungswandler verschobenen Spannungsvektoren mit U'_{13} und U'_{23}. Ihre Lage ist in der Abb. 189 dargestellt. Von den Spannungsfehlern der Wandler sehen wir zunächst ab und erhalten für die gemessene Leistung folgende Gleichung:

$$P = J_1 U'_{13} \cos(30 - \varphi - \varepsilon_1) + J_2 U'_{23} \cos(30 + \varphi + \varepsilon_2).$$

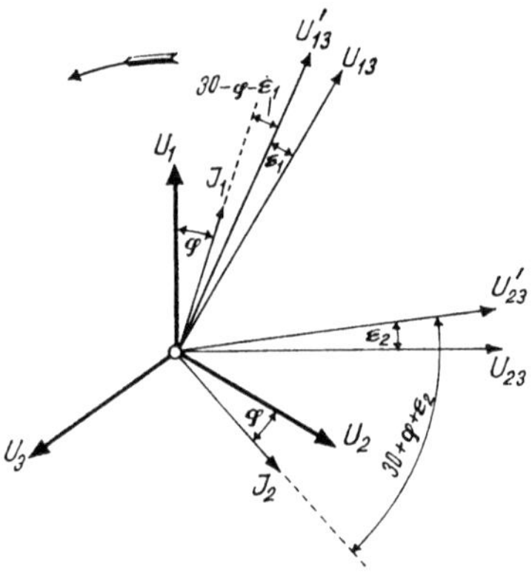

Abb. 189.

Der „Sollwert" ist durch die Gleichung

$$P_s = J_1 U_{13} \cos(30 - \varphi) + J_2 U_{23} \cos(30 + \varphi) = J U \sqrt{3} \cos\varphi$$

gegeben. Da wir zunächst die Annahme

$$U_{13} = U'_{13}, \qquad U_{23} = U'_{23}$$

machen, so ergibt sich folgende Fehlergleichung

$$\frac{P - P_s}{P_s} = \frac{\frac{\sqrt{3}}{2}\{[\cos(\varphi + \varepsilon_1) - \cos\varphi] + [\cos(\varphi + \varepsilon_2) - \cos\varphi]\} + \frac{1}{2}\{\sin(\varphi + \varepsilon_1) - \sin(\varphi + \varepsilon_2)\}}{\sqrt{3}\cos\varphi}$$

Diese Gleichung läßt sich nach einer Umformung und nach Vernachlässigung der kleinen Größen zweiter Ordnung auf die folgende Form bringen:

$$\frac{P - P_s}{P_s} = -\frac{1}{2}\operatorname{tg}\varphi\,(\sin\varepsilon_1 + \sin\varepsilon_2) + \frac{1}{\sqrt{3}}\sin\frac{\varepsilon_1 - \varepsilon_2}{2}.$$

Analog wie in den Fehlerformeln bei Stromwandlern werden die Winkel ε_1 und ε_2 in Minuten ausgedrückt. Es ergibt sich für den Fehler in Prozenten folgender Ausdruck:

$$\Delta_\varepsilon = \frac{P - P_s}{P_s}\,100\% = -0{,}0291\,\operatorname{tg}\varphi\,\frac{\varepsilon_1 + \varepsilon_2}{2} + 0{,}0168\,\frac{\varepsilon_1 - \varepsilon_2}{2}. \qquad (122)$$

Diese Gleichung kann mit der entsprechenden Gleichung (106) für Stromwandler zusammengefaßt werden, und man erhält für den resultierenden

Fehler, der von den Fehlwinkeln der Strom- und Spannungswandler herrührt, folgenden Ausdruck:

$$\Delta_{\delta+\varepsilon} = 0{,}0291 \operatorname{tg}\varphi \frac{\delta_1' + \delta_2' - \varepsilon_1' - \varepsilon_2'}{2} + 0{,}0168 \frac{\delta_2' - \delta_1' + \varepsilon_1' - \varepsilon_2'}{2}. \quad (123)$$

Aus dieser Gleichung sieht man, daß bei gleichsinnigen Fehlwinkeln die Fehlwinkel der Spannungswandler den resultierenden Fehler vermindern. Praktisch sind immer die Fehlwinkel der Stromwandler ausschlaggebend, da diejenigen der Spannungswandler gering sind.

Wir wollen jetzt zur Verallgemeinerung der Fehlerformel übergehen und auch die Spannungsfehler der Spannungswandler in die Betrachtung mit einbeziehen. Wir bedienen uns dabei der im Kapitel A, IV eingeführten Bezeichnungen, die wir auf Spannungswandler folgendermaßen erweitern. Es seien:

U_{13}, U_{23} die tatsächlichen Primärspannungen,

U_{13}', U_{23}' die primären Spannungen, die sich aus dem idealen Übersetzungsverhältnis und den sekundären Spannungen ergeben, und c_{13}, c_{23} die Korrektionsfaktoren. Mit diesen Bezeichnungen gelten folgende Beziehungen:

$$\frac{U_{13}}{U_{13}'} = c_{13}, \quad \frac{U_{23}}{U_{23}'} = c_{23}.$$

In den Spannungsdifferenzengleichungen

$$U_{13}' - U_{13} = \Delta U_{13} \text{ und } U_{23}' - U_{23} = \Delta U_{23}$$

sind die Größen ΔU_{13}, $\Delta U_{23} > 0$, wenn c_{13}, $c_{23} < 1$, und umgekehrt sind ΔU_{13}, $\Delta U_{23} < 0$, wenn c_{13}, $c_{23} > 1$.

Unter der Voraussetzung, daß sämtliche Fehlwinkel

$$\delta_1 = \delta_2 = \varepsilon_1 = \varepsilon_2 = 0,$$

läßt sich der Fehler, der auf ungenaue Übersetzungsverhältnisse zurückzuführen ist, folgendermaßen ermitteln.

Der Sollwert der gemessenen Leistung ist durch den Ausdruck

$$P_s = J_1 U_{13} \cos(30 - \varphi) + J_2 U_{23} \cos(30 + \varphi) = J\,U\sqrt{3}\cos\varphi$$

gegeben.

Die gemessene Leistung wird

$$P = J_1' U_{13}' \cos(30 - \varphi) + J_2' U_{23}' \cos(30 + \varphi)$$

und der Fehler

$$\begin{aligned} \frac{P - P_s}{P_s} 100\% &= \frac{J_1' U_{13}' - J_1 U_{13}}{J_1 U_{13}} \cdot \frac{\cos(30 - \varphi)}{\sqrt{3}\cos\varphi} + \frac{J_2' U_{23}' - J_2 U_{23}}{J_2 U_{23}} \cdot \frac{\cos(30 + \varphi)}{\sqrt{3}\cos\varphi} \\ &= \left\{\left(\frac{1}{c_1 c_{13}} - 1\right)\left(\frac{1}{2} + \frac{\operatorname{tg}\varphi}{3\sqrt{3}}\right) + \left(\frac{1}{c_2 c_{23}} - 1\right)\left(\frac{1}{2} - \frac{\operatorname{tg}\varphi}{2\sqrt{3}}\right)\right\} 100\%. \end{aligned} \quad (124)$$

Diese Gleichung ist eine Erweiterung der für Stromwandler abgeleiteten Gleichung (108). Und schließlich ergibt die Zusammenfassung der Gleichungen (123) und (124) die allgemeine Fehlergleichung, die folgendermaßen lautet:

$$\frac{P-P_s}{P_s}\,100\% = \Delta_{\delta+\varepsilon} + \Delta_{f+F}$$

$$= 0{,}0291\,\operatorname{tg}\varphi\,\frac{\delta_1'+\delta_2'-\varepsilon_1'-\varepsilon_2'}{2} + 0{,}0168\,\frac{\delta_2'-\delta_1'+\varepsilon_1'-\varepsilon_2'}{2}$$

$$+ 100\left\{\left(\frac{1}{c_1 c_{13}}-1\right)\left(\frac{1}{2}+\frac{\operatorname{tg}\varphi}{2\sqrt{3}}\right)+\left(\frac{1}{c_2 c_{23}}-1\right)\left(\frac{1}{2}-\frac{\operatorname{tg}\varphi}{2\sqrt{3}}\right)\right\}. \quad (125)$$

2. Prüfung von Spannungswandlern und Betriebssicherheit

Eine Methode, die Spannungswandler betriebssicher zu machen, besteht darin, sie so zu bauen, daß sie mit hohen Spannungen geprüft werden können. Auch sollen die Spannungswandler denjenigen Prüfungen unterzogen werden, die am besten die hohen Beanspruchungen, welche betriebsmäßig vorkommen, berücksichtigen, wobei auch eine gewisse Überschreitung dieser in den Prüfungen mit enthalten sein soll.

Es sollen hier die drei Prüfungsarten und die bestehenden Normen und Regeln kurz besprochen werden, wobei auf die bereits im Kapitel B II gemachten Ausführungen verwiesen wird.

Die wichtigsten Prüfungen werden wie folgt bezeichnet:

1. Isolationsprobe,
2. Stoßprobe,
3. Windungsprobe.

Eine dem heutigen Stand der Technik entsprechende Orientierung ist in den „Regeln und Leitsätzen für die Koordination der Isolationsfestigkeit in Wechselstrom-Hochspannungsanlagen“[68]) enthalten. Die in dieser Publikation zusammengefaßten Gesichtspunkte finden in Regeln und Leitsätzen für die Bemessung der Prüfspannungen ihren Ausdruck. Sie sollen hier als *SEV-Regeln* bezeichnet werden. Diese Regeln stellen einen weiteren Fortschritt im Vergleich mit den vielfach erwähnten VDE-Regeln für die Bemessung der Prüfspannungen. Die SEV-Regeln gehen vom Prinzip der Koordination der Isolationsfestigkeit in Anlagen aus, wobei der Stoßbeanspruchung die gebührende Aufmerksamkeit zuteil wird. Die Forschung der letzten 20 Jahre hat immer mehr die Stoßbeanspruchung bei direkten und indirekten Blitzschlägen, bei Überspannungen im Zusammenhang mit Ausgleichsvorgängen in den Vordergrund gerückt. Auch heute ist die Stoßprobe noch nicht als Stückprobe zu empfehlen, da man die evtl. durch diese Probe eintretenden Punktierungen der Isolation noch nicht mit Sicherheit bei der

[68]) Schweiz. elektrotechn. Ver., Publikation Nr. 183, (1948).

sog. „Windungsprobe", die bekanntlich bei erhöhter Frequenz mit 2—2,5facher Eigenspannung erfolgt, feststellen kann.

Man kann in der Osp.-Wicklung eines Spannungswandlers eine kurzgeschlossene Windung künstlich herstellen und mit einem solchen Wandler alle Prüfungen durchführen, ohne daß ein Fehler im Prüfstand gemerkt wird. Der dünne Draht der Wicklung besitzt einen zu hohen ohmschen Widerstand und begrenzt den Kurzschlußstrom. Es tritt daher in den meisten Fällen auch bei der Windungsprobe keine Rauchentwicklung auf. Nur eine sehr genaue Messung der Leerlaufverluste läßt einen Fehler vermuten. Im Betriebe aber wird sich die Beschädigung der Windungsisolation immer weiter ausdehnen und auf weitere Windungen übergreifen. Ein solcher Wandler hat also durch die Prüfung bereits Schaden erlitten.

Diese Sachlage hat es mit sich gebracht, daß die Sprungwellenprobe in den VDE-Normen für Spannungswandler nicht verlangt wurde. Diese Überlegung trifft auch für die Stoßprobe zu. Daher bleibt eine gute Windungs- und Lagenisolation das einzig richtige.

Die Abstufung der Isolationen unter dem Gesichtspunkt, daß Überschläge, wenn sie auftreten, die innere Isolation (höchstes Isolationsniveau) unbeschädigt lassen, trägt viel zur Betriebssicherheit und zur Vermeidung größerer Störungen im Betriebe bei. Unter diesem Gesichtspunkt (Koordinationsprinzip) wurde in den „SEV-Regeln" die folgende Werttabelle als richtungsgebend für die Prüfung von Spannungswandlern aufgestellt.

„SEV-Regeln"

Nennisolationsspannung	Prüfspannung bei der Isolationsprobe			Prüfspannung bei der Stoßprobe Mindestwert der 50%igen Überschlag-Stoß pannung Welle 1/50 μ sec
	Ölwandler ein- u. zweipolig isoliert	Trockenwandler einpolig isoliert	Trockenwandler zweipolig isoliert	
kV	kV	kV	kV	kV
10	24	24	42	80
15	36	36	64	97
20	47	47	64	115
30	70	70	86	155
45	105	105	119	220
60	130	130	152	275
80	160	160	196	360
110	220	220	262	490
150	300	300	350	660
220	440	440	504	960

Die *Nennisolationsspannung* ist die Spannung, nach der die Isolation des Wandlers bemessen und benannt wird. Man könnte sie mit der Reihenspannung in den VDE-Normen vergleichen. Die Angaben für die Stoßprüfung sind noch nicht als Normen für eine Stückprüfung aufzufassen. Dies könnte erst dann empfohlen werden, wenn die weiteren Fortschritte auf dem Gebiet der Aufdeckung und Lokalisierung der bei der Stoßprobe aufgetretenen Fehler mit Gewißheit die Ausscheidung der fehlerhaften Wicklungen gewährleisten würden. Eine Schaltung nach HAGENGUTH[69]) soll hier erwähnt werden, bei welcher das nicht gestoßene Ende einer Wicklung über einen kleinen Widerstand geerdet wird. Der Stoßstrom in diesem Widerstand wird mit dem Kathodenstrahloszillographen gemessen. Tritt ein Windungsschluß ein, so ändert sich die Kurvenform des Stromstoßes gegenüber der Kurvenform ohne Windungsschluß. Solche Untersuchungen können wohl im Laboratorium an Modell- oder Typenwandlern ausgeführt werden. Ihre Bedeutung für Forschungszwecke ist außerordentlich groß. Für Prüffeldmessungen sind sie noch ungeeignet, weil ihnen die absolute Sicherheit der Fehlerbestimmung noch fehlt. Sie sind auch zu umständlich. Die Stoßprobe, die in den USA immer mehr an Bedeutung gewinnt, hat sich auch dort bei Spannungswandlern bis jetzt nicht als Stückprüfung eingeführt. Wohl findet man in den Meßwandlerkatalogen großer amerikanischer Firmen bei jeder Meßwandlertype die Angabe der Höhe der Stoßspannung. Dies bedeutet aber nur, daß die betreffende Meßwandlertype als stoßsicher für diese Spannung bemessen wird (Impulse-Level).

Wir wenden uns wieder der obigen Zahlentabelle zu. Unter der 50%igen Überschlag-Stoßspannung ist diejenige Spannung zu verstehen, bei welcher in 50% der Fälle ein Überschlag am Prüfobjekt erfolgt. Die Stoßwelle für beide Polaritäten mit einer Mikrosekunde „Stirnzeit" und 50 μsec „Halbwertszeit" hat sich bereits als gebräuchliche Welle ($^1/_{50}$ μsec) eingebürgert.

Die Werte der Prüfspannungen bei der Isolationsprobe bei zweipolig isolierten Ölwandlern liegen tiefer als diejenigen bei zweipolig isolierten Trockenwandlern. Die Erklärung hierfür ist darin zu finden, daß der „Stoßfaktor" der Ölisolation wesentlich höher als derjenige der Luftisolation ist. Wird die Höhe der Stoßspannung für jede Nennisolationsspannung als primäre Größe festgelegt, so ergibt sich die Höhe der Prüfspannung bei Industriefrequenz nach Maßgabe des „Stoßfaktors" der Innenisolation des Wandlers. Die höchsten Werte für die Prüfspannung bei Industriefrequenz stützen sich auf die bekannte Formel aus den VDE-Vorschriften (REH-Regeln)

$$U_{Prüf} = 2{,}2\ U_n + 20\ \text{kV} \qquad \text{(s. S. 85)}$$

Es ist noch zu erwähnen, daß die einpolig geerdeten Wandler mit induzierter Spannung bei erhöhter Frequenz (100 oder 150 Perioden) geprüft werden.

Man kann zusammenfassend über die Prüfung auf Betriebssicherheit folgendes sagen. Die Stoßversuche mit Typenausführungen liefern ein Kriterium für die Sicherheit gegen Überspannungen. Die Isolationsprobe (Prüfung 1) mit Industriefrequenz bürgt für die statische Spannungsfestigkeit des Wandlers. Die Spulen-, Lagen- und Windungsisolation im normalen Betrieb werden durch die Windungsprobe (Prüfung 3) erfaßt. Diese durch die VDE-Bestimmungen eingeführte Prüfung ist auch für Spannungswandler unerläßlich. Die Prüfung wird mit erhöhter Frequenz während einer Zeitdauer von mindestens 5 Min. vorgenommen (s. B, II, S. 169).

[69]) WELLAUER, M.: Beitrag zur Frage der Stoßspannungsprüfung an Transformatoren. Bull. schweiz. elektrotechn. Ver. **1947**, 151.

Spannungswandler sind im Betriebe weniger gefährdet als Stromwandler, weil erstere nicht im Zuge der Leitung liegen. Netzkurzschlüsse lassen die Spannungswandler jenseits ihres Wirkungskreises. Freilich sind Überspannungen, die mit Eigenvorgängen im Netz oder mit Vorgängen atmosphärischen Ursprungs zusammenhängen, oft die Ursache von Wicklungsdefekten. Es ist bis jetzt für Höchstspannungswandler kein zusätzlicher Schutz gegen solche Defekte bekannt geworden, man muß auf den Selbstschutz der Wandler abstellen. Für Wandler bis etwa 40 kV Nennspannung ist eine Absicherung mit Hochleistungssicherungen möglich und mancherorts von Nutzen gewesen. Es sind dadurch Zerstörungen der Wandler verhindert worden.

Bei einem Kurzschluß im Sekundärkreis, der längere Zeit bestehen bleibt, geht der Wandler thermisch zugrunde, da dabei die thermische Überlastung bzw. die sog. „Grenzleistung" (thermisch zulässige Belastung) wesentlich überschritten wird. Von Fall zu Fall muß entschieden werden, ob der Einbau reichlich bemessener Sicherungen im Sekundärkreis der Wandler zulässig ist oder nicht. Sind an die Sekundärwicklungen Schutzkreise (Erdschluß- oder Impedanzschutz) angeschlossen, so muß jede zufällige Unterbrechung der Sekundärkreise unbedingt vermieden werden. Man könnte aus diesem Grunde Bedenken gegen den Einbau von Sicherungen haben. Andererseits muß aber zugegeben werden, daß der Wandler durch Sicherungen im Sekundärkreis gegen thermische Überlastung geschützt wird.

C. Meßwandleruntersuchung und wichtige Meßgeräte

I. Materialuntersuchung

Es ergibt sich aus den dargestellten theoretischen Unterlagen, daß der Aufnahme von Wechselstrommagnetisierungskurven und Verlustkurven eine außerordentlich große Bedeutung zukommt. Eine richtige Wahl der Meßinstrumente sowie eine Vertrautheit mit den einschlägigen Meßmethoden sind unerläßlich. Die meßtechnischen Aufgaben sind gewöhnlich dadurch erschwert, daß im Bereiche geringer Induktionen gemessen werden muß. Dies hat zur Folge, daß hochempfindliche Meßinstrumente benötigt werden. Wattmeter und Dynamometer mit Fadenaufhängung und Spiegelablesung sind für solche Messungen geeignet. Für Orientierungsmessungen gibt es heute auch sehr empfindliche Wechselstromzeigerinstrumente mit eingebauten Gleichrichtern, die man für Strommessungen verwenden kann. Wechselstromkompensatoren mit Einrichtungen, die es gestatten, die Blind- und Wirkkomponenten des Stromes zu messen, ermöglichen derartige Untersuchungen mit großer Präzision durchzuführen.

Für Verlustmessungen bei geringen Induktionen werden in den USA mit Erfolg Brückenschaltungen angewendet. Der Verfasser hat im Jahre 1924 auf eine Anregung von BIERMANNS eine Brückenschaltung [70]) für Verlustmessungen

[70]) ETZ **1924**, H. 47, 1270.

untersucht und diese Meßmethode in Spezialfällen auch verwendet. Die Schwierigkeiten, die durch das Auftreten höherer Harmonischen im Nullzweig bedingt werden, können bei der heute hochentwickelten Filtertechnik behoben werden. Das Vibrationsgalvanometer mit elektromagnetischer Resonanzabstimmung hat sich als Nullinstrument bei Wechselstrommessungen sehr gut bewährt.

Einen wesentlichen Fortschritt verzeichnet die Meßtechnik auf diesem Gebiet durch die Entwicklung der Röhrenvoltmeter.

II. Das Röhrenvoltmeter

Überall dort, wo ein möglichst kleiner Eigenverbrauch des Meßinstrumentes erforderlich ist, um nicht durch zusätzliche Belastung des Meßkreises das Meßresultat zu fälschen, ist heute das Röhrenvoltmeter an Stelle der früher üblichen Elektrometer getreten. Mit Hilfe der Elektronenröhren ist es möglich geworden, sehr empfindliche Voltmeter mit zudem sehr hohem Eingangs- oder Innenwiderstand bzw. kleinem Eigenverbrauch zu bauen, dies auf Grund zweier Eigenschaften der Röhren.

1. Die Röhre ist ein *Verstärker*. Kleine Spannungsänderungen (Wechselspannungen) zwischen Steuergitter und Kathode der Röhre werden in größere Spannungs- und Stromschwankungen zwischen Anode und Kathode umgewandelt. Dies ermöglicht, praktisch beliebig kleine Meßbereiche des Instrumentes zu erreichen, z. B. Endausschlag bei 1 mV.

2. Bei gegenüber der Kathode negativer Spannung am Steuergitter fließt kein Gitterstrom, d. h. Spannungsänderungen zwischen Steuergitter und Kathode können *leistungslos* vorgenommen werden. Dadurch ist prinzipiell der hohe Eingangswiderstand gegeben, er erreicht praktisch 1–5 MΩ, bei nur 5–10 pF Eingangskapazität an den Instrumentenklemmen.

Im schaltungstechnischen Aufbau setzt sich ein Röhrenvoltmeter aus drei Teilen zusammen.

1. Dem Netzanschlußteil. Dieser dient zur Speisung des Gerätes aus dem Industrienetz und enthält einen Transformator und einen Röhrengleichrichter zur Lieferung der Anodengleichspannung und der Heizspannung für die Röhren. In modernen Geräten ist die Gleichspannung stabilisiert und unabhängig von Spannungsschwankungen des Netzes und Alterung der Gleichrichterröhre[71]).

2. Einem Verstärker. Dieser verstärkt die Spannung an den Instrumentenklemmen auf die zur Auswertung in einem Meßsystem erforderliche Größe. Durch die Wahl geeigneter Röhren und Anwendung der Gegenkopplung[71]) wird erreicht, daß die Verstärkung von den Röhren und ihrer Alterung weitgehend unabhängig wird. Mit Hilfe eines Spannungsteilers mit festen Abgriffen und einem Schalter kann in der Regel die Verstärkung und damit der Meßbereich in den Grenzen von z. B. 3 mV bis 300 V stufenweise eingestellt werden.

[71]) TERMAN, F. E.: Radio Engineer's Handbook, S. 615, 395, 929 und ff. New York and London: McGraw-Hill Book Comp. Inc.

3. Dem eigentlichen Meßsystem. Dieses enthält in modernen Geräten ein Drehspulmilliamperemeter und einen Gleichrichter zur Messung der Ausgangsspannung des Verstärkers. Als Gleichrichter werden Röhren oder auch Trockengleichrichter, insbesondere Germaniumkristalldioden, verwendet. Je nach Wahl der Schaltung können Instrumente zur Anzeige des Scheitelwertes, des Effektivwertes oder des algebraischen Mittelwertes der zu messenden Wechselspannung gebaut werden[71]). Dies ist bei Messung von Spannungen mit verzerrter Kurvenform besonders zu beachten. Für Messungen an Wandlern sind

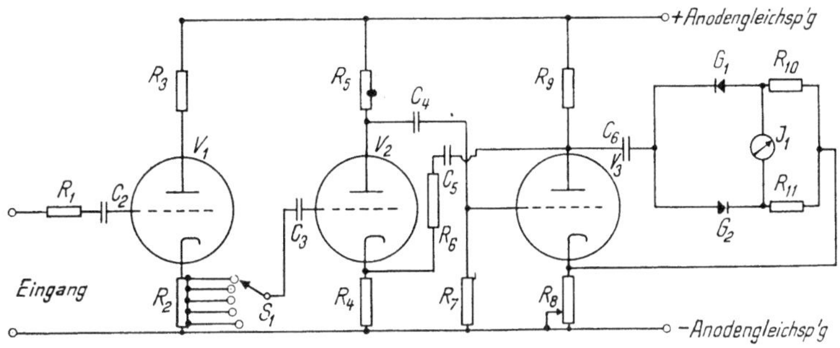

Abb. 190.

Instrumente besonders geeignet, deren System den algebraischen Mittelwert mißt und die bei sinusförmiger Wechselspannung mit dem Effektivwert geeicht sind. Zwischen einer gemessenen Spannung U und dem angehörigen Fluß $\Phi_{max} = q\, B_{max}$ gilt dann unabhängig von der Kurvenform immer die Beziehung:

$$U = 4{,}44 \cdot f \cdot w \cdot q\, B_{max}\, 10^{-8}\,. \tag{12}$$

Praktisch wird zur Messung des algebraischen Mittelwertes einer Spannung ein Gleichrichterkreis mit gegenüber dem Innenwiderstand des Gleichrichters hohem Belastungswiderstand verwendet, und zwar ohne Glättung der Gleichspannung am Widerstand durch einen Kondensator. Durch den hohen Widerstand wird Unabhängigkeit der gleichgerichteten Spannung von der Gleichrichterröhre erreicht.

Abb. 190 zeigt die vereinfachte Prinzipschaltung eines Röhrenvoltmeters, das die erwähnten Forderungen erfüllt. Das Schema des Netzteiles und die Röhrenheizung sind einfachheitshalber fortgelassen. R_1 und C_2 dienen zum Schutz des Gitters der ersten Röhre.

Zur Wahl des Meßbereiches werden mit Hilfe des Schalters S_1 verschiedene Bruchteile der von Röhre V_1 verstärkten Eingangsspannung am Widerstand R_2 abgegriffen. Die Röhren V_2 und V_3 bilden einen zweistufigen Zwischenverstärker mit Gegenkopplung über C_5 und R_6.

Potentionmeter R_8 dient zur Feineinstellung des Ausgangssignals des Verstärkers und damit zur Korrektur des Meßbereiches. Die Ausgangsspannung

[71]) Siehe S. 194.

der Röhre V_3 wird über die Gleichrichter G_1 und G_2 im Gegentakt gleichgerichtet. R_{10} und R_{11} sind die Belastungswiderstände für die positive und negative Halbwelle der Gleichspannung. Mit dem Drehspul-Instrument J_1 wird die Summe der Gleichspannungen an beiden Widerständen gemessen.

III. Brückenschaltungen

Es leuchtet ohne weiteres ein, daß die Messung der Fehlergrößen bei Wandlern höchste Präzision voraussetzt. Man hat daher schon in den Jahren 1910 bis 1920 genaue Meßmethoden zur Ermittlung sowohl der Übersetzungsfehler als auch der Fehlwinkel entwickelt. Zwei Meßprinzipien können zur Anwendung gelangen:

Das *Kompensationsprinzip* (SCHERING und ALBERTI, Deutschland) oder das *Differentialprinzip* (F. B. SILSBEE, USA, und später W. HOHLE, Deutschland).

Das Kompensationsprinzip besteht darin, daß unter Zuhilfenahme von Normalreaktanzen oder Normalwandlern zwei Spannungen miteinander auf Größe und Phasenlage verglichen werden bzw. gegeneinander in einer Brückenschaltung kompensiert werden. Aus den bekannten Übersetzungsverhältnissen der Normalwandler bzw. aus den Größen der Kompensationselemente lassen sich die gesuchten Strom- und Spannungsfehler sowie die Fehlwinkel ermitteln.

Das Differentialprinzip besteht darin, daß man den Prüfling bzw. seine Sekundärwicklung mit einem praktisch fehlerlosen Normalwandler gleicher Übersetzung in eine Differentialschaltung derart einfügt, daß in einem Diagonalzweig einer Brückenschaltung die Differenz der sekundären Ströme bzw. Spannungen zur Wirkung gelangt. Die beiden zueinander senkrecht stehenden Komponenten dieser Differenzgrößen sind ein Maß für die Strom- bzw. Spannungsfehler und Fehlwinkel der Prüflinge.

Die ausführliche Beschreibung und die Berechnung der Schaltungselemente der verschiedenen Brückenschaltungen findet der Leser in den durch Fußnoten angegebenen Literaturquellen. Auch findet man in den Prospekten der Herstellerfirmen sehr ausführliche Angaben. Es würde zu weit führen, in diesem Buche die während der letzten 30 Jahre zu einer speziellen Meßtechnik entwickelte Brückenschaltungstechnik für Meßwandler ausführlich zu behandeln.

Jedoch sollen kurz die wichtigsten Schaltungen gestreift werden und eine in historischer Reihenfolge dargestellte Übersicht vermittelt werden.

Die Brückenschaltung nach SCHERING *und* ALBERTI

a) Für Stromwandler

Schon im Jahre 1912 hat die Physikalisch-technische Reichsanstalt (P.T.R.) auf Veranlassung des Verbandes deutscher Elektrotechniker ein genaues Meßverfahren für die Ermittlung der Fehlergrößen bei Stromwandlern ausgearbeitet[72]. Diese Brückenschaltung, die sich sehr bewährt hat und noch heute mit einigen Modifikationen vielfach angetroffen wird, verwendet als Nullinstrument das Vibrationsgalvanometer mit Nadeleinsatz.

[72]) Arch. f. Elektrot. 1914, H. 7.

Das Vibrationsgalvanometer beruht auf dem Prinzip der Resonanzabstimmung der Schwingungen des magnetischen Einsatzes mit den Schwingungen des Wechselstroms. Ursprünglich benötigte man eine Fremdquelle (Gleichstrom) für die Erregung der Nadelschwingungen. Dies war mitunter umständlich. Heute sind die Vibrationsgalvanometer mit elektromagnetischer oder mechanischer Resonanzabstimmung versehen. Für Messungen mit

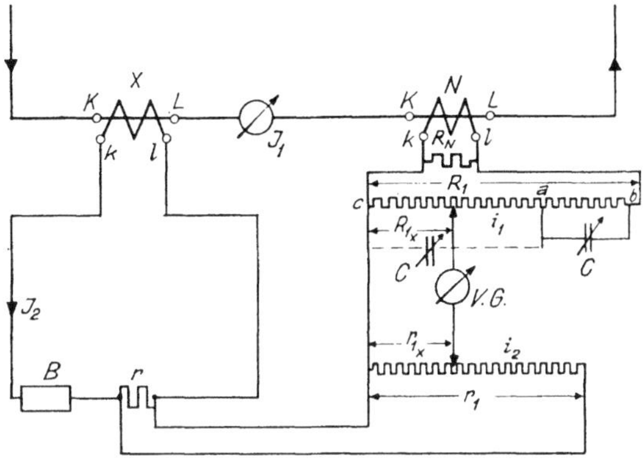

Abb. 191. Kompensationsschaltung der P.T.R. für Stromwandlerprüfung.
B = Bürde, V.G. = Vibrationsgalvanometer, C = Regulierbarer Kondensator.

$16^2/_3$ Perioden benötigt man einen speziellen Nadeleinsatz. Es gelingt, und ist vom Verfasser auch in der Praxis verwendet worden, allerdings mit Einbuße an Empfindlichkeit, auch mit dem gleichen Einsatz bei beiden Frequenzen (50 und $16^2/_3$) auszukommen. Dies setzt eine sehr flache Resonanzkurve voraus.

Die Kompensationsschaltung nach Schering und Alberti ist in der Abb. 191 dargestellt.

Man verwendet heute zum Vergleich mit dem zu messenden Wandler X einen Normalwandler N („fehlerlos") gleicher Übersetzung. Die Brückenschaltung nach Abb. 191 ermöglicht eine Kompensation der Spannungsabfälle in den Präzisionswiderständen r und R_N mit Hilfe dekadischer Präzisionswiderstände r_1 (Teiler) und R_1 (Meßzweig) und eines Kondensators. Ein verschiebbarer Abgriff an R_1 ermöglicht die genaue Einstellung unter Zuhilfenahme einer kleinen Phasenkompensation mittels eines Drehkondensators (Hartmann & Braun, Siemens & Halske) oder Stufenkondensatoren (Trüb-Täuber). Der Wert der Kapazität des Präzisionskondensators C ergibt im Zusammenhang mit den Widerständen R_1 und r_2 den Fehlwinkel. Mit den Bezeichnungen der Abb. 191 lassen sich die Ströme in den dekadisch regulierbaren Widerständen R_1 und r_1 wie folgt ausdrücken:

$$I_1 = J_1 \frac{R_N}{R_1 + R_N},$$

$$I_2 = J_2 \frac{r}{r_1 + r}.$$

Sind die bei der Kompensation eingestellten Widerstände R_{1x} und r_{1x}, so folgt aus der Stromlosigkeit in der Brücke (V. G.)

$$i_1 R_{1_x} = i_2 r_{1_x}.$$

Setzen wir für i_1 und i_2 die obigen Ausdrücke ein, so erhalten wir

$$J_1 \frac{R_N R_{1_x}}{R_1 + R_N} = J_2 \frac{r r_{1_x}}{r_1 + r}.$$

Nun ist zu beachten, daß der Primärstrom J_1 mit dem Strom im Normalwiderstand R_N durch die Relation

$$J_1 = k_{ü} J^*_1$$

verknüpft ist, wobei $k_{ü}$ das Übersetzungsverhältnis des Normalstromwandlers bedeutet. Durch Einsetzen erhält man schließlich für das genaue Übersetzungsverhältnis $ü$ den Ausdruck

$$ü = \frac{J_1}{J_2} = k_{ü} \cdot \frac{r r_{1_x}}{r_1 + r} \cdot \frac{R_1 + R_N}{R_N R_{1_x}}. \tag{126}$$

Mit Hilfe dieser Gleichung kann man die Abweichung der Übersetzung von deren Sollwert in Prozenten, d. h. den Stromfehler für den jeweiligen Abgriff

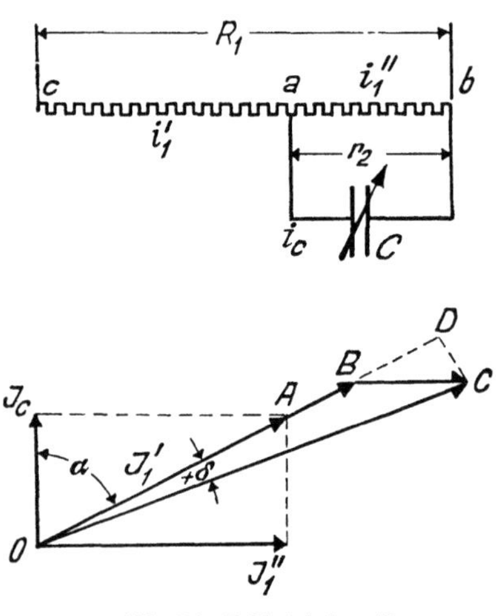

Abb. 192. Fehlwinkel positiv.

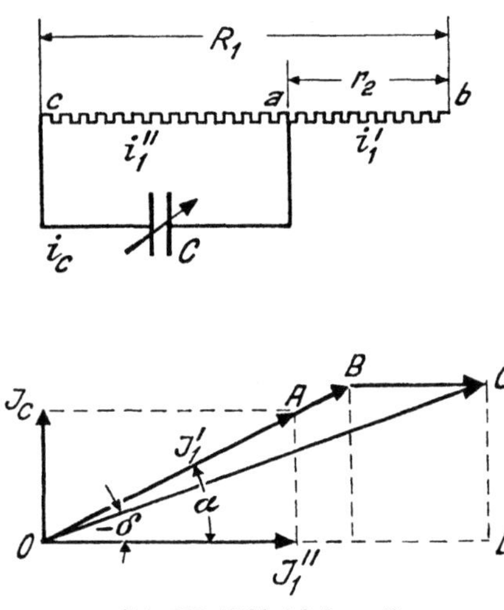

Abb. 193. Fehlwinkel negativ.

ermitteln. Die Werte können auf einer Skala in Zehntelprozenten aufgetragen werden, und der verschiebbare Kontakt ermöglicht eine genaue Ablesung des Stromfehlers.

Der Fehlwinkel δ läßt sich an Hand der Diagramme in den Abb. 192 und 193 wie folgt ermitteln. Für einen *positiven Fehlwinkel* kommt die Schaltung und das Diagramm nach Abb. 192 in Frage. Mit Hilfe des Kondensators C wird die Phasenlage des Stromes J_1' verschoben. Der Phasenwinkel, um den man diesen Stromvektor verschieben muß, ist offensichtlich der Fehlwinkel. Die Größe des Fehlwinkels läßt sich wie folgt ermitteln.

Es seien

J_c der Strom im Kondensator

J_1'' der Strom im Widerstand r_2

J_1' der resultierende Brückenstrom.

Aus der Abbildung folgt

$$\operatorname{tg}\delta = \frac{DC}{OD}\,;\ \operatorname{tg}\alpha = \frac{J_1''}{J_c}\,.$$

Anderseits ist

$$J_c = \frac{J_1'' r_2}{\frac{1}{\omega C}} = J_1'' r_2 \omega C\,,\ \text{wobei}\ \omega = 2\pi f\ \text{ist.}$$

Folglich wird

$$\operatorname{tg}\alpha = \frac{1}{r_2 \omega C}\,.$$

Ferner gelten folgende Beziehungen:

$$DC = J_1'' r_2 \frac{r_2 \omega C}{\sqrt{1 + (r_2 \omega C)^2}}\,,$$

$$OD = J_1' (R_1 - r_2) + J_1'' r_2 \frac{1}{\sqrt{1 + (r_2 \omega C)^2}}\,,$$

$$J_1' = J_1'' \sqrt{1 + (r_2 \omega C)^2}\,.$$

Setzt man die Werte für DC und OD in die Gleichung $\operatorname{tg}\delta = \frac{DC}{OD}$ ein, so erhält man nach einiger Umformung

$$\operatorname{tg}\delta = \frac{r_2^2 \omega C}{r_2 + (R_1 - r_2)[1 + (r_2 \omega C)^2]} = \frac{r_2^2 \omega C}{R_1 + (R_1 - r_2) r_2^2 \omega^2 C^2}\,.$$

Da $(R_1 - r_2) r_2^2 \omega^2 C^2$ im Vergleich zu R_1 praktisch vernachlässigt werden kann, so ergibt sich

$$\operatorname{tg}\delta = \frac{r_2^2 \omega C}{R_1}\,.$$

Setzt man C in μF ein, so erhält man für δ in Minuten bei einer Frequenz von 50 Hz folgenden Ausdruck

$$\underset{\text{in Minuten}}{\delta} = \frac{r^2 2\pi f C}{R_1 \cdot 0{,}00029 \cdot 10^6} = 1{,}08 \frac{r_2^2 C}{R_1}\,. \qquad (127)$$

Für einen *negativen Fehlwinkel* kommen die Schaltung und das Diagramm nach Abb. 193 in Frage.

Wir bezeichnen die Ströme wie folgt:

J_c Strom im Kondensator

J_1' resultierender Brückenstrom

J_1'' Strom im Widerstand $R_1 - r_2$.

Mit diesen Bezeichnungen erhält man unter Zuhilfenahme des Diagramms der Abb. 193 nach einer der obigen analogen Berechnung folgende Beziehungen:

$$\operatorname{tg} \delta = \frac{CD}{OD},$$

$$CD = J_1' r_2 \frac{(R_1 - r_2)\,\omega\, C}{\sqrt{1 + [(R_1 - r_2)\,\omega\, C]^2}},$$

$$OD = \frac{J_1' r_2}{\sqrt{1 + [(R_1 - r_2)\,\omega\, C]^2}} + J_1'' (R_1 - r_2),$$

und schlußendlich erhält man durch Einsetzen und Umformung

$$\underset{\text{in Minuten}}{\delta} = -\,1{,}08\, \frac{r_2 (R_1 - r_2)\, C}{R_1}. \tag{128}$$

Durch eine entsprechende Dimensionierung kann man aus der Einstellung der Dekaden des Kondensators den Fehlwinkel direkt durch den Wert von C ablesen.

Man hat versucht, die Fehlergrößen bei Stromwandlern durch einfachere und weniger kostspielige Kompensationsschaltungen zu ermitteln, und der Verfasser hat speziell auf diesem Gebiete Schaltungen entwickelt, die in der

Abb. 194. Vibrationsgalvanometer mit Ablesevorrichtung. Ausführung der Trüb-Täuber AG.

Praxis Verwendung gefunden haben. Heute ist diese behelfsmäßige Prüfungsmethode überholt. Man erhält das Vibrationsgalvanometer mit der zugehörigen Optik und Ableseskala in einen Holzkasten eingebaut (Abb. 194), die Einstellung und Handhabung sind sehr einfach. Für eine kombinatorische Erweiterung der Schering-Alberti-Kompensationseinrichtung bestehen auch heute noch Möglichkeiten. Ursprünglich wurden für den Primärstrom Normalwiderstände verwendet. Diese waren sehr heikel, insbesondere für große Stromstärken. Nachdem durch die Einführung von Nickeleisen-Legierungen der Bau von Stromwandlern höchster Präzision möglich wurde, konnten die Normalwiderstände durch Normalstromwandler ersetzt werden. Ihre Anzahl muß nicht unbedingt groß sein. Stromwandler für eine große Anzahl Übersetzungsverhältnisse, entsprechend ausgelegt, ermöglichen eine Umfassung großer Strombereiche und reduzieren die Anschaffungskosten der Meßeinrichtung wesentlich.

Eine Bemerkung über die Prüfung der Polarität der Klemmen ist angebracht. Der Anschluß der Wandler erfolgt sinngemäß nach den Klemmenbezeichnungen. Hat eine Wicklung einen verkehrten Umlaufsinn, so resultieren daraus falsche Leistungsmessungen und unter Umständen unrichtiges Funktionieren ganzer Meßeinrichtungen. Es sind Klemmenprüfapparate erhältlich, die durch ballistischen Ausschlag die Polarität eindeutig erkennen lassen.

b) für Spannungswandler

Für Spannungswandlerprüfungen hat die P.T.R. im Jahre 1917 eine Kompensationsschaltung entwickelt, die grundsätzlich gleichartig mit derjenigen für Stromwandler ist. Die Schwierigkeit bei der Spannungswandlerprüfung besteht darin, daß man als Vergleichsnormal einen Apparat, der an

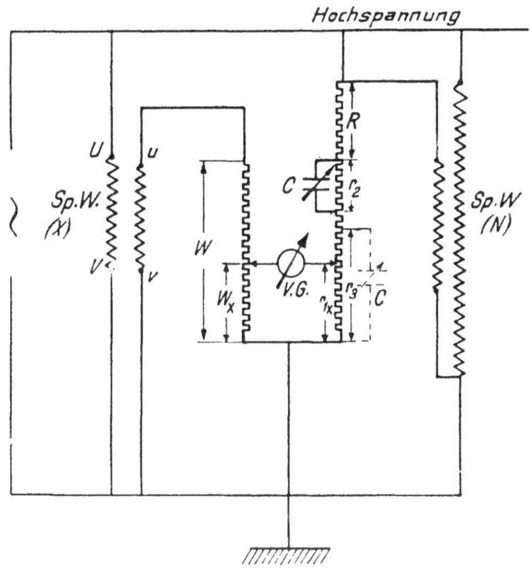

Abb. 195. Kompensationsschaltung der P.T.R. Sp. W. (X) Prüfling, Sp. W. (N) Normalwandler, V. G. Vibrationsgalvanometer.

die Hochspannung gelegt werden muß, benötigt. Ursprünglich bestand dieser aus einem hochohmigen induktivitäts- und kapazitätsfreien Widerstand, der in Spannungsteilerschaltung verwendet wurde. Man ist später dazu übergegangen, diesen Hochspannungsteiler durch einen Normalwandler zu ersetzen. Da die Sekundärwicklung des Normalwandlers nur den Meßzweig speisen muß, der eine sehr geringe Bürde darstellt, können solche Normalspannungswandler praktisch fehlerlos hergestellt werden. Etwaige geringe Fehler der Normalwandler können als Korrekturen der Endablesungen berücksichtigt werden.

Die Kompensationsschaltung der P.T.R. für Spannungswandlerprüfungen ist in der Abb. 195 dargestellt. Die Sekundärwicklung des Prüflings X wird auf einen Niederspannungsteiler W, diejenige des Normalwandlers auf einen

Meßzweig $2R$ geschaltet. In der Brückenschaltung sind r_{1_x} und w_x dekadisch regulierbare Präzisionswiderstände, W und $2R$ Präzisionswiderstände von konstantem Betrag. Letzterer hat zwei feste Teilbeträge r_2 und r_3, zu denen ein Drehkondensator parallel geschaltet werden kann. Dadurch besteht die Möglichkeit für die Kompensation sowohl positiver als auch negativer Fehlwinkel. Mit Hilfe des Drehkondensators C wird die Phasengleichheit der Spannungsabfälle am Niederspannungsteiler W und am Meßzweig (R) bis zum Abgriffspunkt hergestellt. Als Nullinstrument wird das Vibrationsgalvanometer verwendet.

Der Spannungsfehler des zu prüfenden Wandlers kann leicht aus der Brückenschaltung ermittelt werden. Bezeichnen wir die sekundären Spannungen

am Prüfling mit U_2

am Normalwandler mit U_{2_v},

so sind die Ströme in den Widerständen W und $2R$ durch folgende Ausdrücke gegeben

Strom im Widerstand W $\quad \frac{U_2}{W}$,

Strom im Widerstand $2R$ $\quad \frac{U_{2v}}{2R}$.

Man kann den Zweigstrom im Kondensator C vernachlässigen und erhält bei Stromlosigkeit im Vibrationsgalvanometer an w_x und r_{1_x} gleiche Spannungsabfälle. Die Gleichung lautet:

$$U_2 \frac{w_x}{W} = U_{2v} \frac{r_{1x}}{2R}.$$

Ferner ist $U_1 = U_{2_v} \cdot k_{ü}$, wobei $k_{ü}$ das Übersetzungsverhältnis des Normalwandlers bedeutet. Setzt man die Werte ein, so erhält man für das Übersetzungsverhältnis folgende Gleichung

$$ü = k_{ü} \frac{w_x}{W} \cdot \frac{2R}{r_{1_x}}. \qquad (129)$$

Den gesuchten Spannungsfehler F in Prozenten erhält man mit Hilfe der bereits früher eingeführten Definitionsgleichung

$$\underset{\text{in } \%}{F} = \frac{U_2 ü - U_1}{U_1} 100. \qquad (112)$$

Auch hier können die Abweichungen vom Sollwert auf einer Skala in Zehntelprozenten abgelesen werden.

Für den Fehlwinkel ε ergeben Vektordiagramme und analoge Betrachtungen, wie sie bei Stromwandlern durchgeführt wurden, folgende Beziehungen.

Für einen *positiven Fehlwinkel* (der Kondensator liegt an r_2) ergibt sich

$$\operatorname{tg}\varepsilon = \frac{r_2^2\,\omega\,C}{2R + (2R - r_2)\,r^2\,\omega^2\,C^2}\,.$$

Nun ist der Ausdruck $(2R - r_2)\,r_2^2\,\omega^2\,C^2$ vernachlässigbar klein gegen $2R$ und es vereinfacht sich daher die letzte Gleichung wie folgt

$$\operatorname{tg}\varepsilon = \frac{r_2^2\,\omega\,C}{2R}\,. \tag{129}$$

Wird C in μF eingesetzt, so wird für 50 Hz

$$\underset{\text{in Minuten}}{\varepsilon} = \frac{r_2^2 \cdot 2\,\pi\,f\,C}{2R \cdot 0{,}00029 \cdot 10^6} = 1{,}08\,\frac{r_2^2 C}{2R}\,. \tag{129a}$$

Für einen *negativen Fehlwinkel* (der Kondensator liegt an r_3) ergibt sich

$$\operatorname{tg}\varepsilon = -\,r_3\,\omega\,C + \frac{r_3^2\,\omega\,C}{2R + (2R - r_3)\,r_3^2\,\omega^2\,C^2}\,.$$

Im Nenner ist der Ausdruck $(2R - r_3)\,r_3^2\,\omega^2\,C^2$ vernachlässigbar klein gegen $2R$ und man erhält somit

$$\operatorname{tg}\varepsilon = -r_3\,\omega\,C + \frac{r_3^2\,\omega\,C}{2R} = -\,r_3\,\omega\,C\left(1 - \frac{r_3}{2R}\right). \tag{130}$$

Für 50 Hz und C in μF ergibt sich

$$\underset{\text{in Minuten}}{\varepsilon} = -\,\frac{r_3\,2\,\pi\,.\,50\,C}{0{,}00029 \cdot 10^6}\left(1 - \frac{r_3}{2R}\right) = -\,1{,}08\,r_3\,C\left(1 - \frac{r_3}{2R}\right). \tag{130a}$$

Man kann an Stelle des Normalwandlers in Abb. 191 einen Hochspannungspräzisionskondensator verwenden. Dieser ist in Spannungsteilerschaltung mit einem Präzisionsdrehkondensator in Reihe zu schalten, der mit dem anderen Pol an Erde zu liegen kommt. Die Spannung des unteren variablen Kondensators dient zur Speisung eines Teiles der Meßschaltung. Mit zunehmender Nennspannung der Prüflinge wird die Beschaffung von Normalwandlern immer schwieriger und kostspieliger. In solchen Fällen ist die Anschaffung eines Preßgaskondensators von 50—100 pF zu empfehlen.

Die Differentialbrückenmethode für Stromwandlerprüfungen nach F. B. Silsbee

Ungefähr um die gleiche Zeit wie in Deutschland sind auch in USA Präzisionschaltungen zur Messung der Übersetzungsfehler und Fehlwinkel entwickelt worden. Eine große Bedeutung hat die im Jahre 1917 bekannt gewordene Schaltung nach F. B. Silsbee[73]) für Stromwandlerprüfungen erreicht. Diese Methode beruht auf dem Differentialstromprinzip und die zugehörige

[73]) A Method for Testing Current Transformers. Scientific Papers of the Bureau of Standards N 309, 1917.

Meßschaltung ist in Abb. 196 dargestellt. Die Meßmethode ist auf dem Vergleich mit einem Normalwandler („fehlerlos“) aufgebaut. Die primären Wicklungen beider Wandler, des Prüflings X und des Normalwandlers N sind in Reihe geschaltet. Beide Stromwandler müssen die gleiche Nennübersetzung haben. Die sekundären Wicklungen sind gleichfalls in Reihe geschaltet, wobei der Sekundärstrom des Normalwandlers durch die Primärwicklung einer Gegeninduktivität M, der Sekundärstrom des Prüflings durch seine Bürde B fließt. Beide Teile des Stromkreises werden über einen Schleifdraht $A\,D$ verbunden. Zwischen den Punkten B und G wird eine Diagonalverbindung nach der Abb. 196 hergestellt. Der im Diagonalzweig fließende Differenzstrom

$$\Delta J = J_{2N} \hat{-} J_{2x} \qquad (131)$$

ist ein Maß für die Fehlergrößen des Prüflings. Die Diagonalverbindung besteht aus einem Ohmschen Widerstand r und der Sekundärwicklung einer

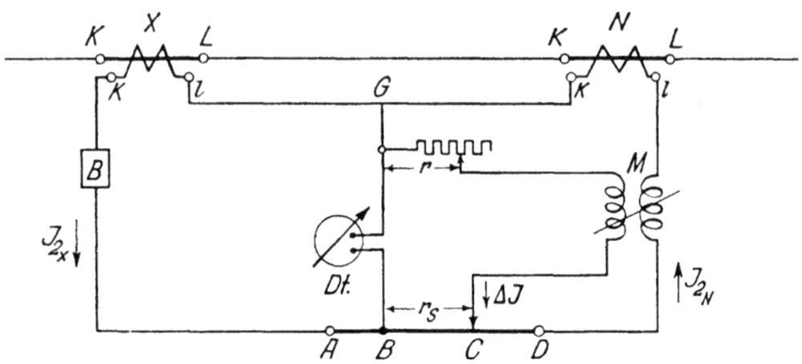

Abb. 196. Differential-Kompensationsschaltung für Stromwandlerprüfung nach SILSBEE. Dt = Detector (Spezialdynamometer oder Vibrationsgalvanometer).

Gegeninduktivität M. Als Nullinstrument zwischen den Punkten G und B kann ein Dynamometer spezieller Konstruktion oder ein Vibrationsgalvanometer verwendet werden. Wie aus der Abbildung ersichtlich, ist bei C ein Gleitkontakt vorhanden, der bei Umkehr des Vorzeichens des Stromfehlers links von B zu liegen kommt.

Bezeichnet man mit

r den regulierbaren Widerstand im Diagonalzweig,

r_s den Widerstand des Schleifdrahtteiles bis zum Abgriff C,

L_s die Streuinduktivität der Sekundärwicklung der Gegeninduktivität M,

so lautet die Spannungsgleichung der Kompensation, wenn $2\,\pi\,f = \omega$ gesetzt wird, wie folgt:

$$\Delta J\,(r + j\,\omega\,L_s) \hat{+} J_{2_N}\,\omega\,M = J_{2_x}\,r_s\,. \qquad (132)$$

Mit Hilfe dieser Gleichung und der Gleichung (131) leitet SILSBEE mathematische Ausdrücke für das Übersetzungsverhältnis und den Fehlwinkel ab.

Die Größe L_s ist eine bekannte Konstante, die Größen r, r_s und M sind je nach der Einstellung ablesbar. Die Größe M geht bis auf 600 μ Henry, r geht von 2—30 Ω, r_s hat einen geringen Widerstand von ca. 0,2 Ω.

Die ganze Einrichtung wird in USA in gedrängter Form praktisch ausgeführt und die Ablesung der Fehlergrößen auf Skalen ist eine große Erleichterung für den Gebrauch.

Differentialbrückenschaltung nach W. Hohle †

a) Für Stromwandler

Im Jahre 1933 hat W. Hohle[74]) eine Schaltung für Stromwandlerprüfungen nach dem Differentialprinzip bekannt gegeben, die sich von der beschriebenen

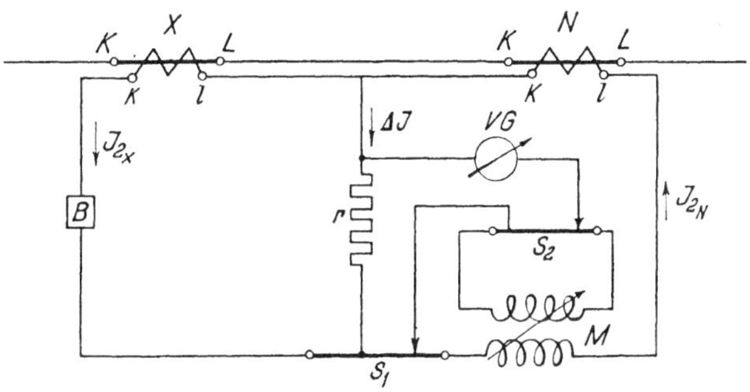

Abb. 197. Differential-Kompensationsschaltung für Stromwandlerprüfung nach W. Hohle.

Methode nach Silsbee sehr wenig unterscheidet. In Abb. 197 ist die Schaltung für Stromwandlerprüfungen nach W. Hohle dargestellt[75]). Der Differenzstrom ΔJ fließt in der Brücke nach Hohle im Diagonalwiderstand r.

Die Größe und Phase dieses Differenzstromes werden durch das Verhältnis von J_{2_r}/J_{2_N} und die Phasendifferenz (Fehlwinkel) der sekundären Ströme beider Wandler bestimmt. Man kann umgekehrt aus der Größe und Phasenlage des Differenzstromes ΔJ auf den Stromfehler und Fehlwinkel des Prüflings, unter der Voraussetzung, daß die Fehlergrößen des Normalwandlers vernachlässigbar klein sind, schließen bzw. diese Größen bestimmen. Hohle hat erkannt, wie dies übrigens auch aus der mathematischen Analyse in der erwähnten Arbeit von Silsbee folgt, daß diejenige Komponente des Differenzstromes ΔJ, die in der Richtung von J_{2_N} liegt, den Stromfehler und die dazu senkrechte Komponente den Fehlwinkel bestimmt. Das als Nullinstrument dienende Vibrationsgalvanometer (VG) liegt in der Schaltung von Hohle in Serie zu den Stromelementen der Kompensation. Die mit J_{2_N} richtungsgleiche Komponente des Spannungsabfalls im Diagonalwiderstand r wird durch den Spannungsabfall im Schleifdraht s_1, die dazu senkrechte Komponente

[74]) Arch. f. Elektrot. 1933 S. 849.

[75]) Arch. f. Techn. Messen, Juni 1935.

durch den Spannungsabfall am Schleifdraht s_2 in der Sekundärwicklung der Gegeninduktivität M kompensiert. Die beiden Schleifdrähte sind kalibriert und geeicht derart, daß der Stromfehler und Winkelfehler direkt abgelesen werden können. Die Widerstände der Schleifdrähte sind gering im Vergleich zum Widerstand des Diagonalwiderstandes r. Letzterer ist von der Größenordnung 0,5—1 Ω. Durch den Diagonalwiderstand r fließt nur der geringe Fehlerstrom. Seine Wirkung ergibt eine Vergrößerung der Bürde für denjenigen Stromwandler, der den größeren Sekundärstrom liefert. Diese Bürdenänderung wächst mit zunehmendem Diagonalwiderstand. Seine Bemessung muß derart sein, daß die Fehlergrößen des Prüflings praktisch von dem jeweiligen Wert des Diagonalwiderstandes unabhängig bleiben. Je größer die Präzision des Prüflings, desto kleiner muß der Widerstandswert von r sein. Die Firma Hartmann & Braun hat Apparaturen nach der Hohle-Schaltung entwickelt, die sehr handlich sind und die Ermittlung der Fehlergrößen in kürzester Zeit gestatten.

b) *Für Spannungswandler*

In ähnlicher Art wie bei der Stromwandlerprüfung hat HOHLE im Jahre 1933 auch eine Differentialschaltung zur Prüfung von Spannungswandlern angegeben[76]). Diese beruht gleichfalls auf der Verwendung eines Normal-

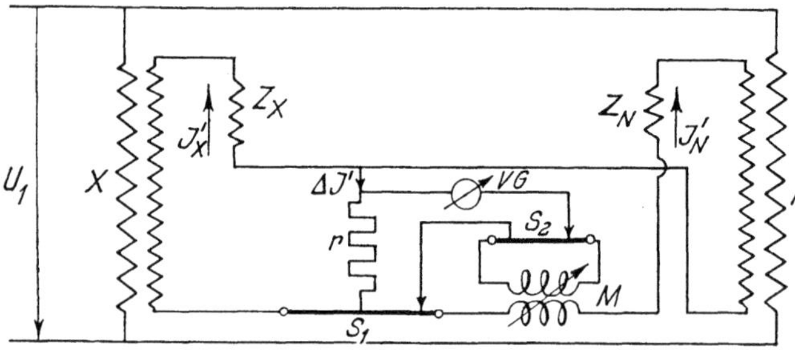

Abb. 198. Prüfung von Spannungswandlern mit Hilfe der Stromwandler-Differentialschaltung nach HOHLE.

wandlers (N), der das gleiche Übersetzungsverhältnis wie der Prüfling X hat. Normalwandler und Prüfling werden mit ihren Primärwicklungen an die Hochspannung gelegt. Die sekundären Wicklungen werden so zusammengeschaltet, daß die Differenz der sekundären Spannungen zur Wirkung kommt. Und zwar ist bei der Spannungswandlerprüfung die Komponente der Differenzspannung, die in Richtung mit der Sekundärspannung des Normalwandlers liegt, ein Maß für den Spannungsfehler des Prüflings. Die dazu senkrechte Komponente der Differenzspannung ist ein Maß für seinen Winkelfehler. Vorausgesetzt wird, daß der Normalwandler „fehlerlos" ist, bzw. daß seine Fehlergrößen vernachlässigbar sind. Es sollen hier einige Varianten der Schaltungen und zwar die wichtigsten besprochen werden.

[76]) Physikalische Zeitschrift 1934, H. 21 S. 844.

Man kann die Spannungswandlerschaltung durch Verwendung ganz genauer Hilfsimpedanzen Z_N und Z_X, wie in der Abb. 198 dargestellt, in eine Stromdifferentialschaltung verwandeln.

Wie ersichtlich werden die Sekundärwicklungen der Wandler über die Hilfsimpedanzen in Serie geschaltet. In die Stromdifferentialschaltung fließen die Ströme J'_N und J'_X und diese sind winkeltreue Abbildungen der sekundären Spannungen, wenn die Hilfsimpedanzen untereinander genau gleich sind. Der Diagonalwiderstand r führt einen Differenzstrom $\Delta J'$, dessen Komponenten bezogen auf den „Normalstrom" J'_N auch hier ein Maß für den Übersetzungs- und Winkelfehler abgeben. Mit den bekannten Stromelementen der Brückenschaltung der Abb. 197 kann man die Kompensation erwirken und entsprechend der Eichung die Fehlergrößen aus den beiden Ablesungen an den Schleifdrähten erhalten. Gleichzeitig mit der Angabe

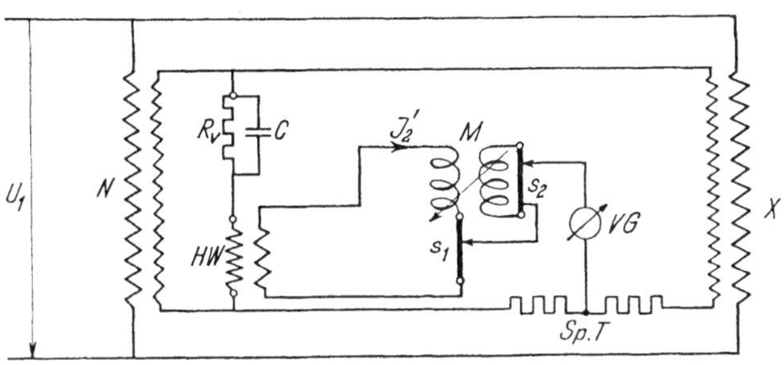

Abb. 199. Spannungswandlerprüfung in Differentialschaltung nach HOHLE.

dieser Schaltung hat HOHLE auch die sich durch die weitere Entwicklung bestätigte Auffassung geäußert, daß die obige Schaltung eine zu große Anforderung an die Genauigkeit der Elemente des gesamten Stromkreises stellt. Eine weitere von ihm angegebene Schaltung, die in Abb. 199 dargestellt ist, und die Eingang in die Praxis gefunden hat, soll hier kurz besprochen werden. Folgende Überlegung hat zur Einführung eines Spannungsteilers (Sp.T.) und eines Hilfswandlers (HW) als Bindeglieder zwischen der Differenzspannung der parallel geschalteten sekundären Wicklungen der Wandler einerseits, dem Kompensationskreis der Brückenschaltung andererseits, geführt. Die Spannungsabfälle, die von den Schleifdrähten s_1 und s_2 zur Kompensation entnommen werden können, sind wesentlich kleiner als die Differenz der Sekundärspannungen der Wandler, die bei 110 V Sekundärspannung unter Zugrundelegung der Meßklasse 1% immerhin ca. 1 Volt betragen kann. Mit Hilfe des Spannungsteilers kann diese Spannung auf das gewünschte Maß reduziert werden. Zur Speisung der Kompensationselemente dient der Hilfsstromwandler HW, dessen Primärwicklung vom Normalwandler über eine Parallelschaltung von ohmschen Widerstand R_v und Kapazität C gespeist wird. Dieser Stromkreis muß so bemessen sein, daß der Strom J'_2 mit der sekundären Spannung U_{2_N} phasengleich ist. Die Größe des Stromes kann durch das

Übersetzungsverhältnis des Hilfswandlers den Verhältnissen im Kompensationskreis angepaßt werden. Wie ersichtlich ist somit der Kompensationskreis auf denjenigen der Stromwandler-Differentialschaltung zurückgeführt worden. Durch eine Eichung der ganzen Meßeinrichtung kann man die Teilungen an den Skalen für die Schleifdrähte s_1 und s_2 ermitteln.

Die Präzision der Messungen entspricht derjenigen der Kompensationsmeßeinrichtungen nach SCHERING und ALBERTI (Abb. 195). Es sei noch hinzugefügt, daß es durch sinnreiche Erweiterungen und Anpassung gelungen ist, die Einrichtung sowohl für Strom- als auch für Spannungswandlermessungen gebrauchen zu können. Auch sind transportable Meßeinrichtungen für diese Zwecke erhältlich.

Tabelle zur Orientierung über Maßeinheiten

Die Einführung des Giorgi-Systems ist in der Elektrotechnik sehr vorteilhaft. In der Schweiz macht die Einführung dieses Maßsystems gute Fortschritte. Im Text des Buches sind bereits einige Hinweise zur Umrechnung in Giorgi-Einheiten enthalten. Es folgt hier eine Zusammenstellung der wichtigsten Relationen in CGS- und Giorgi-Einheiten.

Name der Größe und Symbol	Giorgi-Einheit	CGS-Einheit	Relationen
Induktion B	$\frac{\text{Voltsec}}{\text{m}^2}$ $\frac{\text{Weber}}{\text{m}^2}$	Gauß	B in $\text{Vs/m}^2 = 10^{-4}$ B in Gauß
Magnetischer Fluß Φ	Voltsec (Weber)	Maxwell	Φ in Vs $= \Phi$ in Wb $= 10^{-8}$ Φ in Mx
Feldstärke H	$\frac{\text{A}}{\text{m}}$	Oersted	H in $\frac{\text{A}}{\text{m}} = 10^2$ H in $\frac{\text{A}}{\text{cm}}$ $= 10^2 \frac{1}{1{,}256} H$ in Oe H in Oe $= 1{,}256$ H in AW/cm
Energie W	Joule	Erg	1 Joule $= 10^7$ Erg
Leistung P	Watt	$\frac{\text{Erg}}{\text{Sec}}$	Watt $= \frac{\text{Joule}}{\text{Sec}}$ 1 Erg $=$ 1 Dyn $\cdot$ 1 cm
Kraft (K)	Newton (N)	Dyn	1 kg* $=$ 9,81 Newton 1 Newton $= 10^5$ Dyn
Spannung U	Volt (V)	V	$P = U\,J$ (Gleichstrom) $P = U\,J \cos\varphi$ (Wechselstrom)
Strom J, I	Ampere (A)	$\frac{\text{Coulomb}}{\text{Sec}}$	

Permeabilität

Im Giorgi-System erhält die Permeabilität eine Dimension, und zwar ist die Einheit:

$$\frac{\text{Henry}}{\text{Meter}} = \frac{\text{H}}{\text{m}}$$

oder

$$\frac{\text{H}}{\text{m}} = \frac{\text{Vs}}{\text{A}} \cdot \frac{1}{\text{m}}. \tag{133}$$

Für die Permeabilität des leeren Raumes erhält man

$$\mu_0 = 1{,}256 \cdot 10^{-6} \frac{\text{H}}{\text{m}} \tag{134}$$

und die Einheit der relativen Permeabilität μ_r wird gleich 1.

Ferner gilt die Beziehung

$$\frac{\text{Henry}}{\text{Meter}} = \frac{10^7}{4\,\pi}\,\mu_0. \tag{135}$$

Setzt man in (135) den Wert für μ_0 nach (134) ein, so ist die Gleichung (135) identisch erfüllt.

Literaturverzeichnis

Bücher und Abhandlungen über Meßwandler

Möllinger, F. A.: Wirkungsweise der Motorzähler und Meßwandler. 2. Auflage. Julius Springer, Berlin 1925.

Keinath, G.: Untersuchungen an Meßwandlern. Dissertation. Wildsche Buchdruckerei, München 1909.

Keinath, G.: Die Technik der elektrischen Meßgeräte IV. E. u. F. Verlag Oldenbourg, München 1928.

Bresson, Ch.: Transformateurs de mesure et Relais de protection. Dunod, Paris 1933.

Goldstein J.: Die Meßwandler. 1. Auflage. Julius Springer, Berlin 1928.

Hague, B.: Instrument Transformers. Pittman, London 1936.

Walter, M.: Strom- und Spannungswandler. Verlag Oldenbourg, Berlin 1937.

Beetz, W.: Meßwandler. Vieweg & Sohn, Braunschweig 1950.

Fachzeitschriftenaufsätze und Referate

Agnew, P. G.: A Study of the Current Transformer with particular reference to iron loss. Bull. of the Bur. of Standards **1911**, Vol. 7, Nr. 3.

Gewecke, H.: Strom- und Spannungswandler und die Verfahren ihrer Untersuchung. El. Kraftbetriebe und Bahnen **1914**, H. 8.

Wirz, E.: Ein Beitrag zur Theorie und Berechnung der Stromwandler. Bull. schweiz. elektrotechn. Ver. **1913**, 365.

Wirz, E.: Berücksichtigung der Beglaubigungsvorschriften bei der Vorausberechnung der Stromwandler. Bull. schweiz. elektrotechn. Ver. **1919**, 13.

Berger, K.: Über das Verhalten der Stromwandler bei Hochfrequenz und den Schutzwert von Parallelwiderständen gegen Überspannungen. Bull. schweiz. elektrotechn. Ver. **1927**, 657.

KEINATH, G.: Die neuen VDE-Regeln für Wandler. ETZ **1931**, 657.
KEINATH, G.: Stromwandler, Begriffserklärungen, Definitionen. Arch. f. techn. Messen **1932**, T. 15, Z. 20—2.
FLEISCHHAUER, W.: Graphische Stromwandlerberechnung. ETZ **1932**, H. 29, 691.
KEINATH, G.: Die Entwicklung der Meßeinrichtungen für Hochspannung. ETZ **1931**, H. 52 u. 53.
ILIOVICI, M. A.: Tendances actuelles dans la construction et l'utilisation des transformateurs de mesure. Bull. de la Société franç. des Electr. Tome X **1930**, 1191.
GOLDSTEIN, J.: Die neueste Entwicklung im Stromwandlerbau. ETZ **1932**, 377, 428, 503.
REICHE, W.: Die Verbesserung des Stabstromwandlers für kleine Primärströme. ETZ **1932**, 961.
Referate über Meßwandlerfragen an der akademischen Diskussionstagung im Dezember 1932 in Zürich von DÜNNER, COURVOISIER, KEINATH, GRILLET, GOLDSTEIN, KÖNIG mit anschließender Diskussion. Bull. schweiz. elektrotechn. Ver. **1933**, H. 5.
BILLIG, E.: Normale Stromwandler mit Mischkernen. E. u. M. **1934**, 199.
IMHOF, A.: Un nouveau transformateur de mesure. Cigré **1931**, Rap. Nr. 65.
LAUBINGER, G.: Über die Entwicklung einer Spannungswandlerreihe. ETZ **1934**, 186.
KÜCHLER, R.: Meßwandler für Höchstspannungen. VDE-Fachberichte **1931**, 40.
KEINATH, G.: Bauweisen der Spannungswandler. ATM **1935**, Z. 381—1.
BIERMANNS, J.: Fortschritte im Transformatorenbau. ETZ **1937**, 659, 660.
KÜCHLER, R.: Öllose Spannungswandler. ETZ **1937**, 203.
CAMILLI, G., and R. L. TEN BROEK: A proposed Method for Determination of Current Transformer Errors. Amer. Inst. Electr. Eng. **1940**, 547.
Referate über Meßwandlerprobleme an der Diskussionstagung des Schweiz. elektrotechn. Vereins am 7. Oktober 1944 in Luzern, gehalten von HARTMANN, GOLDSTEIN, FISCHER SCHNEEBELI, BEUSCH, PFIFFNER, TÄUBER.
HARTMANN, H.: Druckisolierte Wandler. Brown-Boveri-Mitt. **1941**, 84.
HARTMANN, H.: Der ölarme Stützer-Spannungswandler — ein neuer Präzisionswandler für Höchstspannungen. Brown-Boveri-Mitt. **1946**, 95.
IMHOF, A.: Ein neuer Trocken-Spannungswandler. Bull. schweiz. elektrotechn. Ver. **1949**, H. 13.
IMHOF, A.: Einige Problemstellungen der Elektrotechnik an die Kunststoffchemie. Schweiz. techn. Z. **1949**, H. 39.
KOLLER, H.: Neue Trockenstromwandler mit Kunstharzisolation. Bull. schweiz. elektrotechn. Ver. **1950**, H. 1.
IMHOF, A.: Kunstharz-Trockenmeßwandler. Bull. schweiz. elektrotechn. Ver. **1950**, H. 19.
BILLIG, E.: The Design of a Capacitor Voltage Transformer. Proc. of the Institution of Electr. Eng. **1949**, Vol. 96.
SCHERB, E.: Dielektrische Probleme im Bau von Stromwandlern für Höchstspannung. Bull. schweiz. elektrotechn. Ver. **1945**, 339.

Sogenannte „Kunstschaltungen" bei Stromwandlern

Es wird auf den so betitelten Abschnitt des Buches verwiesen (S. 56 bis 64). Der Leser findet dort die Schaltungen von BROOKS und HOLTZ, BOYAJIAN und SKEATS, WILSON, SCHWAGER, WELLINGS und MAYO. Siehe auch

DÜNNER, E.: Bull. schweiz. elektrotechn. Ver. **1933**, H. 5.
GOLDSTEIN, J.: ETZ **1932**, 428.
HAGUE, B.: Instrument Transformers, S. 81—90.
CAMILLI, G.: A Survey of Bushing-Type Current Transformers for Metering Purposes. AIEE Transactions **1950**, 429—440.
FARR, JOHN W.: A new Line of Orthomagnetic Bushing-Type Current Transformers. AIEE Transactions **1950**, 424—428.

Magnetische Streuung bei Meßwandlern, insbesondere bei Stromwandlern

HAGUE, B.: Instrument Transformers. Kapitel III: Magnetic leakage, S. 127—138. Pitman & Sons, London 1936.

WILLHEIM, R.: Über Streuungsfragen der Transformatoren und Meßwandler. E. u. M. **1937**, H. 36.

PARK, JOHN H.: Accuracy of high-range Current Transformers. Journal of Research of the National Bur. of Stand. **14**, 367 (1935).

GOCHT, K.: Ein Meßverfahren zur Bestimmung der sekundären Streuinduktivität, der Windungsabgleichung und des Leerlaufstromes von Stromwandlern. ETZ **1929**, H. 46, 1653.

BERGHAHN, A.: Ein einfaches Verfahren zur Ermittlung der Streureaktanz, der Windungsabgleichung und der Leerlaufcharakteristik von Stromwandlern. ETZ **1931**, H. 19, 605.

BRÜCKMAN, H. W. L., u. W. ENGELENBURG: Eine direkte Methode zur Bestimmung des Streufeldes eines Wandlers. ETZ **1931**, H. 37, 1171.

ARNOLD, A. H. M.: Leakage Phenomena in Ring-Type Current Transformers. IEE Journal, Mai 1934.

SINKS, A. T.: Computation of Accuracy of Current Transformers. Amer. Inst. Electr. Eng. Transact. **1940**, 663.

WENTZ, E. C.: A simple method for determination of ratio error and phase angle in Current Transformers. Amer. Inst. Electr. Eng. Transact. **1941**, 949.

Zusätzliche Wechselstrom-Vormagnetisierung bei Stromwandlern

ILIOVICI, M. A.: Transformateurs d'intensité compoundés. Bull. de la Société franç. des Electr. **3**, 55 (1923).

GOLDSTEIN, J.: Neue Wege im Stromwandlerbau. E. u. M. **1932**, H. 37.

STEIN, G.: Über die Bestimmung der magnetischen Eigenschaften des Eisens bei Wechselstromvormagnetisierung und ihre Bedeutung für die Entwicklung der Stromwandlertechnik. Z. techn. Physik **1933**, 495.

VAHL, H.: Vor- und Gegenmagnetisierung bei den Stromwandlern. VDE-Fachberichte **1934**, 38.

STEIN, G.: Iron Biased by A.C. The Electrician **1934**, 391.

ERICH, M.: Gütesteigerung von Stromwandlern. ETZ **1937**, H. 27.

GOLDSTEIN, J.: Stromwandler mit gesteuerter Eigenvormagnetisierung. Bull. schweiz. elektrotechn. Ver. **1937**, H. 16.

BOYAJIAN, A., G. CAMILLI: Orthomagnetic Bushing Current Transformer for Metering. AIEE Transactions **1945**, 137—140.

SPECHT, T.: Biased Core Current Transformer Design Method. Amer. Inst. Electr. Eng. Transact. **1945**, 635.

RISCH, R.: Zur Theorie der Wechselstrom-Vormagnetisierung ferromagnetischer Kerne. Brown-Boveri-Mitt. **1946**, H. 6/7, 129.

Kurzschlußkräfte und dynamische Kurzschluß-Sicherheit bei Stromwandlern

BIERMANNS, J.: Kurzschlußkräfte an Transformatoren. Bull. schweiz. elektrotechn. Ver. **1923**, H. 4.

GRILLET, J.: La déstruction des transformateurs de courant en cas de court-circuit sur le réseau. Rev. gén. de l'El. **26**, 841 (1929).

CLEM, J. E.: Mechanical Forces in Transformers. Amer. Inst. Electr. Eng. Transact. **1927**, 577.

REICHE, W.: Über die Kurzschlußfestigkeit von Stromwandlern. ETZ **1928**, 1772.
KEINATH, G.: Kurzschlußfeste Stromwandler für Hochspannungsanschlüsse mit kleinem Nennstrom. ATM **1932**, Z. 250—1.
WENTZ, E. C.: The Evolution of Standard Lines of Current Transformers for high overcurrent capacity. Amer. Inst. Electr. Eng. Transact. **1944**, 658.

Überstromziffer und Überstromcharakteristik

KEINATH, G.: Erläuterungen zu den VDE-Regeln für Wandler. (REW. 1932) § 4.
FLEISCHHAUER, W.: Graphische Stromwandlerberechnung. ETZ **1932**, 691.
BILLIG, E.: Auslösebürde und Überstromziffer von Stromwandlern. Bull. schweiz. elektrotechn. Ver. **1934**, 370.
RITZ, H.: Überstromziffer von Stromwandlern. ATM **1935**, Z. 26—1; **1936**, Z. 26—2.
BRÜGGER, W.: Stromwandler zur Speisung von Selektivschutzrelais. Bull. schweiz. elektrotechn. Ver. **1936**, 439.

Kaskaden-Strom- und Spannungswandler

PFIFFNER, E.: Kaskaden-Erdungsspulen und -Meßwandler. ETZ **1926**, 44.
REICHE, W.: Kaskadenstromwandler. ATM **1931**, Z. 287—1.
GRÜNDIG, K.: Kaskaden-Meßwandler. E. u. M. **1930**, 576.
REICHE, W.: Kaskaden-Spannungswandler. ATM **1933**, Z. 387—1.
PFIFFNER, E.: Betriebserfahrungen mit Kaskaden-Wandlern. Bull. schweiz. elektrotechn. Ver. **1945**, H. 14.

Meßtechnisches

SCHERING, H., und E. ALBERTI: Eine einfache Methode zur Prüfung von Stromwandlern. Arch. Elektrotechn. **1914**, H. 7. Julius Springer, Berlin.
SKIRL, W.: Meßgeräte und Schaltungen für ∼ Leistungsmessungen. 2. Aufl. Julius Springer, Berlin 1923.
KRUKOWSKI, W. v.: Der Wechselstromkompensator. Julius Springer, Berlin 1920.
GRUHN, K.: Elektrotechnische Meßinstrumente. 2. Aufl. Julius Springer, Berlin 1923.
GEYGER, W.: Messungen mit dem Schleifdraht-Wechselstromkompensator. Arch. Elektrotechn. **1926**, H. 3. Julius Springer, Berlin.
SILSBEE, B. FRANCIS: A method for testing Current Transformers. Scientific papers of the Bureau of Standards N. 309, 197.
KEINATH, G.: Die Technik der elektrischen Meßgeräte. Verlag Oldenbourg, München-Berlin 1928.
SKIRL, W.: Siemens-Handbücher Bd. VI. Walter de Gruyter & Co., Berlin-Leipzig 1928.
HOHLE, W.: Eine tragbare Meßwandler-Prüfeinrichtung hoher Genauigkeit. Arch. f. Elektrotechnik **1933**, 849; Physikalische Zeitschrift **1934**, 844.
KAMMAN, U.: Neue Universal-Meßwandler-Prüfeinrichtung nach HOHLE. Elektrizitätswirtschaft **1938**, H. 21.
BARTON, J. P., and G. W. SMITH: The Measurement of A.C. and D.C. Permeability on 28 cm Test Specimens. ASTM **1943**, 25.
SCHNEEBELI, E.: Meßgenauigkeit von Strom- und Spannungswandler-Meßbrücken. Bull. schweiz. elektrotechn. Ver. **1945**, 343.

GPSR Compliance

The European Union's (EU) General Product Safety Regulation (GPSR) is a set of rules that requires consumer products to be safe and our obligations to ensure this.

If you have any concerns about our products, you can contact us on ProductSafety@springernature.com

In case Publisher is established outside the EU, the EU authorized representative is:

Springer Nature Customer Service Center GmbH
Europaplatz 3
69115 Heidelberg, Germany

Batch number: 10584556

Printed by Printforce, the Netherlands